新疆水环境功能区划研究

陈　丽　阴俊齐　贾尔恒·阿哈提　夏倩柔　等 / 著

中国环境出版集团·北京

图书在版编目（CIP）数据

新疆水环境功能区划研究/陈丽等著．—北京：中国环境出版集团，2022.10

ISBN 978-7-5111-5301-2

Ⅰ．①新…　Ⅱ．①陈…　Ⅲ．①水环境—环境功能区划—研究—新疆　Ⅳ．①X143

中国版本图书馆 CIP 数据核字（2022）第 168552 号

审图号：新 S（2022）023 号

出 版 人　武德凯
责任编辑　宾银平
封面设计　宋　瑞

出版发行　中国环境出版集团
（100062　北京市东城区广渠门内大街 16 号）
网　　址：http：//www.cesp.com.cn
电子邮箱：bjgl@cesp.com.cn
联系电话：010-67112765（编辑管理部）
发行热线：010-67125803，010-67113405（传真）

印　　刷　玖龙（天津）印刷有限公司
经　　销　各地新华书店
版　　次　2022 年 10 月第 1 版
印　　次　2022 年 10 月第 1 次印刷
开　　本　787×1092　1/16
印　　张　18.25
字　　数　380 千字
定　　价　98.00 元

本书作者

陈　丽　阴俊齐　贾尔恒·阿哈提　夏倩柔

牛　婷　任　璇　靳　静　何　静　李潇然

常梦迪　宋梦洁　韩　鑫　王虎贤　丁　鹏

李文兵　王显丽　程　艳

前　言

水环境功能区划是水生态环境管理的重要抓手，是水环境分级管理和环境管理目标责任制的基石，是科学确定水污染物排放总量和实施水污染物排放总量控制的基本单元，是正确实施地表水环境质量标准，进行水质评价、水质目标管理的基础。

2002 年新疆维吾尔自治区人民政府印发《中国新疆水环境功能区划》（新政函〔2002〕194 号）（以下简称原区划），并要求组织实施。原区划自批准实施以来，在新疆水环境保护和水环境管理工作中发挥了重要作用。然而，随着新疆经济社会的发展、开发建设活动影响范围的不断扩大，以及产流区水资源的开发利用、定居兴牧水利工程的修建、引水工程的实施、水库及引水干渠数量的增加，原区划水体的覆盖范围已不能满足水体环境质量全方位的管理要求。另外，原区划与《地表水环境功能区类别代码（试行）》（HJ 522—2009）、“城镇集中式饮用水水源保护区划分方案”、“水资源 3 条红线”及《新疆生态环境功能区划》也存在着一定的不衔接、不相容、不相符问题。同时，原区划部分水体名称不规范及区划结果的表达形式不便于查询，均给环境管理者和使用者带来诸多不便。

针对原区划在使用过程中存在的问题，加之社会经济跨越式发展给环境管理带来的巨大压力及新疆环境保护工作的需要，同时，为了进一步全面加强新疆水环境保护与管理，实现水环境科学管理和分区分类保护的目标，新疆维吾尔自治区环境保护厅于 2011 年启动《中国新疆水环境功能区划》修编工作。新疆维吾尔自治区环境保护科学研究院作为技术支持单位，根据水功能区划分原则、方法，对全区自然环境、水环境质量、污染源（点源、面源）、自然资源、社会经济发展等的现状特征及发展趋势进行调研和分析，针对原区划存在的主要问题，解析其成因，以此作为修改的依据，对原区划进行修编。此次修编以严格保护新疆水环境，保障新疆绿洲经济社会可持续发展为目标，增加水体环境功能区划的覆盖面，按照水体现状使用功能，实施高功能水域水质高标准严格保护，强化水质目标控制，建立以水质保护目标控制为主的水环境监管体系。

此次修编将《地表水环境功能区类别代码（试行）》（HJ 522—2009）作为基本依据之一，根据水域使用功能、水环境污染状况、水环境承受能力（环境容量）、社会经济发展需要以及污染物排放总量控制的要求，共划定六类水环境功能区，分别为自然保护区、饮用水水源保护区、渔业用水区、工业用水区、农业用水区、景观娱乐用水区。同时，此次修编与相关区划密切衔接，增加了区划对象的数量及类型，规范了水体名称，对部分河流、湖库功能区进行了调整，提高了水质控制标准，提高了河流、湖库、引水干渠的关联性。

本书即为该修编工作的总结。书中涵盖了新疆额尔齐斯河流域、准噶尔内流区、中亚（伊犁河、额敏河）内流区、塔里木河内流区四大水系的水环境功能区划；区划对象包括 1 478 条河流、228 条干渠、80 个湖泊及 288 座水库，共划分了 2 653 个功能区，覆盖了新疆绝大多数的河流、湖库和主要的引水干渠；适用于新疆地表水水体环境监督管理、建设项目环境管理、水污染物总量控制与排污许可证管理、地方水环境保护目标考核、地方经济发展产业布局等。

由于编者水平有限，书中难免存在不足之处，敬请读者批评指正！

目　录

1 全区水环境概况

1.1 自然条件与社会经济概况

新疆维吾尔自治区位于亚欧大陆腹地，地处我国西北边陲，总面积 166.49 万 km^2，约占全国陆地总面积的 1/6；国内与西藏、青海、甘肃 3 个省（区）相邻，周边与蒙古、俄罗斯、哈萨克斯坦、吉尔吉斯斯坦、塔吉克斯坦、阿富汗、巴基斯坦、印度 8 个国家接壤；陆地国界线 5 742.1 km，约占全国陆地国界线的 1/4，是中国面积最大、交界邻国最多、陆地国界线最长的省级行政区。

新疆地貌可以概括为“三山夹两盆”。其北面是阿尔泰山，南面是昆仑山，天山横贯中部，把新疆分为南北两部分，习惯称天山以南为南疆，天山以北为北疆。位于南疆的塔里木盆地面积 52.34 万 km^2，是中国最大的内陆盆地。塔里木盆地中部的塔克拉玛干沙漠面积约 33 万 km^2，是中国最大、世界第二大流动沙漠。贯穿塔里木盆地的塔里木河全长 2 486 km，是中国最长的内陆河。位于北疆的准噶尔盆地面积约 38 万 km^2，是中国第二大盆地。在天山的东部和西部，有被称为“火洲”的吐鲁番盆地和被誉为“塞外江南”的伊犁谷地。位于吐鲁番盆地的艾丁湖，低于海平面 154.31 m，是中国陆地最低点。新疆水域面积 7 400 km^2，其中博斯腾湖水域面积 1 646 km^2，是中国最大的内陆淡水湖。片片绿洲分布于盆地边缘和干旱河谷平原区，绿洲面积约为 14.3 万 km^2，约占新疆总面积的 8.6%，其中天然绿洲面积 8.1 万 km^2，约占绿洲总面积的 56.6%。湿地总面积 394.82 万 hm^2，位居全国第五位，约占新疆总面积的 2.4%。截至 2022 年，新疆拥有国家级自然保护区 15 个，自治区级自然保护区 13 个，保护区总面积约为 1 968 万 hm^2，占新疆面积的 11.82%。有国家湿地公园 51 处，总面积 94.18 万 hm^2。

新疆远离海洋，气候干燥少雨，属于典型的温带大陆性干旱气候，年均天然降水量仅为 171 mm。按出山口河流进行统计，新疆共有大小河流 570 条，多年平均水资源量为 834 亿 m^3；平原区地下水可开采量 153 亿 m^3；冰川储量 2.13 万亿 m^3，约占全国冰川储量的 42.7%，有“固体水库”之称。新疆土地资源丰富，全区农林牧可直接利用土地面积 10 亿亩[①]，占全国农林牧宜用土地面积的 1/10 以上。新疆约有耕地 7 600 多万亩，人均占有耕地 3.45 亩，为全国平均水平的 2.6 倍；天然草原面积 7.2 亿亩，占全国可利用草原面积的 14.5%，是全国五大牧区之一。有后备耕地 2.23 亿亩，居全国首位；全年日照时间平均 2 600～3 400 h，居全国第二位。

新疆矿产种类全、储量大、开发前景广阔。截至 2018 年年底，发现的矿产有 142 种，占全国已发现矿种的 82.08%。储量居全国首位的有 13 种，居前五位的有 56 种，居前十位的有 77 种。煤炭累计探明资源储量 4 506.09 亿 t，石油累计探明地质储量 61.57 亿 t，天然气累计探明地质储量 2.73 万亿 m^3。据新疆矿产资源潜力评价结果，新疆石油预测资源量 230 亿 t，占全国陆上石油资源量的 30%；天然气预测资源量 16 万亿 m^3，占全国陆上天然气资源量的 34%；煤炭预测资源量 2.19 万亿 t，占全国预测储量的 40%。铁、铜、金、铬、镍、稀有金属、盐类矿产、建材非金属等蕴藏丰富。

新疆生物资源种类繁多、物种独特。野生脊椎动物 700 余种，约占全国的 11%。有国家重点保护动物 116 种，约占全国的 1/3，其中包括蒙古野马、藏野驴、藏羚羊、雪豹等濒危野生动物。野生植物达 4 000 余种，麻黄、罗布麻、甘草、贝母、党参、肉苁蓉、雪莲、枸杞等分布广泛、品质优良。新疆特色林果品种多样，其中优良品种 190 余个，吐鲁番葡萄、库尔勒香梨、哈密瓜、阿克苏苹果以及遍布南疆的红枣、核桃、杏、石榴、新梅、无花果、巴旦木、枸杞、沙棘等名优特产享誉国内外，素有“瓜果之乡”的美誉。

新疆旅游资源丰富、开发潜力巨大。自然景观神奇独特，著名的景区有高山湖泊——天山天池、人间仙境——喀纳斯、绿色长廊——吐鲁番葡萄沟、空中草原——那拉提、地质奇观——可可托海以及喀什泽普金胡杨景区、乌鲁木齐天山大峡谷等。截至 2018 年年底，全区有国家 5A 级景区 12 个，4A 级景区 79 个，3A 级景区 132 个。喀什市、吐鲁番市、伊宁市、特克斯县、库车市等 5 个市县被列为国家历史文化名城；6 个村镇被列为中国历史文化名村名镇；17 个村落被列入中国传统村落名录；22 个村寨被列为中国少数民族特色村寨。

新疆自古以来就是一个多民族聚居的地区，至 19 世纪末，有维吾尔族、汉族、哈萨克族、蒙古族、回族、柯尔克孜族、满族、锡伯族、塔吉克族、达斡尔族、乌孜别克族、塔塔尔族、俄罗斯族共 13 个主要民族定居新疆。目前，新疆有 56 个民族。截至 2018 年年底，新疆常住人口 2 486.76 万人，其中城镇人口 1 266.01 万人，城镇化率达 50.91%；辖有 14 个地级行政单位，其中包括 5 个自治州、5 个地区和乌鲁木齐、克拉玛依、吐鲁番、哈密 4 个地级市；有 68 个县、24 个县级市、13 个市辖区，其中包括 6 个自治

---

① 1 亩≈666.67 m^2。

县、9 个自治区直辖县级市、34 个边境县（市）；有 875 个乡镇、200 个街道，其中包括 42 个民族乡；有 9 078 个行政村、2 715 个社区。新疆生产建设兵团（以下简称兵团）是新疆维吾尔自治区的重要组成部分，辖 14 个师，9 个市，11 个建制镇，149 个团场，总人口 310.56 万人。

2020 年，新疆实现地区生产总值 13 797.58 亿元，比上年增长 4.3%，其中，第一产业增加值 1 981.28 亿元，增长 4.3%；第二产业增加值 4 744.45 亿元，增长 7.8%；第三产业增加值 7 071.85 亿元，增长 0.2%。第一产业增加值占地区生产总值的比重为 14.4%，第二产业增加值的比重为 34.4%，第三产业增加值的比重为 51.2%。人均地区生产总值 53 593 万元。一般公共预算收入 1 477.21 亿元，比上年下降 6.4%。城镇居民人均可支配收入、农村居民人均可支配收入分别为 34 838 元、14 056 元，比上年分别增长 0.5%、7.1%。脱贫攻坚战取得决定性胜利，新疆实现标准下 306.49 万农村贫困人口全面脱贫，3 666 个贫困村全部退出，35 个贫困县全部摘帽。

1.2　地表水资源分布状况

1.2.1　河流水系概况

“三山夹两盆”的地形地貌，构造了新疆独特的河流水系。山区是径流的形成区，平原是径流的散失区。出山口以上的山区，降水量大，集流迅速，从河源到山口水量逐渐增加，河网密度大。出山口以下，河流流经冲积扇和冲积平原，水量大部分渗漏和耗于蒸发，山前虽有洪沟，但仅当暴雨时有水。

按出山口河流进行统计，新疆有 570 条河流，多年平均水资源量为 834 亿 m^3。河流水系绝大部分属于内陆河流域，除北部的额尔齐斯河流入北冰洋、西南部喀喇昆仑山的奇普恰普河流入印度洋外，其余均属内陆河。新疆年径流量大于 10 亿 m^3 的河流有 18 条，年径流量在 1 亿～10 亿 m^3 的河流有 65 条，年径流量在 1 亿 m^3 以下的河流有 487 条。

新疆是一个多湖泊地区，根据新疆维吾尔自治区第一次水利普查公报，湖泊面积大于 1 km^2 的有 139 个，总面积为 5 504.5 km^2（不包括已干涸的罗布泊和台特玛湖），占全国总湖泊面积的 7.3%。新疆除额尔齐斯河流域有外流湖外，其余均属内陆湖。内陆湖的特点是通常位于盆地间，有许多是孤立的积水盆地，蒸发量大，矿化度高。除博斯腾湖、乌伦古湖等矿化度在 2 g/L 左右外，其余多属咸水湖，矿化度多在 5 g/L 以上，吐鲁番市的艾丁湖矿化度高达 200 g/L。这类湖水多属氯化物型，其中很多湖泊是著名的产盐基地。

新疆境内连绵的雪岭、林立的冰峰形成了发达的冰川，据统计共有大小冰川 1.86 万多条。新疆冰川面积约 23 021.1 km^2，占全国冰川总面积的 40.7%；冰川储量为 2.13 万亿 m^3，约占全国冰川储量的 42.7%。冰川融水约占新疆河流年径流量的 21%（约 170 亿 m^3），因此冰川有“固体水库”之称。

1.2.2 径流

（1）年际变化

新疆河流地表水径流模比系数在 1.2～1.8，最小模比系数在 0.5～0.9。从三大山脉各条河流年径流量变异系数（CV）值来看，CV 值一般在 0.1～0.5；以冰川、永久性积雪和降水补给为主的天山西部大、中河流 CV 值在 0.10～0.30；昆仑山脉大多数河流 CV 值在 0.2～0.4；阿尔泰山脉大多数河流 CV 值在 0.3～0.5。

（2）年内分配

新疆河流径流量主要集中于夏季（6—8 月），夏季水量占年径流量的 50%～70%，春季和秋季都在 10%～20%，冬季在 10%以下。

（3）洪水与泥沙

新疆的洪水按成因主要分为四种类型：融雪型洪水、暴雨型洪水、突发型洪水（溃坝型）、冰雪融水与暴雨叠加的混合型洪水。新疆的暴雨型洪水主要是大尺度天气系统形成的区域性暴雨型洪水以及由局地性强对流天气产生的局部性暴雨型洪水。

新疆大多数河流的含沙量较大，中小河流尤甚。新疆河流悬移质年输沙总量为 2.02 亿 t，年平均含沙量为 2.28 kg/m^3。新疆河流泥沙的含量与河川地质、上游及两岸植被、洪水和暴雨等有密切的关系，较国内一般河流泥沙含量高。总的情况是南疆除开都河外，河流泥沙含量较北疆高，北疆除额尔齐斯河流域、伊犁河流域含沙量很小外，其他各中小河含沙量均较多。

1.2.3 地表水资源特点

新疆水资源总量丰富，但受季节因素影响大，时空分布极不均衡，地表水蒸发量大，局部地方水资源严重不足。新疆水资源可分为地表河流、湖泊水、地下水和大量的冰川水，河流水源的补给主要靠山区降水和三大山脉的积雪、冰川融水。

（1）山区降水是河川径流的主要来源

新疆的山区与平原地形高差悬殊，气候与水文要素垂直地带性变化显著。阿尔泰山、天山、昆仑山高大山体拦截高空西风带的水汽，形成山区较多的固态或液态降水，除部分蒸发返回大气外，其余均以径流形式汇入河网。新疆地表水资源产流于 71 万 km^2 的山区，且主要产流于高中山区。河流源高流长，则水量大；源低流短，则水量小，河流年径流量与流域平均高程基本成正比。

（2）水资源地区分布不均

新疆的河川径流主要来源于山区的大气降水，因此地表水的地理分布与山区气候因素如辐射、气温、降雨量有密切关系，并与下垫面因素如地形、植被、土壤、高山冰雪储量等有关。

年径流深北部大于南部，西部大于东部。新疆水汽主要来源于西方、西北方，其次是北方，加上准噶尔盆地地势是东高西低，准噶尔西部山区山体较低，且有数个大的缺口，额尔齐斯河谷、额敏河谷、伊犁河谷等均向西开敞，利于水汽输入，所以这些地区降水或积雪、冰川比较丰富，年径流深较大。而南疆北、西、南三面环山，且山体十分高大，天山、帕米尔及喀喇昆仑山、昆仑山均为高山，致使西、北水汽难以进入，且南疆的各山区均位于背风坡，年降水量远低于北疆，年径流深较小。但南疆山区在海拔 4 000 m 以上的区域有丰富冰川，是河流径流主要（或重要）的补给来源。北疆或南疆的东部，因位于水汽输送线的末端，故年径流深和冰川面积较西部小。因此新疆地表水资源北部、西部多，南部、东部少。

地表水资源一半集中于天山，并且迎风坡多于背风坡。从新疆三大山系来看，横亘中部的天山，山体宽大，产水量最多，天山南北坡地表水资源量合占新疆一半以上；南部昆仑山系次之（包括昆仑山、喀喇昆仑山及阿尔金山），北部阿尔泰山及准噶尔西部山区降水最少。山区的迎风坡较背风坡降水量多，因此地表水资源量也多。准噶尔西部山地，迎风坡地表水资源量为背风坡的 2.5 倍；天山迎风坡北坡地表水资源为南坡的 1.75 倍。

（3）河川径流量年际变化平稳，年内分配不均

新疆河川径流水源为雨水补给和冰雪融水补给。新疆降水主要集中于夏季，高山区冰雪融水也集中于辐射强烈、高山气温由负转正的夏季，这加剧了河流径流量的季节性差异。一般夏季（6—8 月）水量占全年水量的 50%～70%；春秋季都在 10%～20%；冬季（12 月到次年 2 月）占 10%以下。

径流量的年际变化受降水量年际变化和高山冰雪融水调节的影响，以季节性积雪融水补给为主的阿尔泰山和准噶尔西部山区河流，年径流量变化最大，天山西部大中河流以降水与冰雪融水混合补给为主，年径流量变化最小。

新疆北部山区河流、天山东部山区河流的径流量年际变化较大，主要受降水量年际变化较大的影响。天山西部、中部和昆仑山区河流径流量年际变化较小，一方面是因为高山区降水量年际变化较小；另一方面因河流径流量有高山冰川、永久积雪等“固体水库”的调节，在干暖年份高山区冰雪融水多，而中低山区雨水少，在湿冷年份高山融水少而中低山降水多，冰雪融水对河流年径流量的补偿调节作用使径流量年际变化十分平稳。

1.3 水资源开发利用现状

1.3.1 地表水

根据新疆水资源公报，2019 年新疆地表水资源量为 829.7 亿 m^3，地下水资源量为 508.5 亿 m^3，扣除地下水资源与地表水资源重复计算量 468 亿 m^3，新疆水资源总量为 870.2 亿 m^3，比多年平均值增加 37.3 亿 m^3，增幅为 4.5%，较上年增加 1.1%。

新疆共有水库 655 座，总库容 198.5 亿 m^3；共有水闸 4 579 座，其中引（进）水闸 1 251 座；共有流量大于 0.2 m^3/s 的渠段 10.55 万处，渠道长度 18.9 万 km，衬砌长度 6.97 万 km，防渗率 36.9%；共有机井 61.39 万眼，其中规模以上机井 9.94 万眼。

1.3.2 地下水

新疆是典型的内陆干旱区，地下水以地表水转化补给为主，其可开采量是一个动态量，随着地表水利用效率提高，转化补给量逐步减少，地下水可开采量也将逐步减少。

2019 年数据显示，新疆地下水资源量为 508.5 亿 m^3，其分布极其广泛，除无地表水的戈壁滩、丘陵等处，皆有地下水分布。其中山丘区地下水资源量 341.0 亿 m^3，平原区地下水资源量 295.9 亿 m^3，平原区与山丘区地下水资源重复计算量为 128.5 亿 m^3。地下水主要分布于平原区，地下水资源按水系流域划分为四个区，其中中亚细亚内陆区占 13.72%，准噶尔内陆区占 16.6%，塔里木内陆区占 63%，额尔齐斯河外流区占 6.6%。

总体来看，2019 年地下水资源量基本与多年均值持平，较上年偏多 2.31%；山丘区地下水资源量与多年均值相比偏多 3.92%，较上年偏多 3.79%；平原区地下水资源量与多年均值相比偏少 2.95%，较上年偏多 1.14%。其中，降水入渗补给量 11.55 亿 m^3，与多年平均值相比偏少 14.9%，较上年减少 5.7%；山前侧向补给量 28.49 亿 m^3，与多年平均值相比偏少 7.9%，较上年增加 0.27%；地表水体入渗补给量 255.92 亿 m^3，比多年均值减少 1.7%，与上年补给量相比偏多 1.6%。各行政分区地下水资源量与多年平均值相比，和田地区、伊犁哈萨克自治州直、克孜勒苏柯尔克孜自治州偏多 5.13%～17.31%，乌鲁木齐市、克拉玛依市、巴音郭楞蒙古自治州偏多 20%以上，博尔塔拉蒙古自治州、塔城地区、阿勒泰地区、阿克苏地区、石河子市、喀什地区、吐鲁番市偏少 5.63%～26.19%，昌吉回族自治州、哈密市与多年均值接近。

地下水分布广泛但利用难度大。新疆地下水资源最为丰富且便于开采的地段为冲洪积平原的地下水径流区。山前冲洪积扇补给区的地下水埋藏较深，含水层颗粒粗大，不易成井，且远离居民区，输水困难。而冲积平原地下水排泄区与补给区相反，地下水埋藏浅，潜水蒸发大，水质矿化度高，含水层薄，透水性差。

1.3.3 水资源利用现状

2020 年，新疆供水总量为 549.93 亿 m^3，其中地表水源供水量 423.54 亿 m^3，地下水源供水量 121.93 亿 m^3，其他水源供水量 4.46 亿 m^3。全区用水总量为 549.93 亿 m^3，其中农业用水量 500.03 亿 m^3，工业用水量 11.52 亿 m^3，生活用水量 17.49 亿 m^3，其他用水量 20.88 亿 m^3。

1.4 水环境质量状况

地表水水质：2020 年，在新疆监测的 78 条河流 168 个断面中，Ⅰ～Ⅲ类优良水质断面 166 个，比例为 98.8%；无Ⅳ类轻度污染及Ⅴ类中度污染水质断面；劣Ⅴ类重度污染水质断面 2 个（水磨河米泉桥断面、水磨河三个庄断面），比例为 1.2%。新疆监测的 31 个湖库中，Ⅰ～Ⅲ类优良水质湖库 23 个，比例为 74.2%；Ⅳ类轻度污染水质湖库 3 个（博斯腾湖、吉力湖、猛进水库），比例为 9.7%；Ⅴ类中度污染水质湖库 1 个（艾里克湖），比例为 3.2%；劣Ⅴ类重度污染水质湖库 4 个（艾比湖、乌伦古湖、蘑菇湖水库、八一水库），比例为 12.9%。

饮用水水源水质：在新疆监测的 119 个城镇集中式饮用水水源地中，Ⅰ～Ⅲ类 110 个，比例为 92.4%；Ⅳ类 3 个，比例为 2.5%；Ⅴ类 6 个，比例为 5.04%；劣Ⅴ类 0 个。较 2014 年基准年，21 个水源地水质改善，88 个水源地水质保持稳定，5 个水源地水质下降，5 个水源地由于采用新标准评价导致水质类别发生变化。

地下水水质：新疆纳入国控监测地下水质量考核点位共 29 个，2018 年 12 个监测井无法取样，实际取样 17 个，2020 年实际取样个数 17 个，与 2018 年、2019 年一致。地下水考核点位的水质保持稳定，地下水质量极差的点位比例控制在 31%左右。

新疆地下水的主要污染指标是硫酸盐浓度、溶解性固体总量、总硬度，主要是受水文地质条件影响所致。

1.5 主要污染物排放情况

1.5.1 减排目标完成情况

根据《关于印发“十三五”及 2017 年环保约束性指标计划的通知》（环办规财函〔2017〕1514 号），2020 年新疆的主要水污染物总量减排目标为：化学需氧量较 2015

年下降 1.6%，重点工程减排量为 0.7 万 t；氨氮较 2015 年下降 2.8%，重点工程减排量为 0.09 万 t。

经核算：2020 年，新疆化学需氧量总排放量为 533 843.32 t，较 2019 年下降 0.35%，较 2015 年下降 4.71%，重点工程减排量累计为 4.63 万 t；氨氮总排放量为 37 713.07 t，较 2019 年下降 0.16%，较 2015 年下降 6.35%，重点工程减排量为 0.54 万 t。圆满完成国家下达新疆的"十三五"主要水污染物减排比例和重点工程减排量目标任务。

1.5.2 新增排放量情况

依据《2019 年新疆统计年鉴》，新疆城镇人口数为 1 308.79 万人（含兵团），城镇人口增长率为 0.96%，按此计算，2020 年新疆新增人口数为 12.56 万人（含兵团），根据生态环境部印发的《2020 年主要污染物总量减排核算技术指南》中新增水污染物排放量核算方法进行测算并结合新疆实际，确定 2020 年新疆新增化学需氧量、氨氮分别为 2 889.18 t、353.12 t。

1.5.3 重点工程减排情况

2020 年，新疆在城镇生活污水处理、再生水利用、畜禽规模养殖粪污治理与资源化综合利用以及工业污染治理等重点工程方面，实现减排化学需氧量 4 733.60 t、氨氮 409.92 t，具体情况如下：

（1）工业污染治理

针对造纸、纺织、氮肥、制糖、农药制造、制革等 6 个已发放排污许可证的重点涉水行业 31 家排污单位，采用全口径核算方式，并依据排污单位提交的排污许可执行报告核算新增消减量，经核算实现化学需氧量减排 152.15 t、氨氮减排 23.53 t。

（2）非全口径核算行业

2020 年，塔西南勘探开发公司炼油化工厂、塔西南勘探开发公司电力工程部关停，经核算实现化学需氧量减排 126.94 t、氨氮减排 3.62 t。

（3）城镇生活污水处理

"十三五"末新疆所有城市、县城实现了污水处理能力全覆盖，共建成投运（含通水调试）城镇生活污水处理厂 111 座，其中一级 A 排放标准城镇污水处理设施达到 92 座。2020 年，新改扩建污水处理厂 9 座，新增处理能力 9.73 万 t/d，合计年处理生活污水量 908.06 万 t，实现减排化学需氧量 1 570.38 t、氨氮 130.50 t。提标改造污水处理厂 6 座，实现减排化学需氧量 1 199.31 t、氨氮 173.70 t。

（4）再生水利用

2020 年，新疆新增再生水利用项目 4 个，新增处理能力 121.28 万 t/d，合计再生水年回用量 1 259.62 万 t，实现减排化学需氧量 280.17 t、氨氮 21.23 t。

（5）规模化畜禽养殖粪污治理与资源化利用

2020 年，新疆通过实施 21 个规模化畜禽养殖场（小区）粪污治理与资源化利用工程项目，实现减排化学需氧量 1 404.65 t、氨氮 57.34 t。

1.5.4　其他工程减排情况

2020 年，新疆实施了和田市城镇生活垃圾处理处置项目、6 个农村生活垃圾处理处置项目（库尔勒市、和硕县、轮台县、且末县、博湖县、和田县）、46 个农村分散型生活污水收集处理项目以及 1 家畜禽养殖场关停，共实现减排化学需氧量 57.26 t、氨氮 4.82 t。

1.6　新疆水功能区达标情况

新疆列入《全国重要江河湖泊水功能区划（2011—2030 年）》中的地表水功能区共有 74 个，共设置监测断面（点位）103 个；实际参与监测考核的地表水功能区共有 72 个，监测断面（点位）101 个。2016—2019 年由新疆水利部门有关单位负责开展水质监测。

机构改革后，入河排污口设置管理和编制水功能区划职责整合至生态环境部。根据生态环境部有关规定，2020 年，新疆维吾尔自治区生态环境厅负责组织开展新疆重要河流湖泊水功能区水质监测评价工作。2020 年新疆有全国重要江河湖泊水功能区 72 个，其中一级区 31 个、二级区 41 个，参与全因子达标评价的监测点位 101 个，水功能区水质达标率为 98.6%。

1.7　水质管理目标

1.7.1　“十三五”期间水质管理要求

2016 年新疆维吾尔自治区人民政府印发了《新疆维吾尔自治区水污染防治工作方案》（新政发〔2016〕21 号），提出以贯彻落实国务院《水污染防治行动计划》为基础，以保护和改善水环境质量为核心，按照“节水优先、空间均衡、系统治理、两手发力”原则，贯彻“安全、清洁、健康”方针，强化源头防控，城乡统筹、水陆统筹、河湖兼顾，对河流湖库实施分流域、分区域、分阶段科学治理，系统推进水污染防治、水生态保护和水资源管理等总体要求。

工作目标：到2020年，新疆水环境质量进一步改善，污染地表水体得到有效治理，饮用水安全保障水平持续提升，地下水超采得到严格控制，地下水水质保持稳定，新疆水生态环境状况继续好转。到2030年，力争新疆水环境质量继续改善，水生态系统功能明显恢复。到21世纪中叶，生态环境质量全面改善，生态系统实现良性循环。

主要指标：到2020年，新疆79条主要监测河流170个监测断面水质优良（达到或优于Ⅲ类）比例不低于94%（国家考核的47个断面水质优良比例不低于91.5%，劣Ⅴ类水质比例不大于4.28%），32座重点监测湖库水质优良比例不低于71%，124个重点监测城镇集中式饮用水水源地水质达到或优于Ⅲ类比例不低于91%（国家考核的31个重点城市集中式饮用水水源地水质达到或优于Ⅲ类比例不低于87.1%）；城市建成区黑臭水体总体控制在10%以内；地下水水质保持稳定。

到2030年，新疆河流、湖库及城镇集中式饮用水水源地水质优良比例进一步提高，城市建成区黑臭水体总体得到消除，地下水污染风险得到有效防范。

1.7.2 “十四五”期间水质管理要求

“十四五”期间，新疆主要监测河流断面水质优良（达到或优于Ⅲ类）比例不低于97.7%，劣Ⅴ类水体基本消失；重点监测好于Ⅲ类的湖库比例不低于80.6%，劣Ⅴ类的湖库比例低于12.9%；城市黑臭水体基本消除；地下水质量Ⅴ类水质比例低于29.4%；农村生活污水治理率达到30%左右。

1.8 主要水生态环境问题

1.8.1 水环境问题

（1）河流水质总体较优，持续改善存在挑战

“十三五”期间，新疆水环境质量总体良好，78条河流169个监测断面中，Ⅰ～Ⅲ类水质优良断面167个，比例为98.8%；68个国控河流断面中，有66个断面2019年水质均优于Ⅲ类，比例达到97.1%。与2014年相比，169个监测断面中68个断面水质改善，99个断面水质保持稳定，1个断面水质下降，和布克河水库进口断面（主要影响指标为化学需氧量）水质由Ⅱ类下降至Ⅲ类。

与2014年相比，新疆2015—2019年属偏丰水年，加之工业、城镇生活等点源污染得到有效控制，“十三五”期间河流水质可以总体上保持稳定和改善；但新疆总体上农业农村面源、畜禽养殖污染控制水平不高，且后期随着“十四五”社会发展和经济规模增大、污染物负荷增加，如遇连续偏枯年份，继续保持河流优良环境质量存在较大挑战。

（2）个别河流断面仍然存在超Ⅲ类水质情况，且以有机物污染为主

存在超Ⅲ类水质的区控断面以及其超标指标浓度为：米泉桥（2020年月均）五日生化需氧量（17.67 mg/L）、化学需氧量（50 mg/L）、氨氮（0.93 mg/L）、总磷（0.105 mg/L）；三个庄（2020年月均）五日生化需氧量（14.9 mg/L）、化学需氧量（46 mg/L）、氨氮（1.03 mg/L）、总磷（0.1 mg/L）。

国控断面阿克苏地区和田河肖塔断面2020年水质为Ⅳ类，主要超标指标为氟化物，浓度范围为0.61 mg/L（5月）～1.45 mg/L（3月）；阿克苏地区喀什噶尔河入河口2020年水质为Ⅴ类，主要超标指标为五日生化需氧量，浓度范围为5.6 mg/L（3月）～19.8 mg/L（5月）；高锰酸盐指数，浓度范围为5.8 mg/L（3月）～18 mg/L（5月）；化学需氧量，浓度范围为17 mg/L（1月）～54 mg/L（5月）。

（3）部分区域存在水环境承载力超载现象

根据新疆14个地州市2019年度水环境承载力评价报告，14个地州市中有11个地州市及所辖区县（市）水环境承载力处于未超载状态，仍有3个地州市的3个县存在水环境承载力超载的情况，具体为巴音郭楞蒙古自治州博湖县、伊犁哈萨克自治州新源县和阿勒泰地区福海县，水环境对区域社会经济的可持续性支撑仍存在困难。

（4）内陆尾闾湖泊在萎缩的同时，伴随水质长期超标问题

新疆内陆湖泊基本上为河流尾闾湖泊，湖泊多位于流域水系的最低点，是盐分和物质的累积中心，汇水区内各类农牧业面源以及工业源、生活源等污染最终汇集至湖中，无法向外排泄，在入湖水量不足的情况下，必然发生面积萎缩和水质恶化；即使能够维持基本的水面面积，但长期无充足水量用于物质稀释和净化，湖泊水质也无法得到改善。

艾比湖、艾里克湖、乌伦古湖、博斯腾湖、柴窝堡湖、艾丁湖等表现尤为突出，上述湖泊均在历史上出现入湖水量大量减少、面积萎缩等情况，伴随而来的是有机物、氮、磷、氟化物等指标严重超标（湖泊水质Ⅳ～劣Ⅴ类），盐分增加等，且即使采取措施恢复并保持一定湖面面积，因入湖物质的不断累积，水质也无法得到有效改善。一方面是较强烈的人为干扰加剧了湖泊萎缩和水质恶化，另一方面是由内陆湖泊的特点决定的，这就使得上述湖泊的水质改善存在很大困难，水量在其中起到关键作用。

（5）部分城镇集中式饮用水水源地水质本底差

喀什地区和乌鲁木齐市部分县级及以上城镇饮用水水源地水质本底差，乌鲁木齐市水磨河水源地水质为Ⅴ类，影响指标为硫酸盐浓度、溶解性固体总量、总硬度。喀什地区喀什市东城区水厂水源地、喀什市西城区水厂水源地、疏附县一水厂水源地、疏附县二水厂水源地、疏勒县水厂水源地水质为Ⅴ类，影响指标为硫酸盐浓度、溶解性固体总量、总硬度；叶城县水厂水源地水质为Ⅴ类，影响指标为硫酸盐浓度、总硬度、氯化物浓度；岳普湖县水厂水源地水质为Ⅵ类，影响指标为硫酸盐、总硬度；伽师县水厂水源

地水质为Ⅵ类，影响指标为氟化物浓度。这主要是因为水源地所在地区自然禀赋较差、地下水或地表水盐类物质天然背景值偏高。

（6）城乡饮用水水源地环境风险较高

2019 年监测的 123 个水源地中，Ⅰ～Ⅲ类优良水质水源地（达标）112 个，水质达标比例为 91.0%，虽然不达标水源地均由天然背景值高所致，城乡饮用水水源地环境仍存在一定风险，乡镇级饮用水水源地保护区划分、批复及规范化建设仍需持续推进。

1.8.2 水资源问题

（1）部分地区现状水资源利用已超承载力

根据《2019 年度新疆维吾尔自治区实行最严格水资源管理制度考核工作自查报告》，新疆现状水资源开发利用程度已达到 65.1%，超过国际上规定的干旱区半干旱区水资源利用率不宜超过 60%的标准，其中东疆 92.1%、南疆 78.3%、北疆 50.0%。新疆地下水开采率为 78.5%，其中东疆高达 147.1%，北疆达到 109.7%，南疆为 53.2%。除伊犁河、额尔齐斯河外，其他主要河流开发利用率已超过 80%，新疆水资源的过度开发利用，对经济社会可持续发展和生态环境保护造成巨大压力。

（2）部分河流下游水量减少，季节性断流普遍，部分尾闾湖泊萎缩

新疆地处内陆干旱区，众多中小内陆河流从山区发育、汇集，逐渐形成一些较大的独立水系，出山口以上区域为河流的补给区，出山口以下为径流的消散区，最终河流大多散失于灌区或荒漠，少数在低洼部位积水成湖泊。

出山口以上区域人为活动较少，以天然绿洲为主，主要受自然原因影响，因此新疆各主要河流水系在出山口以上的径流总体上能够保持天然来水状况；但出山口以下区域则是人工绿洲分布的集中区，随着人工绿洲的扩张和社会经济的发展，超量引用河湖水问题在各区域均或多或少有所显现，多数拦河闸坝下游存在季节性断流或严重减脱水现象，引发河流下游水量减少、流程缩短、季节性尤其是灌溉季节一些中小河流断流现象普遍、湖泊萎缩等，造成下游区生态退化，其中天山北坡诸河及南疆塔里木河流域河流季节性断流最为普遍，个别河流断流情况较严重。

（3）重点河流断流情况

1）塔里木河

1972 年塔里木河大西海子水库以下断流，流程缩短了 320 km，导致生态环境严重退化，河道断流，绿色走廊几近消失。国家于 2000 年 5 月启动了塔里木河下游生态输水工程，2001 年国务院批准了《塔里木河近期综合治理规划报告》，投资 107 亿元，主要在灌区节水改造、平原水库改造、河道治理工程、退耕封育、水资源调度管理等方面开展综合治理，在源流来水量达到多年平均水平条件下，实现大西海子断面下泄

水量 3.5 亿 m^3、水流到达台特玛湖、林草植被得到有效保护、下游生态环境得到初步改善的目标。

2）玛纳斯河

1960 年以来，玛纳斯河水基本被引入灌区，小拐以下玛纳斯河段断流，玛纳斯湖干涸，玛纳斯河断流给中下游地区的生态环境带来了很大的影响。2012 年以来，新疆昌吉回族自治州基于玛纳斯河流域处于丰水期的有利时期，开始大力实施生态工程建设，2012—2017 年生态补水量达 1 亿 m^3，使得玛纳斯湖面积得以逐步恢复。2018—2020 年，国家湿地公园管理局每年都从玛纳斯河引流，开展半年的生态补水，湿地生态效应得以持续显现。

3）奎屯河

奎屯河由南向北，经 131 团山区牧场、乌苏市巴音沟牧场、3614 部队，在独山子矿区出山后，流入准噶尔盆地，经乌苏良种场、九间楼乡、皇宫乡和头台乡，沿 130 团西北流入奎屯水库，出库后沿 125 团东缘向北，经乌苏车排子乡向西北，沿 123 团和 127 团西南缘及 126 团南缘向西流经乌苏石桥乡甘家湖林场、牧场，在五道泉处进入精河县东北，再经散德克库木大沙漠流入艾比湖，全长 359.6 km。目前，河流中下游现已断流，其尾闾艾比湖萎缩严重，生态环境严重恶化。

4）乌伦古河

20 世纪 70 年代以后，乌伦古河下游先后修建了福海水库、顶山水库等一些大型水库，加上 20 世纪 60 年代已修建的几个大型水库和几十个引水龙口，乌伦古河福海水文站的年径流量呈逐年下降态势。2002—2007 年平均每年夏季断流 70 天，据统计 2005—2008 年，分别断流 55 天、72 天、164 天、182 天，2009 年全年断流。断流致使流域生态日渐脆弱，河谷数万株沙枣树枯死，土地沙化，地下水位降低。同时，乌伦古河的入湖水量逐年减少，导致乌伦古湖长期处于水位下降和面积收缩状态中，水环境恶化，严重影响渔业以及湖滨生态。

5）乌鲁木齐河

根据流域生态环境状况问卷调查，近年来流域水生生物多样性有减少趋势。乌鲁木齐河流域乌拉泊水库断面以下穿城河段由于水库节水和干渠引流，枯水期基本干涸，平水期流量很小，自 2011 年因缺水首次断流，每年开始由乌拉泊水库、红雁池水库间断性放水，无法进行鱼类、大型底栖动物、特有物种和指示性物种等水生生物调查。

（4）重点湖泊萎缩、干涸情况

多数处于河流尾闾的湖泊，湖区通常降水稀少，蒸发旺盛。受源流河流下泄水量减少影响，入湖水量明显减少，从而使部分湖泊萎缩。20 世纪 70—90 年代，新疆湖泊呈现萎缩趋势，萎缩区主要集中在新疆西部；20 世纪 90 年代至 2000 年前后，新疆湖泊总体呈现扩张趋势；2000—2010年前后，呈现西部、北部、西南部湖泊萎缩，而东南部湖泊扩张的趋势，萎缩的范围较20世纪70—90年代有所增加。由于新疆主要内陆湖泊大多分布于西部和北部区域，所以引发了湖泊湿地较为严重的生态退化，主要表现为面积萎缩、咸化、水质恶化、水生态系统和健康状况下降等。

1）博斯腾湖

1958年以前博斯腾湖水位一般保持在1 048.0 m以上，即使在极其干旱的1957年（开都河的年径流量只有28.0亿 m^3），水位仍保持在1 047.93 m。1958—1980年，博斯腾湖水位呈现4～6 a的周期性变化，整体呈现下降趋势；2003—2013年连续下降，而且下降速度很快，至2013年达到1 045.1 m的最低点；根据2014—2018年的观测，湖泊水位开始出现回升，截至2018年已经超过1 047.5 m。

2）乌伦古湖

乌伦古湖水位及湖面面积随进湖水量的大小而变化。1957年以前（近似天然状态），湖面高程484 m，湖面面积864 km^2，福海水文站测得的乌伦古河平均年入湖水量为8.03亿 m^3。从20世纪60年代起，乌伦古湖的大、小湖均持续萎缩；1993年，由于乌伦古河和额尔齐斯河都是丰水年，大湖水位曾回升至1957年以前的水平，根据有关观测数据，1990—1999年，水面基本维持在1 013 km^2，水面高程平均483 m。

3）艾比湖

20世纪50年代至70年代末，艾比湖湖面面积急剧缩减，从50年代初的1 200 km^2，缩减到1972年的583.14 km^2，平均每年缩减面积约为30.84 km^2。1972—2000年，艾比湖缩减程度有所减轻，这一期间缩减的面积为43.4 km^2，每年平均缩减1.55 km^2。2000年以后，艾比湖面积缩减速率又有增加的趋势，到2010年湖面面积为426.31 km^2，2013年为392.54 km^2，平均每年缩减11.323 km^2，近年来湖面面积基本维持在500 km^2左右，但与20世纪50年代相比，一半以上的湖面已成为盐漠化土地。

4）艾丁湖

根据20世纪40年代地形图，艾丁湖面积约150 km^2；根据1958年航片资料，湖面积为22 km^2；根据1970年航片资料，湖面积约为60 km^2；1990—2000年，在20～40 km^2；2000—2005年，主湖区年平均面积约13.28 km^2；2006以后，湖面比较小，主湖区面积为4.92 km^2。总体上，艾丁湖与天然状况相比面积减少了90%多。

5）艾里克湖

1972年在艾里克湖入湖河流白杨河上修建了白杨河水库，河水经水库拦蓄后，仅有0.33亿 m^3的洪水入湖，而克拉苏河已没有入湖水量。后来，白杨河水量调节工程——白碱滩水库和黄羊泉水库的陆续建成，使白杨河入艾里克湖的地表水被彻底截断。由于入湖水量骤减，艾里克湖湖面面积萎缩，濒于干涸，1995年之后曾经数年断续干涸。为了挽救艾里克湖、遏止生态环境的继续恶化，克拉玛依市政府从 2001 年起每年向艾里克湖进行生态补水，2001—2007 年已连续 7 年向艾里克湖应急生态输水 7 亿 m^3（每年约 1 亿 m^3）。因入湖补给水量增加，干涸了多年的艾里克湖又重现生机，湖水面积逐渐扩大，目前已达到 55 km^2（表 1-1），湖心处水深约 9 m。

表 1-1 艾里克湖生态补水前后区域生态环境变化评估

时间	多年平均入湖水量/亿 m^3	补给水源	湖面面积/km^2	湖区生态环境状况
1972 年之前	1.2	白杨河	60	良好
1972—1978 年	0.3～0.4	白杨河	45	较差
1979—1991 年	0.3	白杨河	15～45	差
1992—2000 年	小于 0.3	白杨河	0～35	极差
2001 年之后	1.043	白杨河、外来水源	55	良好

6）柴窝堡湖

2004—2010 年柴窝堡湖湖面面积缓慢下降，2010—2011 年湖面面积下降速度加快；尤其 2012 年以来，柴窝堡湖湖面面积和容积都急剧下降，截至 2014 年 10 月，柴窝堡湖湖面面积仅约为 2.5 km^2，仅为历史面积的 8.4%，萎缩了 91.6%；湖泊储水量不足 100 万 m^3，不及历史水量的 0.01%，几近干涸。2015 年以来，乌鲁木齐市通过采取限采地下水、退耕还林还草、种植生态防风林、启动分洪补湖工程等措施，尤其自 2019 年 7 月工程通水以来，已累计引洪补湖 2 800 万 m^3，湖泊生态不断好转。2020 年最新的卫星遥感监测数据显示，柴窝堡湖湖面面积由 2014 年的 0.18 km^2 恢复到 2010 年 10 月的 20.92 km^2，扩展了 100 多倍。

（5）部分河湖生态水量不足

受大部分地区水资源过度开发的影响，新疆河湖生态水量被挤占情况较普遍，致使许多河湖生态水量存在不足的情况，其中以塔里木河流域、准噶尔盆地内流区、艾比湖等较为突出。

（6）生态水量（流量）监管能力薄弱

新疆生态水量（流量）监管工作刚启动，缺乏科学的生态水调控方案，存在顶层设计等方面的问题。除伊犁河、额尔齐斯河外，其他河流开发利用率已超过 80%，加之新疆地处极度干旱区，本身生态十分脆弱，需要经过长时间努力，采用更强有力的政策措施和管理措施，逐步恢复河流的生态水量和湖泊的生态水位。

1.8.3 水生态问题

（1）水源涵养区植被仍有局部退化

近年来，新疆生态退化的趋势有明显好转，但塔城盆地、阿尔泰山东南部、中天山北部、东天山以及尤尔都斯盆地、阿尔金山等部分地区各类生态问题较严重。山区天然林、平原河谷林及荒漠林局地退化问题突出。额尔齐斯河及乌伦古河源头山区、巩留县南部山区、渭干河流域拜城县北部山区都有超过 20%的针叶林发生质量退化，开都河和孔雀河流域上游霍拉山东部山地 36.1%的针叶林发生质量退化。

（2）河湖缓冲区占用情况普遍，部分湿地萎缩，河湖自净能力下降

根据新疆主要河湖岸线占用情况调查结果，新疆大部分河湖缓冲区存在农田、道路占用，建设活动、采矿（挖砂）等情况，部分区域沙化，导致河湖缓冲区受损，河湖自净能力普遍下降。塔里木河干流区有接近 50%的荒漠河岸林退化，乌伦古河干流、艾比湖流域四根树河下游均有超过 25%的荒漠河岸林发生质量退化，额尔齐斯河中下游有接近 20%的平原河谷林发生质量退化，严重影响水源涵养、生物多样性保护等功能。

根据新疆生态环境 10 年变化研究成果，2000—2015 年，新疆湿地面积增加了 2 107 km^2，总体呈现扩张趋势。但局部湿地有萎缩的情况，其中萎缩较剧烈的有艾比湖、精河 82 团铁路桥汇水区、喀什噶尔河入河口、博斯腾湖等地，五年间面积总计减少 100 km^2 以上；乌拉泊水库出口、玛纳斯河夹河子水库南闸口、喀拉喀什河喀河大桥、博尔塔拉河 90 团四连大桥、迪那河轮台县大桥、呼图壁河棉纺厂、喀什河雅马渡大桥、塔里木河尉犁等汇水区的湿地面积共减少 5～24 km^2。湿地的萎缩一方面是由于生态水量不足，另一方面是由于各类生产活动占用。

（3）部分河湖水生态健康状况较差，大部分河湖水生态底数不清

依据 2008—2015 年新疆各重点河湖生态安全评估结果，新疆部分河湖的水生态健康状况较差，其中乌鲁木齐河下游、乌伦古河干流中游、博尔塔拉河中下游等区域水生态健康问题较突出，主要原因是河道断流、河道连通性较差、水资源开发利用强度大等。额尔齐斯河流域、额敏河流域、伊犁河流域淡水大型底栖无脊椎动物生物耐污敏感性指标（BMWP）评估结果均处于良好以上等级，说明流域生态环境整体保持“良好”。乌伦古湖、博斯腾湖水生态系统健康综合评估结果表明，水生态健康状况处于中等健康水平，整体生态系统健康综合指数呈一定的下降趋势。除了几条较大的河流外，新疆各河湖普遍缺少对水生生态的系统调查与分析，部分河流即使有水生生态的资料，也是单独一期的，无法反映其水生生态健康变化情况。全区水生态调查基础较薄弱，大部分河湖水生态底数不清，水生态保护修复尚属起步阶段。

（4）部分特有土著鱼类消失或濒临灭绝

由于不合理的涉水设施建设造成的生境阻隔，外来物种，过渡捕捞和栖息地侵占等影响，新疆自然水域的渔业资源产量大幅下降，部分土著鱼类的分布区域有所减少，种群数量减少、栖息地萎缩，个别珍稀濒危鱼类处于濒临灭绝状态。依据《国家重点保护野生动物名录》，《濒危野生动植物种国际贸易公约》附录Ⅰ、附录Ⅱ、附录Ⅲ，1998年出版的《中国濒危动物红皮书·鱼类》和新疆维吾尔自治区2004年发布的《新疆维吾尔自治区重点保护水生野生动物名录》表1.6-5，国家及新疆维吾尔自治区发布的濒危鱼类有16种，即裸腹鲟、西伯利亚鲟、小体鲟、哲罗鲑、北鲑、北极茴鱼、短头鲃、吐鲁番鲹、高体雅罗鱼、塔里木裂腹鱼、扁吻鱼、银色裂腹鱼、斑重唇鱼、阿勒泰杜父鱼、准噶尔雅罗鱼、新疆裸重唇鱼，而细鳞鲑、金鲫、贝加尔雅罗鱼、江鳕和梭鲈5种鱼类也面临灭绝，因此新疆需要保护的濒危鱼类为7科21种，其中鲟科3种、鲑科3种、茴鱼科1种、鲤科11种、鳕科1种、鲈科1种、杜父鱼科1种。

濒危鱼类资源的主要特点有：①自然捕捞量急剧减少，渔获物组成趋向低值化；②自然分布区域逐年减少；③捕捞个体呈现小型化、低龄化；④栖息水域已捕不到个体，种群已处于濒危状态，如裸腹鲟、西伯利亚鲟、小体鲟等；⑤原栖息水域长期捕不到个体，种群已经濒临灭绝，如北鲑、银色裂腹鱼等。

（5）部分湖库富营养化程度较高

乌伦古湖、博斯腾湖基本处于中营养状态，乌伦古湖、博斯腾湖综合营养状态指数总体上有下降的趋势，到2019年、2020年接近中营养标准的下限。艾比湖2016年以后综合营养状态指数呈现增加趋势，一度接近富营养标准的下限，2020年有所降低。柴窝堡湖水体综合营养状态指数2000年以来总体呈上升趋势，最小值为53.05，出现在20世纪90年代，属于轻度富营养化水平；最大值为77.23，出现在2013年，属于重度富营养化水平。

柴窝堡湖、艾比湖等部分湖库富营养化程度高，水生态健康状况不容乐观。柴窝堡湖、艾比湖主要污染指标为化学需氧量、总氮，虽然综合营养状态指数高，但新疆的湖泊均未发生蓝藻水华。

2 水环境功能区划体系

2.1 目的和意义

水环境功能区划是水环境分级管理和环境管理目标责任制的基石，是科学实施水污染物排放总量控制的基本单元，是正确实施地表水环境质量标准，进行水质评价、水质目标管理的基础。科学地划定水环境功能分区，按照不同功能区执行地表水环境质量标准、水污染物总量控制目标和水污染物综合排放标准，为实现运用法律、行政、经济手段强化水环境保护分区管理目标，保障水环境安全，有效控制水污染，奠定了科学基础。水环境功能区划不仅是水污染防治与水环境管理的基础，也是建设项目环境管理、经济发展产业布局、水资源利用管理等重要的基础依据。水环境功能区划分在水上，落实在陆上，将环境管理目标落实到具体水域和污染源，为陆上的污染源管理、产业布局优化提供了决策基础。

为推进新疆维吾尔自治区生态文明建设，以改善区域水环境质量和维护水生态环境功能为目标，落实水环境保护政策要求、严守水环境质量底线，按照《地表水环境质量标准》（GB 3838—2002），根据水域环境污染状况、水环境承载能力、环境保护目标明确水域分类管理功能区，强化水环境质量目标管理，为水质评价、总量控制、分区管控及流域综合整治等提供依据，遵循“高功能水域高标准保护，低功能水域低标准保护”的原则，合理利用水资源，确保新疆维吾尔自治区“资源开发可持续，生态环境可持续”。

2.2 划分原则

功能区划的总原则是：实事求是、科学划分、加强保护、有利管理、促进发展。

2.2.1 可持续发展原则

可持续发展作为区划的出发点和指导思想，在充分尊重现实可能性的基础上，与《新疆生态环境功能区划》及《新疆主体功能区规划》相结合，合理地开发利用水资源，保护当代和后代人赖以生存的水环境，保障人体健康及动植物正常生存，实现可持续发展。

2.2.2 高功能水域高标准保护原则

划分水环境功能区时不降低现状水质对应的使用功能。发源于高山的水属于特殊保护的源头水，必须高标准保护。其他水体，以饮用水水源为优先保护对象，如果出现多种功能水域应优先考虑饮用水水源功能，水环境的其他功能应首先服从饮用水功能。当同一水域兼有多类功能时，依最高功能划分并兼顾潜在功能。

2.2.3 以地表水环境质量标准为控制基础原则

划分地表水环境功能区的前提是贯彻《地表水环境质量标准》，划分功能区既不能影响水域功能的开发，也不能影响下游功能的保障。

2.2.4 保持现状使用功能、兼顾规划功能原则

未经技术经济论证且上报上级主管部门批准，不得任意将现状使用功能降低。水域的现状使用功能是划分水环境功能区的基础，同时兼顾水域规划功能。

2.2.5 地下饮用水水源地污染预防为主原则

当地表水作为地下饮用水水源地的补给水，或地质结构造成明显渗漏时，考虑对地下饮用水水源地的影响，防止地下饮用水水源地的污染，将地表水和地下水以及陆上污染源进行统筹考虑，保护地下水水质。

2.2.6 统筹考虑专业用水标准要求原则

着眼于整个流域，局部服从整体，统筹考虑专业用水标准的要求。对属于专业用水单一功能的水域，分别执行专业用水标准，由相应管理部门依法管理。在划分水环境功能区时，上下游兼顾，适当考虑潜在功能要求，使功能组合合理。跨行政区域管理水域，应规定跨界断面的水质要求和允许排污总量。

2.2.7 与社会经济发展相结合原则

与城市、工业布局相适应，考虑将来的发展用水要求。功能区划既不能过严，也不

能过松，过严可能会影响发展，而过松又不利于水体保护，最终影响可持续发展。

2.2.8 实用可行、便于管理原则

划分方案及输出的成果应实用可行，有利于强化目标管理，解决实际问题，确保本行政区域内管理得力，相邻行政区监督有效。

2.3 划分依据

（1）《中华人民共和国环境保护法》

（2）《中华人民共和国水污染防治法》

（3）《全国生态环境保护纲要》

（4）《关于环境保护若干问题的决定》（国发〔1996〕31 号）

（5）《关于实行最严格水资源管理制度的意见》（国发〔2012〕3 号）

（6）《自然保护区类型与级别划分原则》（GB/T 14529—1993）

（7）《地表水环境功能区类别代码（试行）》（HJ 522—2009）

（8）《地表水环境质量标准》（GB 3838—2002）

（9）《地下水质量标准》（GB/T 14848—2017）

（10）《生活饮用水卫生标准》（GB 5749—2006）①

（11）《渔业水质标准》（GB 11607—1989）

（12）《新疆维吾尔自治区主体功能区规划》（2012）

（13）《新疆维吾尔自治区“十二五”主要污染物总量控制规划》（2012）

（14）《新疆维吾尔自治区水功能区划》（2007）

（15）《中国新疆水环境功能区划》（新政函〔2002〕194 号）

（16）《新疆生态环境功能区划》（2012）

（17）《饮用水水源保护区划分技术规范（HJ 338—2018）》

（18）《中国新疆河湖全书》（2010）

（19）《新疆维吾尔自治区地图集》（2009）

（20）《中国湖泊名称代码》（SL 261—1998）

（21）《中国水库名称代码》（SL 259—2000）

（22）《中国河流代码》（SL 249—2012）

---

① 该标准即将作废，由 GB 5749—2022 替代，其将于 2023 年实施。

2.4　区划范围

新疆境内水系分为四片，分别为额尔齐斯河流域、准噶尔内流区、中亚（伊犁河、额敏河）内流区（以下简称中亚内流区）、塔里木内流区；按照自然保护区、饮用水水源保护区、渔业用水区、工业用水区、农业用水区、景观娱乐用水区 6 类区域，分别划分为 Ⅰ ～Ⅴ类水体。区划范围覆盖了新疆所有地州，区划功能区河流总长 7.11 万 km，湖泊、水库总面积 0.79 万 km^2。

2.5　水环境功能区划类型

以《地表水环境质量标准》（GB 3838—2002）及《地表水环境功能区类别代码（试行）》（HJ 522—2009）为基本依据，将水源划分为相应的 6 类功能区，并执行相应的水环境质量标准。

2.5.1　自然保护区

野生动植物物种的天然集中分布区、有特殊意义的自然遗迹等保护对象所在的陆地水体，依法划出一定面积予以特殊保护和管理的区域。

国家级自然保护区：在国内外有典型意义、在科学上有重大国际影响或者有特殊科学研究价值的自然保护区，列为国家级自然保护区。执行地表水环境质量 Ⅰ 类标准。

地方级自然保护区：除国家级自然保护区外，其他具有典型意义或者重要科学研究价值的自然保护区列为地方级自然保护区。执行地表水环境质量 Ⅰ 类或Ⅱ类标准。

2.5.2　饮用水水源保护区

国家为防止饮用水水源地污染、保证水源地环境质量而划定，并要求加以特殊保护的一定面积的水域和陆域。

一级保护区：保护区内水质主要是保证饮用水卫生的要求。水质不得低于地表水环境质量Ⅱ类标准。

二级保护区：在正常情况下满足水质要求，在出现污染饮用水水源的突发情况时，保证有足够的采取紧急措施的时间和缓冲地带。水质不得低于地表水环境质量Ⅲ类标准，并保证流入一级保护区的水质满足一级保护区水质标准的要求。

2.5.3 渔业用水区

鱼、虾、蟹、贝类的产卵场、索饵场、越冬场、洄游通道和养殖鱼、虾、蟹、贝类、藻类等水生动植物的水域。珍贵鱼类用水区执行地表水环境质量Ⅱ类标准；一般鱼类用水区执行地表水环境质量Ⅲ类标准。

2.5.4 工业用水区

各工矿企业生产用水的集中取水点所在水域的指定范围，执行地表水环境质量Ⅳ类标准。

2.5.5 农业用水区

灌溉农田、森林、草地的农用集中提水站所在水域的指定范围。执行地表水环境质量Ⅴ类标准。

2.5.6 景观娱乐用水区

天然浴场、游泳区等直接与人体接触的景观娱乐用水区，执行地表水环境质量Ⅲ类标准。

国家重点风景游览区及与人体非直接接触的景观娱乐用水区，执行地表水环境质量Ⅳ类标准。

一般景观用水区执行地表水环境质量Ⅴ类标准。

2.6 水环境功能区划方法

根据水环境功能区划修编原则和水质现状评估结果，因地制宜、实事求是地划分水环境功能区。

2.6.1 确定区划对象

在尊重原区划的基础上，根据新疆矿产资源开发的特点及各地州环保部门的意见，结合国家地理信息中心1∶25万水系数据及《中国新疆河湖全书》，扩大区划范围，增加区划对象。此次区划对象为1 478条河流、228条干渠、80个湖泊及288座水库。

增加的河流多为2～4级支流，属于源头水，位于水源涵养区，水质优良。考虑到矿产资源的开发可能对山区水环境造成不良影响，为了更好地加以保护，对其进行功能区划；湖泊为水域面积大于1 km^2且常年有水的湖泊；水库为容积大于100万m^3的水库。

2.6.2 建立水体数据库

依据 2002 年版的《中国新疆水环境功能区划》、国家地理信息中心 1∶25 万水系图及各地州的反馈意见，确定区划水体对象，并对其划线成图，信息录入成表。对水体图层进行基本水文关系修正，明确河流源头、干流、支流、汇合口等信息，并保证水体之间基本水文关联的正确性。同时对河流（干渠）进行分级并核准水体名称。

2.6.3 确定水环境功能区类型及水质目标

以《地表水环境质量标准》（GB 3838—2002）及《地表水环境功能区类别代码（试行）》（HJ 522—2009）为标准，将“新疆维吾尔自治区主体功能区规划”“新疆生态环境功能区划”“新疆维吾尔自治区水功能区划”“城镇集中式饮用水水源保护区划方案”“国家级自然保护区”“自治区级自然保护区”与区划水体进行空间分析，并充分考虑不同行业及上下游行政主管部门对水体现状使用功能、规划主导功能的意见，确定水体功能区类型并确定水质目标。

对有监测资料的水体，通过评价其水质现状，结合现状使用功能和新疆环境功能区划，按照区划原则、依据来划分功能区类型；对无监测资料的水体，按其现状使用功能并遵循“高功能水域高标准保护”原则划分功能区类型。

2.6.4 区划结果总结与输出

本区划的结果以区划表及区划图的形式输出。其中区划表包括新疆水环境功能区划表——河渠、新疆水环境功能区划表——湖泊及新疆水环境功能区划表——水库，区划图指新疆水环境功能区划图。

3 水环境功能区划结果

3.1 水环境功能区划总体划分结果

区划对象为新疆区域内的 1 478 条河流、228 条干渠、80 个湖泊及 288 座水库。区划范围覆盖了新疆所有的地州。区划功能区河流及干渠总长度约 7 万多 km，湖泊面积 6 208 km^2、水库容积 117 亿 m^3。

区划表中共划分功能区 2 617 个（河流 2 015 个，干渠 231 个，湖泊 83 个，水库 288 个），其中自然保护区 1 066 个，占 40.73%；饮用水水源保护区 1 244 个，占 47.54%；渔业用水区 69 个，占 2.64%；工业用水区 6 个，占 0.23%；农业用水区 2 个，占 0.08%；景观娱乐用水区 230 个，占 8.79%。Ⅰ类水质目标 1 052 个，占 40.20%；Ⅱ类水质目标 817 个，占 31.22%；Ⅲ类水质目标 642 个，占 24.53%；Ⅳ类水质目标 48 个，占 1.83%；Ⅴ类水质目标 58 个，占 2.22%。

3.2 河流水环境功能区划分情况

本次共对 1 478 条河流进行了区划，共划分 2 015 个功能区。其中自然保护区 1 058 个，占新疆河流功能区总数的 52.51%；饮用水水源保护区 920 个，占 45.66%；渔业用水区 6 个，占 0.30%；工业用水区 3 个，占 0.15%；景观娱乐用水区 28 个，占 1.39%。

Ⅰ类水功能区 1 045 个，占新疆河流功能区总数的 51.86%。主要是山区源头水、水源涵养区水体。

Ⅱ类水功能区 676 个，占新疆河流功能区总数的 33.55%。主要是中山区、山口以上水土保持区内水体。

Ⅲ类水功能区 290 个，占新疆河流功能区总数的 14.39%。主要是山口以下平原区水体。

Ⅳ类水功能区 4 个，占新疆河流功能区总数的 0.20%。

3.3 干渠水环境功能区划分情况

本次共对 228 条干渠进行了区划，共划分 231 个功能区。其中饮用水水源保护区 175 个，占新疆干渠功能区总数的 75.76%；景观娱乐用水区 55 个，占 23.81%；渔业用水区 1 个，占 0.43%。

Ⅱ类水功能区 56 个，占新疆干渠功能区总数的 24.24%。其中 28 个为集中式饮用水水源保护区，其余的均具有分散饮用功能，主要分布在吐哈盆地。

Ⅲ类水功能区 174 个，占新疆干渠功能区总数的 75.32%，主要是山口以下平原区干渠，具有景观娱乐及灌溉功能。

Ⅳ类水功能区 1 个，占新疆干渠功能区总数的 0.43%，为农业用水功能。

3.4 湖泊水环境功能区划分情况

本次共对 80 个湖泊进行了区划，共划分 83 个功能区。其中自然保护区 7 个，占新疆湖泊功能区总数的 8.43%；饮用水水源保护区 2 个，占新疆湖泊功能区总数的 2.41%；渔业用水区 13 个，占 15.66%；工业用水区 2 个，占 2.41%；景观娱乐用水区 59 个，占 71.08%。

Ⅰ类水功能区 5 个，占新疆湖泊功能区总数的 6.02%。主要是位于自然保护区内的湖泊。

Ⅱ类水功能区 3 个，占新疆湖泊功能区总数的 3.61%。功能区水体主要具有分散饮用及渔业养殖功能。

Ⅲ类水功能区 12 个，占新疆湖泊功能区总数的 14.46%。功能区水体主要具有渔业养殖及景观娱乐用水功能。

Ⅳ类水功能区 5 个，占新疆湖泊功能区总数的 6.02%。功能区水体主要具有工业用水及景观娱乐用水功能。

Ⅴ类功能区 58 个，占新疆湖泊功能区总数的 69.88%。主要是位于高原区的咸水湖及平原尾闾湖。

3.5 水库水环境功能区划分情况

本次共对 288 座水库进行了区划，共划分 288 个功能区。其中自然保护区 1 个，占新疆水库功能区总数的 0.35%；饮用水水源保护区 147 个，占 51.04%；渔业用水区 49

个，占 17.01%；工业用水区 1 个，占 0.35%；农业用水区 2 个，占 0.69%；景观娱乐用水区 88 个，占 30.56%。

Ⅰ类水功能区 2 个，占新疆水库功能区总数的 0.69%。主要是位于高山区的水库。

Ⅱ类水功能区 82 个，占新疆水库功能区总数的 28.47%。主要是位于中山及平原区、具有集中式饮用功能的水库。

Ⅲ类水功能区 166 个，占新疆水库功能区总数的 57.64%。主要是位于平原区、具有渔业养殖及分散饮用的水库。

Ⅳ类水功能区 38 个，占新疆水库功能区总数的 13.19%。主要是位于平原区、具有农业灌溉及景观娱乐功能的水库。

4 主要水系水环境功能区划分情况

4.1 水系分片功能区划分情况

新疆境内水系分为额尔齐斯河流域、准噶尔内流区、中亚内流区及塔里木内流区。

4.1.1 额尔齐斯河流域

共划分了 261 个功能区，其中，河流 196 个功能区，干渠 26 个功能区，湖泊 4 个功能区，水库 35 个功能区。

Ⅰ类水功能区 124 个，占额尔齐斯河流域功能区总数的 47.51%。其中，河流 122 个，湖泊 2 个。Ⅰ类水功能区的区域主要是额尔齐斯河流域的源头水（高山区，人迹罕至）、自然保护区、水源涵养区。

Ⅱ类水功能区 69 个，占额尔齐斯河流域功能区总数的 26.44%。其中，河流 49 个，水库 19 个，湖泊 1 个。

Ⅲ类水功能区 67 个，占额尔齐斯河流域功能区总数的 25.67%。其中，河流 25 个，干渠 26 个，湖泊 1 个，水库 15 个。Ⅲ类水功能区所在水域主要是山口以下河流、额尔齐斯河主要支流靠近额尔齐斯河干流段及额尔齐斯河干流。这些水域为阿勒泰地区的城市区，县城分布区，工业、企业分布区，人群生活、活动密集区。

Ⅳ类水功能区 1 个，占额尔齐斯河流域功能区总数的 0.38%，为水库。

4.1.2 准噶尔内流区

共划分 784 个功能区，其中，河流 548 个功能区，干渠 86 个功能区，湖泊 23 个功能区，水库 127 个功能区。

Ⅰ类水功能区 235 个，占准噶尔内流区功能区总数的 29.97%。其中，河流 233 个，湖泊 1 个，水库 1 个。主要是各河流的源头水（高山区，人迹罕至）、水源涵养区。

Ⅱ类水功能区 306 个，占准噶尔内流区功能区总数的 39.03%。其中，河流 232 个，干渠 33 个，湖泊 2 个，水库 39 个。主要是中山至出山口段（山口以上）的水体。

Ⅲ类水功能区 212 个，占准噶尔内流区功能区总数的 27.04%。其中，河流 82 个，干渠 53 个，湖泊 7 个，水库 70 个。这些水域主要在市、县、镇和广阔的绿洲分布区。

Ⅳ类水功能区 19 个，占准噶尔内流区功能区总数的 2.42%。其中，17 个是水库，主要用于农业灌溉。其余为河流、湖泊，各 1 个。

Ⅴ类水功能区 12 个，占准噶尔内流区功能区总数的 1.53%。12 个功能区都为湖泊，多为河流的末端，影响水质的主要是盐分，这与当地的地质环境和人类农业生产活动有密切的关系。

4.1.3　中亚内流区

共划分 481 个功能区，其中，河流 414 个功能区，干渠 44 个功能区，水库 23 个功能区。

Ⅰ类水功能区 176 个，Ⅱ类水功能区 197 个，二者占中亚内流区功能区总数的 77.55%。Ⅰ类或Ⅱ类水功能区为河流山口以上水体，其中额敏河水系所处的区段为中低山，无冰川分布，故为Ⅱ类；伊犁河水系山区源头段多为冰川，水质保护目标定为Ⅰ类，中山至出山口段多为牧区和旅游区，水质保护目标为Ⅱ类。

Ⅲ类水功能区 107 个，占中亚内流区功能区总数的 22.25%。主要是河流出山口以后的一般工业欠发达的城镇和农牧团场区域。

Ⅳ类水功能区 1 个，占 0.21%，为干渠。

4.1.4　塔里木内流区

共划分了 1 091 个功能区，其中，河流 857 个功能区，干渠 75 个功能区，湖泊 56 个功能区，水库 103 个功能区。

Ⅰ类水功能区 517 个，占塔里木内流区功能区总数的 47.39%。其中，河流 514 个，湖泊 2 个，水库 1 个。基本上是源头水。该区域主要在高山区，人迹罕至，水质较好。

Ⅱ类水功能区 245 个，占塔里木内流区功能区总数的 22.46%，其中河流 223 个，干渠 9 个，水库 13 个。位于中山至出山口前区域。

Ⅲ类水功能区 256 个，占塔里木内流区功能区总数的 23.46%。其中，河流 117 个，干渠 66 个，湖泊 4 个，水库 69 个。位于山口以下绿洲地带，人类活动影响较大。

Ⅳ类水功能区 27 个，占塔里木内流区功能区总数的 2.47%。其中，河流 3 个，湖泊 4 个，水库 20 个。现状使用功能基本为农业用水。

Ⅴ类水功能区 46 个，占塔里木内流区功能区总数的 4.22%，均为湖泊。现状使用功能均为景观用水。现状水质差，主要原因是矿化度高，与自然环境有关。

4.2 主要水系功能区划分情况

4.2.1 额尔齐斯河流域

对额尔齐斯河流域218条河流、27条干渠、6个湖泊、27座水库进行了功能区划分，共划分了261个功能区。按功能区类型分，自然保护区126个，饮用水水源保护区108个，景观娱乐用水区25个，渔业用水区2个。按水质保护目标分，Ⅰ类水功能区124个，Ⅱ类水功能区69个，Ⅲ类水功能区67个，Ⅳ类水功能区1个。

额尔齐斯河干流：额尔齐斯河口至中哈国界，区划功能区长度526.90 km，划分了5个功能区。按功能区类型分，均为饮用水水源保护区。按水质保护目标分，均为Ⅱ类。

布尔津河：喀纳斯河和禾木河汇合口至额尔齐斯河汇合口，区划功能区长度150.10 km，划分了3个功能区。按功能区类型分，饮用水水源保护区2个，自然保护区1个。按水质保护目标分，Ⅰ类水功能区1个，喀纳斯河和禾木河交汇处至冲乎尔水库，为自然保护区；Ⅱ类水功能区2个，冲乎尔水库至额尔齐斯河，均为饮用水水源保护区。

哈巴河：哈巴河至额尔齐斯河汇合口，区划功能区长度113.58 km，划分了4个功能区。按功能区类型分，饮用水水源保护区3个，自然保护区1个。按水质保护目标分，Ⅰ类水功能区1个，源头至下游28.8 km处，为自然保护区；Ⅱ类水功能区3个，下游28.8 km 处至哈巴河山口水库、哈巴河山口水库至哈巴河大桥、哈马河大桥至额尔齐斯河，均为饮用水水源保护区。

克兰河：小克兰河汇合口至额尔齐斯河汇合口，区划功能区长度166.83 km，划分了2个功能区。按功能区类型分，均为饮用水水源保护区。按水质保护目标分，均为Ⅱ类。

喀纳斯湖：全湖45.43 km^2均划为自然保护区，水质保护目标为Ⅱ类。

4.2.2 准噶尔内流区

（1）艾比湖水系

对艾比湖水系62条河流干渠、3个湖泊、21座水库进行了功能区划，共划分了203个功能区。按功能区类型分，自然保护区64个，饮用水水源保护区104个，渔业用水区17个，景观娱乐用水区18个。按水质保护目标分，Ⅰ类水功能区64个，Ⅱ类水功能区57个，Ⅲ类水功能区80个，Ⅴ类水功能区2个。

博尔塔拉河：源头至艾比湖，区划功能区长度284.00 km，划分了4个功能区。按功能区类型分，自然保护区1个，饮用水水源保护区2个，景观娱乐用水区1个。按水质保护目标分，Ⅰ类水功能区 1 个，博尔塔拉河的源头至卡赞，为自然保护区；Ⅱ类水功能区 1 个，卡赞至温泉水文站，为饮用水水源保护区；Ⅲ类水功能区 2 个，温泉水文站至七一水库以及七一水库至艾比湖，其中七一水库至艾比湖为景观娱乐用水区，温泉水文站至七一水库为饮用水水源保护区。

精河：乌图精河和冬都精河至艾比湖，区划功能区长度 190.02 km，划分了 7 个功能区。按功能区类型分，自然保护区 2 个，饮用水水源保护区 5 个。按水质保护目标分，Ⅰ类水功能区 2 个，乌图精河的源头至克屯阿门以及冬都精河的源头至永集公社牧场，均为自然保护区；Ⅱ类水功能区 4 个，乌图精河的克屯阿门至精河、冬都精河的永集公社牧场至精河、冬都精河与乌图精河交汇处至精河水文站向下 2 km 处以及精河水文站向下 2 km 处至精河大桥断面向下 2 km 处，均为饮用水水源保护区；Ⅲ类水功能区 1 个，精河大桥断面向下 2 km 处至艾比湖，为饮用水水源保护区。

四棵树河：冬都郭勒和吉尔格勒听果勒至奎屯河，区划功能区长度 220.72 km，划分了 5 个功能区。按功能区类型分，自然保护区 3 个，饮用水水源保护区 1 个，景观娱乐用水区 1 个。按水质保护目标分，Ⅰ类水功能区 3 个，冬都郭勒、吉尔格勒听果勒全河段以及四棵树河源头至红山电站，均为自然保护区；Ⅱ类水功能区 2 个，红山电站至二台子和二台子至奎屯河，其中红山电站至二台子为饮用水水源保护区，二台子至奎屯河为景观娱乐用水区。

奎屯河：乌兰萨德克河和奥尔塔乌尊至艾比湖，区划功能区长度 422.46 km，划分了 5 个功能区。按功能区类型分，自然保护区 3 个，饮用水水源保护区 2 个。按水质保护目标分，Ⅰ类水功能区 3 个，乌兰萨德克河全河段、奥尔塔乌尊全河段以及奎屯河源头至加勒果拉水文站，均为自然保护区；Ⅱ类水功能区 2 个，加勒果拉水文站至奎屯河水管所和奎屯河水管所至艾比湖，均为饮用水水源保护区。

艾比湖：全湖面积 506.01 km^2，均划为景观娱乐用水区，水质保护目标为Ⅴ类。

赛里木湖：全湖面积 468.71 km^2，均划为渔业用水区，水质保护目标为Ⅲ类。

艾比湖水系内的水库共划分了 21 个功能区。按功能区类型分，饮用水水源保护区 5 个，渔业用水区 15 个，景观娱乐用水区 1 个。按水质保护目标分，Ⅱ类水功能区 1 个，Ⅲ类水功能区 20 个。

（2）乌鲁木齐河水系

乌鲁木齐河：吾特肯至猛进水库，区划功能区长度 153.46 km，划分了 6 个功能区。按功能区类型分，自然保护区 3 个，饮用水水源保护区 2 个，景观娱乐用水区 1 个。按水质保护目标分，Ⅰ类水功能区 1 个，吾特肯全河段，为自然保护区；Ⅱ类水功能区 5 个，大西沟全河段、青年渠全河段、和平渠全河段、大西沟河坝源头至下游 16.1 km 处以及下游 16.1 km 处至终点，其中大西沟全河段和大西沟河坝源头至下游 16.1 km 处均为自然保护区，青年渠全河段和大西沟河坝下游 16.1 km 处至终点均为饮用水水源保护区，和平渠全河段为景观娱乐用水区。

柴窝铺湖：全湖面积 29.70 km^2，均划为渔业用水区，水质保护目标为Ⅲ类。

达坂城东盐湖：全湖面积 21.44 km^2，均划为景观娱乐用水区，水质保护目标为Ⅴ类。

达坂城西盐湖：全湖面积 5.95 km^2，均划为景观娱乐用水区，水质保护目标为Ⅴ类。

乌拉泊水库：库容 4.41 km^3，均划为饮用水水源保护区，水质保护目标为Ⅱ类。

红雁池水库：库容 1.53 km^3，均划为农业用水区，水质保护目标为Ⅱ类。

猛进水库：库容 14.79 km^3，均划为景观娱乐用水区，水质保护目标为Ⅳ类。

（3）玛纳斯湖水系

对玛纳斯湖水系 44 条河流干渠、3 个湖泊、48 座水库进行功能区划，共划分了 241 个功能区。按功能区类型分，自然保护区 83 个，饮用水水源保护区 107 个，农业用水区 2 个，渔业用水区 8 个，景观娱乐用水区 40 个，工业用水区 1 个。按水质保护目标分，Ⅰ类水功能区 80 个，Ⅱ类水功能区 80 个，Ⅲ类水功能区 66 个，Ⅳ类水功能区 13 个，Ⅴ类水功能区 2 个。

头屯河：宰尔德沟、楚伦格尔和阿波希台至沙山子水库，区划功能区长度 212.64 km，划分了 7 个功能区。Ⅰ类水功能区 5 个，宰尔德沟全河段、楚伦格尔全河段、阿波希台全河段、东南沟全河段以及头屯河源头至下游 30.8 km 处，均为自然保护区；Ⅱ类水功能区 2 个，头屯河下游 30.8 km 处至头屯河水库下游 5 km 处和头屯河水库下游 5 km 处至终点，均为饮用水水源保护区。

三屯河：吾鲁特萨依至三屯河终点，区划功能区长度 144.67 km，划分了 4 个功能区。Ⅰ类水功能区 2 个，吾鲁特萨依全河段和三屯河源头至下游 44.9 km 处，均为自然保护区；Ⅱ类水功能区 2 个，三屯河下游 44.9 km 处至努尔加村和努尔加村至终点，均为饮用水水源保护区。

呼图壁河：哈普其克至呼图壁河终点，区划功能区长度 220.63 km，划分了 4 个功能区。Ⅰ类水功能区 2 个，哈普其克全河段和呼图壁河源头至疗养院，均为自然保护区；Ⅱ类水功能区 2 个，疗养院至呼图壁县城饮用水水源地和呼图壁县城饮用水水源地至终点，均为饮用水水源保护区。

玛纳斯河：古仁郭勒河至玛纳斯湖，区划功能区长度 595.16 km，划分了 5 个功能区。Ⅰ类水功能区 2 个，古仁郭勒河全河段和玛纳斯河源头至清水河子五队，均为自然保护区；Ⅱ类水功能区 1 个，清水河子五队至石灰窑子村，为饮用水水源保护区；Ⅲ类水功能区 1 个，石灰窑子村至 135 团 7 连，为饮用水水源保护区；Ⅳ类水功能区 1 个，135 团 7 连至玛纳斯湖，为景观娱乐用水区。

白杨河：阔勒得宁苏河和旦木河至艾里克湖，区划功能区长度 206.52 km，划分了5个功能区。Ⅰ类水功能区3个，阔勒得宁苏河全河段、旦木河全河段以及白杨河源头至乌图乌散河汇入口，均为自然保护区；Ⅱ类水功能区2个，乌图乌散河汇入口至白杨河水库和白杨河水库至终点玛纳斯湖，均为饮用水水源保护区。

玛纳斯湖：全湖面积 305.61 km^2，均划为景观娱乐用水区，水质保护目标为Ⅴ类。

艾里克湖：全湖面积 53.94 km^2，均划为渔业用水区，水质保护目标为Ⅴ类。

小艾里克湖：全湖面积 1.63 km^2，均划为渔业用水区，水质保护目标为Ⅲ类。

玛纳斯湖水系内的水库共划分了 48 个功能区。按功能区类型分，饮用水水源保护区 22 个，农业用水区 2 个，渔业用水区 6 个，景观娱乐用水区 17 个，工业用水区 1 个。按水质目标分，Ⅰ类水功能区 1 个，Ⅱ类水功能区 12 个，Ⅲ类水功能区 23 个，Ⅳ类水功能区 12 个。

（4）乌伦古河流域

对乌伦古河流域 23 条河流、8 条干渠、9 个湖泊、17 座水库进行功能区划分，共划分了 66 个功能区。按功能区类型分，自然保护区 13 个，饮用水水源保护区 43 个，景观娱乐用水区 3 个，渔业用水区 7 个。按水质保护目标分，Ⅰ类水功能区 13 个，Ⅱ类水功能区 28 个，Ⅲ类水功能区 22 个，Ⅴ类水功能区 3 个。

乌伦古河：区划功能区长度 517.10 km，均为饮用水水源保护区，水质保护目标为Ⅱ类。

大青格里河：源头至拜兴水库，区划功能区长度 85.26 km，划分了 2 个功能区。Ⅰ类水功能区 1 个，源头至阿热勒托别，为自然保护区；Ⅱ类水功能区 1 个，阿热勒托别至拜兴水库，为饮用水水源保护区。

乌伦古湖：全湖面积 883.29 km^2，均划为自然保护区，水质保护目标为Ⅲ类。

4.2.3 中亚内流区

（1）额敏河流域

对额敏河流域 108 条河流、7 条干渠、17 座水库进行功能区划分，共划分了 185 个功能区。按功能区类型分，自然保护区 41 个，饮用水水源保护区 134 个，景观娱乐用水区 8 个，渔业用水区 2 个。按水质保护目标分，Ⅰ类水功能区 38 个，Ⅱ类水功能区 72 个，Ⅲ类水功能区 75 个。

额敏河：区划功能区长度 151.34 km，划分了 2 个功能区。按功能区类型分，均为饮用水水源保护区。按水质保护目标分，均为Ⅲ类水功能区。

乌雪特河：源头至额敏河，区划功能区长度 124.42 km，划分了 2 个功能区。按功能区类型分，均为饮用水水源保护区。按水质保护目标分，Ⅱ类水功能区 1 个，源头至出山口；Ⅲ类水功能区 1 个，出山口至额敏河。

（2）伊犁河流域

对伊犁河流域 171 条河流、37 条干渠、6 座水库进行了功能区划分，共划分了 296 个功能区。按功能区类型分，自然保护区 140 个，饮用水水源保护区 151 个，景观娱乐用水区 1 个，渔业用水区 4 个。按水质保护目标分，Ⅰ类水功能区 138 个，Ⅱ类水功能区 125 个，Ⅲ类水功能区 32 个，Ⅳ类水功能区 1 个。

伊犁河干流：巩乃斯种羊场至霍城出境口，区划功能区长度 224.04 km，划分了 2 个功能区。按功能区类型分，饮用水水源保护区 1 个，巩乃斯种羊场（特巩交汇处）至伊宁市东界；渔业用水区 1 个，伊宁市东界至出境口。按水质保护目标分，均为Ⅱ类水功能区。

特克斯河：入境至伊犁河交汇处，区划功能区长度 266.99 km，划分了 2 个功能区。功能区类型均为饮用水水源保护区，水质保护目标均为Ⅱ类。

巩乃斯河：源头至伊犁河，区划功能区长度 280.42 km，划分了 4 个功能区。Ⅰ类水功能区 1 个，源头至且特买日汇合口，为自然保护区；Ⅱ类水功能区 2 个，且特买日汇合口至则克台河汇合口，12 连至伊犁河，均为饮用水水源保护区；Ⅲ类水功能区 1 个，则克台河汇合口至 12 连，为渔业用水区。

喀什河：喀拉果拉至雅马渡大桥，区划功能区长度 300.36 km，划分了 2 个功能区。Ⅰ类水功能区 1 个，源头至吐布根查干河汇合口，为自然保护区；Ⅱ类水功能区 1 个，吐布根查干河汇合口至雅马渡大桥，为饮用水水源保护区。

4.2.4 塔里木内流区

（1）塔里木河干流

对塔里木河流域 48 条河流、4 条干渠、4 个湖泊、7 座水库进行了功能区划分，共划分了 63 个功能区。按功能区类型分，自然保护区 10 个，饮用水水源保护区 32 个，景观娱乐用水区 16 个，渔业用水区 5 个。按水质保护目标分，Ⅰ类水功能区 10 个，Ⅱ类水功能区 15 个，Ⅲ类水功能区 35 个，Ⅳ类水功能区 2 个，Ⅴ类水功能区 1 个。

塔里木河干流：和田、叶尔羌河汇合口至若羌县界，区划功能区长度 1 238.96 km，划分了 9 个功能区，均为景观娱乐用水区。按水质保护目标分，Ⅱ类水功能区 4 个，和田、叶尔羌河汇合口至若羌县界；Ⅲ类水功能区 4 个，和田、叶尔羌河汇合口至若羌县界；Ⅳ类水功能区 1 个，若羌县界至罗布庄。

（2）阿克苏河流域

对阿克苏河流域 60 条河流、8 条干渠、3 座水库进行了功能区划分，共划分了 77 个功能区。按功能区类型分，自然保护区 38 个，饮用水水源保护区 37 个，景观娱乐用水区 2 个。按水质保护目标分，Ⅰ类水功能区 38 个，Ⅱ类水功能区 21 个，Ⅲ类水功能区 18 个。

托什干河：区划功能区长度 408.14 km，划分了 3 个功能区。Ⅰ类水功能区 1 个，入境至加尔玉托克，为自然保护区；Ⅱ类水功能区 2 个，加尔玉托克至巴什阿克马水源地，巴什阿克马水源地至终点，均为饮用水水源保护区。

阿克苏河：入口至拜什吐格曼，流经阿克苏市、阿瓦提县、阿拉尔市，区划功能区长度 137.76 km，划分了 1 个功能区，为饮用水水源保护区，水质保护目标为Ⅱ类。

（3）渭干河流域

对渭干河流域 34 条河流、18 条干渠、3 座水库进行了功能区划分，共划分了 68 个功能区。按功能区类型分，自然保护区 22 个，饮用水水源保护区 43 个，景观娱乐用水区 1 个，渔业用水区 2 个。按水质保护目标分，Ⅰ类水功能区 22 个，Ⅱ类水功能区 22 个，Ⅲ类水功能区 24 个。

渭干河：全河段区划功能区长度为 159.89 km，划分了 1 个功能区，为饮用水水源保护区，水质保护目标为Ⅱ类。

木扎尔特河：源头至克孜尔水库，全河段区划功能区长度为 204.35 km，划分了 2 个功能区。Ⅰ类水功能区 1 个，源头至破城子牧业队，为自然保护区；Ⅱ类水功能区 1 个，破城子牧业队至克孜尔水库，为饮用水水源保护区。

（4）喀什噶尔河流域

对喀什噶尔河流域 139 条河流、2 条干渠、2 个湖泊、24 座水库进行了功能区划分，共划分了 185 个功能区。按功能区类型分，自然保护区 91 个，饮用水水源保护区 68 个，景观娱乐用水区 23 个，工业用水区 3 个。按水质保护目标分，Ⅰ类水功能区 90 个，Ⅱ类水功能区 28 个，Ⅲ类水功能区 50 个，Ⅳ类水功能区 15 个，Ⅴ类水功能区 2 个。

喀什噶尔河：克孜河汇入口至伽师总场四分场，区划功能区长度 204.15 km，划分了 2 个功能区，均为工业用水区，Ⅱ类水功能区（克孜河与恰克马克河交汇处至伽师总场）和Ⅲ类水功能区（克孜河汇入口至恰克马克河交汇处）各 1 个。

克孜河：源头至康苏河汇合口，区划功能区长度 255.88 km，划分了 5 个功能区。按功能区类型分，自然保护区 1 个，饮用水水源保护区 4 个。按水质保护目标分，Ⅱ类水功能区 4 个，Ⅲ类水功能区 1 个。

（5）叶尔羌河水系

对叶尔羌河水系 104 条河流、18 条干渠、4 个湖泊、30 座水库进行了功能区划分，共划分了 168 个功能区。按功能区类型分，自然保护区 88 个，饮用水水源保护区 51 个，景观娱乐用水区 28 个，渔业用水区 1 个。按水质保护目标分，Ⅰ类水功能区 87 个，Ⅱ类水功能区 12 个，Ⅲ类水功能区 59 个，Ⅳ类水功能区 6 个，Ⅴ类水功能区 4 个。

叶尔羌河：是塔里木河的主要支流，源头至阿尔塔什，区划功能区总长度为 1 465.55 km，共划分了 6 个功能区。按功能区类型分，自然保护区 1 个，饮用水水源保护区 5 个。按水质保护目标分，Ⅰ类水功能区 1 个，Ⅱ类水功能区 4 个，Ⅲ类水功能区 1 个。

（6）开都河-博斯腾湖-孔雀河水系

对开都河-博斯腾湖-孔雀河水系 127 条河流、8 条干渠、3 个湖泊、6 座水库进行了功能区划分，共划分了 169 个功能区。按功能区类型分，自然保护区 98 个，饮用水水源保护区 64 个，景观娱乐用水区 4 个，渔业用水区 3 个。按水质保护目标分，Ⅰ类水功能区 98 个，Ⅱ类水功能区 35 个，Ⅲ类水功能区 33 个，Ⅳ类水功能区 3 个。

开都河：从源头至滚哈布其勒汇合口，区划功能区长度 559.01 km，共划分了 3 个功能区。按功能区类型分，自然保护区 1 个，饮用水水源保护区 2 个。按水质保护目标分，Ⅰ类水功能区 1 个，Ⅱ类水功能区 2 个。

孔雀河：入口至惠普水管站，区划功能区长度 921.22 km。共划分了 2 个功能区。按功能区类型分，饮用水水源保护区 1 个，景观娱乐用水区 1 个。按水质保护目标分，Ⅱ类水功能区 1 个，Ⅲ类水功能区 1 个。

博斯腾湖：全湖面积 1 021.85 km^2，划分了 4 个功能区。按功能区类型分，饮用水水源保护区 1 个，渔业用水区 3 个。按水质保护目标分，Ⅱ类水功能区 2 个，Ⅲ类水功能区 2 个。

（7）和田河流域

对和田河流域 64 条河流、14 条干渠、3 个湖泊、18 座水库进行了功能区划分，共划分了 111 个功能区。按功能区类型分，自然保护区 47 个，饮用水水源保护区 54 个，景观娱乐用水区 6 个，渔业用水区 4 个。按水质保护目标分，Ⅰ类水功能区 47 个，Ⅱ类水功能区 28 个，Ⅲ类水功能区 33 个，Ⅴ类水功能区 3 个。

和田河：区划功能区长度 336.76 km，划分了 1 个功能区，为饮用水水源保护区，水质保护目标为Ⅲ类。

喀拉喀什河：区划功能区长度 806.62 km，划分了 3 个功能区。Ⅰ类水功能区 1 个，从源头至托满河汇合口，为自然保护区；Ⅱ类水功能区 2 个，从托满河汇合口至和田河，均为饮用水水源保护区。

（8）车尔臣河流域

对车尔臣河流域 118 条河流干渠、13 个湖泊进行了功能区划分，共划分了 141 个功能区。按功能区类型分，自然保护区 77 个，饮用水水源保护区 50 个，工业用水区 1 个，景观娱乐用水区 13 个。按水质保护目标分，Ⅰ类水功能区 77 个，Ⅱ类水功能区 47 个，Ⅲ类水功能区 4 个，Ⅳ类水功能区 1 个，Ⅴ类水功能区 12 个。

车尔臣河：布卡塔什萨依和阿拉雅里克-库拉木拉至罗布庄，区划功能区长度722.69 km，划分了6个功能区。按功能区类型分，自然保护区4个，饮用水水源保护区1个，景观娱乐用水区1个。按水质保护目标分，Ⅰ类水功能区4个，布卡塔什萨依全河段、阿拉亚里克河全河段、阿拉雅里克-库拉木拉全河段以及车尔臣河源头至曼达勒克河汇合口，均为自然保护区；Ⅱ类水功能区2个，曼达勒克河汇合口至且末县为饮用水水源保护区，且末县至罗布庄为景观娱乐用水区。

鲸鱼湖：全湖面积314.82 km^2，均划为景观娱乐用水区，水质保护目标为Ⅴ类。

阿其格库勒：全湖面积433.60 km^2，均划为景观娱乐用水区，水质保护目标为Ⅴ类。

阿雅克库木湖：全湖面积853.13 km^2，均划为景观娱乐用水区，水质保护目标为Ⅴ类。

（9）克里雅河流域

对克里雅河流域66条河流干渠、6个湖泊、12座水库进行了功能区划分，共划分了100个功能区。按功能区类型分，自然保护区34个，饮用水水源保护区56个，渔业用水区3个，景观娱乐用水区7个。按水质保护目标分，Ⅰ类水功能区34个，Ⅱ类水功能区48个，Ⅲ类水功能区12个，Ⅴ类水功能区6个。

克里雅河：阿特他木水和乌拉英可尔至克里雅河终点，区划功能区长度820.86 km，划分了6个功能区。Ⅰ类水功能区4个，阿特他木水全河段、乌拉英可尔全河段、阿克它寨代牙全河段以及克里雅河源头至库拉甫河汇合口，均为自然保护区；Ⅱ类水功能区2个，克里雅河、库拉甫河汇合口至出山口及出山口至终点，均为饮用水水源保护区。

乌鲁克库勒：全湖面积17.41 km^2，均划为景观娱乐用水区，水质保护目标为Ⅴ类。

阿什库勒：全湖面积12.83 km^2，均划为景观娱乐用水区，水质保护目标为Ⅴ类。

克里雅河流域内的水库共划分了12个功能区。按功能区类型分，其中饮用水水源保护区8个，渔业用水区3个，景观娱乐用水区1个。按水质保护目标分，Ⅱ类水功能区6个，Ⅲ类水功能区6个。

5 问题和建议

2018 年党和国家机构改革整合了过去分散的生态环境保护职责，将入河排污口设置管理和编制水功能区划职责由相关部门划转至生态环境部，实现了从污染源到排入水体的全链条管理，为加强环境污染治理、打好污染防治攻坚战奠定了重要基础。

水环境功能区划是水生态环境保护中的一项重要基础工作，是水资源合理利用、水生态有效保护、水环境科学治理的重要依据，为进一步做好新疆水环境功能区划工作，为加强水环境功能区管理做好技术支持，助力达到水环境功能区拟定的水质目标，提出以下建议：

（1）继续实施水功能区目标考核责任制，加强重要河流湖泊水功能区监测，定期对重要河流湖泊水功能区水质达标率及水质达标情况进行检查考核。

（2）将水环境功能区与空间管控、排污许可、区域限批、“三线一单”等制度相衔接。

（3）建立饮用水水源保护管理办法，禁止在饮用水水源一级保护区内新建、改建、扩建与供水设施和保护水源无关的建设项目；已建成的与供水设施和保护水源无关的建设项目，应拆除或者关闭，以保证饮用水安全。

（4）为保证水环境功能区目标水质的顺利达标，建议加强水功能区水质监测，提高监测能力，按照生态环境部要求，监测频次原则上每月一次，监测项目为高锰酸盐指数（或 COD）和氨氮。根据需要，增设相应的水质监测断面，及时、准确地反映各功能区水质状况和污染物入河状况，有依据、有目的地实施水功能区的监督管理。

（5）加强对入河排污口的管理，组织排污口排查，全面摸清掌握各类排污口的数量及分布、排污口位置、排放方式等信息。确定排污口责任主体，建立责任主体清单。在功能区已设置的入河排污口，应按功能区管理目标的要求，进行分类整治。

（6）加大宣传力度，使社会各界充分了解各水环境功能区的具体内容和要求，为水环境功能区管理创造有利的社会环境。

（7）大力开展水生态环境保护的科学研究工作，使有限的水资源得到合理利用，既能维持水生态环境的良性循环，又能满足各功能区用水要求，为科学管理水环境功能区提供依据。

（8）着力节约、保护水资源，控制用水总量。实施最严格水资源管理，严格落实“三条红线”。提高用水效率，抓好工业节水，加强城镇节水，发展农业节水，科学保护水资源。

参考资料

[1] 全国人民代表大会常务委员会. 中华人民共和国水法. 2002.

[2] 全国人民代表大会常务委员会. 中华人民共和国水污染防治法. 2008.

[3] 全国人民代表大会常务委员会. 中华人民共和国水土保持法. 1991.

[4] 国务院. 中华人民共和国河道管理条例（国务院令第 3 号）. 1994.

[5] 国务院. 关于实行最严格水资源管理制度的意见（国发〔2012〕3 号）.2012.

[6] 水利部. 入河排污口监督管理办法（水利部第 22 号）. 2004.

[7] 水利部. 水功能区管理办法（水资源〔2003〕233 号）.

[8] 住房和城乡建设部，国家质量监督检验检疫总局. 水功能区划分标准（GB 50594—2010）.

[9] 国家环境保护总局，国家质量监督检验检疫总局. 地表水环境质量标准（GB 3838—2002）.

[10] 卫生部，中国国家标准管理委员会. 生活饮用水卫生标准（GB 5749—2006）.

[11] 国家环境保护局. 渔业水质标准（GB 11607—1989）.

[12] 生态环境部、国家市场监督管理总局. 农田灌溉水质标准（GB 5084—2021）.

[13] 国家环境保护局. 景观娱乐用水水质标准（GB 12941—1991）.

[14] 国家环境保护局. 污水综合排放标准（GB 8978—1996）.

[15] 国家环境保护总局，国家质量监督检验检疫总局. 城镇污水处理厂污染物排放标准（GB 18918—2002）.

[16] 国家环境保护总局，国家质量监督检验检疫总局. 畜禽养殖业污染物排放标准（GB 18596—2001）.

[17] 建设部. 生活饮用水水源水质标准（GJ 3020—1993）.

[18] 水利部. 地表水资源质量标准（SL 63—1994）.

[19] 国务院办公厅. 实行最严格水资源管理制度考核办法（国办发〔2013〕2 号）.

[20] 全国重要江河湖泊水功能区划手册[M]. 北京：中国水利水电出版社，2013.

[21] 王世江. 中国新疆河湖全书[M]. 北京：中国水利水电出版社，2010.

[22] 彭文启. 《全国重要江河湖泊水功能区划》的重大意义[J]. 中国水利，2012（7）：34-37.

[23] 梅锦山. 我国重要江河湖泊水功能区划特征[J]. 中国水利，2012（7）：38-42.

[24] 李战. 水功能区划分级分类体系研究[J]. 水资源开发与管理，2016（3）：26-28.

[25] 邱凉，罗小勇，李斐，等. 水功能区考核指标体系研究初探[J]. 能源环境保护，2012，26（4）：

55-58.

[26] 我国水域将按功能定位分类保护[J]. 农村财政与财务，2012（3）：46.

[27] 任静，李新. 水环境管理中现有水功能区划的研究进展[J]. 环境科技，2012，25（1）：75-78.

[28] 潘媛媛. 对基于生态管理的流域水环境功能区划分析[J]. 资源节约与环保，2018（7）：17.

[29] 张悦，田英. 水功能区划及相关问题探讨[J]. 东北水利水电，2016，34（7）：41-42，51.

[30] 侯新，王凯. 水功能区划修编及其水资源保护对策措施——以重庆市丰都县为例[J]. 安徽农业科学，2012，40（8）：4843-4844，4862.

[31] 王志强. 确立水功能区限制纳污红线的目标与措施[J]. 环境保护与循环经济，2013，33（1）：23-25.

[32] 黄霁昢. 流域水功能区划制度研究[D]. 长沙：湖南师范大学，2017.

[33] 罗育池，靳孟贵. 地表水—地下水联合水功能区划分方法研究[J]. 安徽农业科学，2010，38（19）：10075-10077，10087.

[34] 孙晋炜，刘培斌，李国敏. 地下水功能区划方法研究[J]. 人民黄河，2014，36（4）：44-46.

[35] 姜志娇. 基于服务的水功能区达标考核评价系统研究[D]. 太原：太原理工大学，2016.

[36] 张晓亮. 关于新疆流域水环境功能区划问题的探讨[J]. 环境与发展，2018，30（5）：213，215.

[37] 朱银银. 新疆开都-孔雀河流域水功能区纳污能力计算研究[J]. 环境科学与管理，2015，40（1）：60-62.

[38] 朱银银. 渭干河流域水功能区纳污能力分析及保护措施[J]. 水科学与工程技术，2013（5）：4-5.

[39] 朱银银. 新疆克孜河卡拉贝利水库下游河道纳污能力计算[J]. 水利水电快报，2016，37（6）：30-33.

[40] 张勇，张瑞锋，肖春，等. 包头市黄河水功能区划及水质质量现状分析[J]. 水资源保护，2011，27（6）：63-66.

[41] 王宗强. 从水功能区划试论吐曼河综合治理的思路和对策[J]. 建设科技，2014（8）：78-79.

[42] 李志军. 鄱阳湖水资源保护规划研究[J]. 人民长江，2011，42（2）：51-55.

[43] 陆建忠，王飞，陈晓玲，等. 基于系统聚类的鄱阳湖流域水功能区划研究[J]. 水资源与水工程学报，2014，25（5）：6-11.

[44] 高执刚. 太原市水功能区划管理探讨[J]. 山西水利科技，2013（4）：85-86.

[45] 吕文斌，王勇. 曲靖市2004、2014年水功能区划对比分析[J]. 环境科学导刊，2016，35（1）：39-44.

附　录

附表 1 新疆水环境功能区划表——河渠

序号	水系	水体名称	水域	长度/km	控制城镇	现状使用功能	现状水质	规划主导功能	功能区类型	水质目标	断面名称	断面级别	备注
1	额尔齐斯河流域	阿尔答	全河段	25.2	哈巴河县	农业用水	无	景观娱乐	景观娱乐用水区	III	无		现状农业用水，不降低现状水质，高标准要求
2	额尔齐斯河流域	阿尔哈勒干渠	全河段	7.3	吉木乃县	农业用水	无	景观娱乐	景观娱乐用水区	III	无		现状农业用水，不降低现状水质，高标准要求
3	额尔齐斯河流域	阿克阿衣尔	全河段	11.1	布尔津县	分散饮用、农业用水	无	饮用水水源	饮用水水源保护区	II	无		
4	额尔齐斯河流域	阿克哈巴河	全河段	97.4	哈巴河县	源头水、分散饮用、渔业	无	自然保护	自然保护区	I	无		
5	额尔齐斯河流域	阿克萨拉沟	全河段	14.4	富蕴县	源头水、分散饮用	无	自然保护	自然保护区	I	无		
6	额尔齐斯河流域	阿克沙拉赛依	全河段	21.1	阿勒泰市	源头水、分散饮用	无	自然保护	自然保护区	I	无		
7	额尔齐斯河流域	阿库里滚河	全河段	17.1	哈巴河县、布尔津县	源头水、分散饮用、渔业	无	自然保护	自然保护区	I	无		
8	额尔齐斯河流域	阿阔依喀沟	全河段	16.6	富蕴县	源头水、分散饮用	无	自然保护	自然保护区	I	无		

序号	水系	水体名称	水域	长度/km	控制城镇	现状使用功能	现状水质	规划主导功能	功能区类型	水质目标	断面名称	断面级别	备注
9	额尔齐斯河流域	阿拉尕特	全河段	23.3	阿勒泰市	分散饮用	无	饮用水水源	饮用水水源保护区	II	无		
10	额尔齐斯河流域	阿拉哈克河	哈才登铁热克至克兰河	34.2	阿勒泰市	分散饮用、农业用水	无	饮用水水源	饮用水水源保护区	III	无		
11	额尔齐斯河流域	阿拉哈克河	源头至哈才登铁热克	26.9	阿勒泰市	分散饮用、农业用水	无	饮用水水源	饮用水水源保护区	II	无		
12	额尔齐斯河流域	阿拉克别克河	全河段	67.2	哈巴河县	分散饮用、工农业用水、渔业	III	饮用水水源	饮用水水源保护区	III	无		
13	额尔齐斯河流域	阿拉善河	全河段	19.4	福海县	源头水、分散饮用	无	自然保护	自然保护区	I	无		
14	额尔齐斯河流域	阿热散	全河段	25.2	富蕴县	源头水、分散饮用	无	自然保护	自然保护区	I	无		
15	额尔齐斯河流域	阿斯他乌赛赛依	全河段	12.9	阿勒泰市	源头水、分散饮用	无	自然保护	自然保护区	I	无		
16	额尔齐斯河流域	阿苇滩大渠	全河段	19.3	阿勒泰市	渔业、农业用水	无	渔业用水	渔业用水区	III	无		
17	额尔齐斯河流域	阿祖巴依河	全河段	18.6	阿勒泰市	源头水、分散饮用	无	自然保护	自然保护区	I	无		
18	额尔齐斯河流域	昂沙提	全河段	17.3	阿勒泰市	分散饮用	无	饮用水水源	饮用水水源保护区	II	无		
19	额尔齐斯河流域	奥得那克阿拉珊河	全河段	20.4	布尔津县	源头水、分散饮用	无	自然保护	自然保护区	I	无		
20	额尔齐斯河流域	巴呆巴格布拉克	吉木乃县备用水源地至终点	10.2	吉木乃县	饮用、农业用水	无	饮用水水源	饮用水水源保护区	III	吉木乃县南	建议	集中式地表饮用水水源地

序号	水系	水体名称	水域	长度/km	控制城镇	现状使用功能	现状水质	规划主导功能	功能区类型	水质目标	断面名称	断面级别	备注
21	额尔齐斯河流域	巴呆巴格布拉克	源头至吉木乃县备用水源地	17.2	吉木乃县	饮用、农业用水	无	饮用水水源	饮用水水源保护区	II	巴特巴克布拉克	建议	集中式地表饮用水水源地
22	额尔齐斯河流域	巴拉额尔齐斯河	源头至下游48.5 km处	48.5	富蕴县	源头水、分散饮用	无	自然保护	自然保护区	I	无		
23	额尔齐斯河流域	巴拉额尔齐斯河	下游48.5 km处至喀拉额尔齐斯河	15.9	富蕴县	分散饮用	无	饮用水水源	饮用水水源保护区	II	无		
24	额尔齐斯河流域	巴斯布滚勒	下游8.6 km处至别列则克河	20.6	哈巴河县	分散饮用	无	饮用水水源	饮用水水源保护区	II	无		
25	额尔齐斯河流域	巴斯布滚勒	源头至下游8.6 km处	8.6	哈巴河县	源头水、分散饮用	无	自然保护	自然保护区	I	无		
26	额尔齐斯河流域	巴特拉夏河	全河段	10.3	富蕴县	源头水、分散饮用	无	自然保护	自然保护区	I	无		
27	额尔齐斯河流域	北干渠	全河段	39.4	福海县、阿勒泰市	农业用水	无	景观娱乐	景观娱乐用水区	III	无		现状农业用水，不降低现状水质，高标准要求
28	额尔齐斯河流域	比留提	全河段	19.0	布尔津县	源头水、分散饮用	无	自然保护	自然保护区	I	无		
29	额尔齐斯河流域	别登布拉克	全河段	11.8	富蕴县	源头水、分散饮用	无	自然保护	自然保护区	I	无		
30	额尔齐斯河流域	别列则克河	喀拉塔斯村至额尔齐斯河	66.7	哈巴河县	分散饮用、渔业	II	饮用水水源	饮用水水源保护区	II	无		
31	额尔齐斯河流域	别列则克河	源头至下游18.2 km处	18.3	哈巴河县	源头水、分散饮用		自然保护	自然保护区	I	无		

序号	水系	水体名称	水域	长度/km	控制城镇	现状使用功能	现状水质	规划主导功能	功能区类型	水质目标	断面名称	断面级别	备注
32	额尔齐斯河流域	别列则克河	下游18.2 km处至喀拉塔斯村	32.6	哈巴河县	分散饮用、工农业用水	II	饮用水水源	饮用水水源保护区	II	别列则克大桥	国控	
33	额尔齐斯河流域	别斯库都克渠	全河段	36.0	哈巴河县	农业用水	无	景观娱乐	景观娱乐用水区	III	无		现状农业用水，不降低现状水质，高标准要求
34	额尔齐斯河流域	波习杜霍	全河段	11.9	布尔津县、阿勒泰市	源头水、分散饮用	无	自然保护	自然保护区	I	无		
35	额尔齐斯河流域	布尔干苏河	全河段	15.6	吉木乃县	源头水、分散饮用	无	自然保护	自然保护区	I	无		
36	额尔齐斯河流域	布尔津河	也格孜托别大渠、阔斯特克大渠交汇处至额尔齐斯河	42.9	布尔津县	饮用、工农业用水	I	饮用水水源	饮用水水源保护区	II	布尔津河大桥	国控	集中式地表饮用水水源地
37	额尔齐斯河流域	布尔津河	喀纳斯河和禾木河交汇处至冲乎尔水库	59.1	布尔津县	源头水、分散饮用、渔业		自然保护	自然保护区	I	无		
38	额尔齐斯河流域	布尔津河	冲乎尔水库至也格孜托别大渠、阔斯特克大渠交汇处	48.0	布尔津县	饮用、工农业用水	II	饮用水水源	饮用水水源保护区	II	群库水文站	国控	集中式地表饮用水水源地
39	额尔齐斯河流域	布尔克特萨依孜河	全河段	14.0	富蕴县	源头水、分散饮用	无	自然保护	自然保护区	I	无		
40	额尔齐斯河流域	布哈依塔勒德河	源头至塔勒德村	11.4	哈巴河县	分散饮用、农业用水	无	饮用水水源	饮用水水源保护区	II	无		

序号	水系	水体名称	水域	长度/km	控制城镇	现状使用功能	现状水质	规划主导功能	功能区类型	水质目标	断面名称	断面级别	备注
41	额尔齐斯河流域	布哈依塔勒德河	塔勒德村至额尔齐斯河	44.0	哈巴河县、布尔津县	分散饮用、农业用水	无	饮用水水源	饮用水水源保护区	Ⅲ	无		
42	额尔齐斯河流域	大克兰河	全河段	20.3	阿勒泰市	源头水、分散饮用		自然保护	自然保护区	Ⅰ	无		
43	额尔齐斯河流域	道进水渠	全河段	8.2	吉木乃县	农业用水	无	景观娱乐	景观娱乐用水区	Ⅲ	无		现状农业用水，不降低现状水质，高标准要求
44	额尔齐斯河流域	东干勒渠	全河段	5.7	吉木乃县	农业用水	无	景观娱乐	景观娱乐用水区	Ⅲ	无		现状农业用水，不降低现状水质，高标准要求
45	额尔齐斯河流域	额尔齐斯河	额尔齐斯河至别列则克河交汇处	143.6	阿勒泰市、布尔津县、哈巴河县	饮用、渔业、工农业用水	Ⅱ	饮用水水源	饮用水水源保护区	Ⅱ	无		
46	额尔齐斯河流域	额尔齐斯河	海子口水库出水口至635水库下游100 m处	147.1	富蕴县	饮用、工农业用水	Ⅱ	饮用水水源	饮用水水源保护区	Ⅱ	卡库汇合口；富蕴大桥	省控；国控	集中式地表饮用水水源地
47	额尔齐斯河流域	额尔齐斯河	635水库至北屯大桥	70.2	阿勒泰市、布尔津县、哈巴河县	饮用、渔业、工农业用水	Ⅱ	饮用水水源	饮用水水源保护区	Ⅱ	北屯大桥	国控	
48	额尔齐斯河流域	额尔齐斯河	北屯大桥至布尔津河交汇口	149.7	阿勒泰市、布尔津县、哈巴河县	饮用、渔业、工农业用水	Ⅱ	饮用水水源	饮用水水源保护区	Ⅱ	布尔津水文站	国控	

序号	水系	水体名称	水域	长度/km	控制城镇	现状使用功能	现状水质	规划主导功能	功能区类型	水质目标	断面名称	断面级别	备注
49	额尔齐斯河流域	额尔齐斯河	别列则克河交汇处至阿拉克别克河交汇处	16.2	阿勒泰市、布尔津县、哈巴河县	饮用、渔业、工农业用水	II	饮用水水源	饮用水水源保护区	II	额河南湾	国控	
50	额尔齐斯河流域	二干渠	全河段	16.5	阿勒泰市、福海县	农业用水	无	景观娱乐	景观娱乐用水区	III	无		现状农业用水，不降低现状水质，高标准要求
51	额尔齐斯河流域	干拉他斯渠	全河段	14.3	布尔津县	农业用水	无	景观娱乐	景观娱乐用水区	III	无		现状农业用水，不降低现状水质，高标准要求
52	额尔齐斯河流域	格牙阿能尔库	全河段	8.8	布尔津县	源头水、分散饮用	无	自然保护	自然保护区	I	无		
53	额尔齐斯河流域	哈巴河	哈巴河大桥至额尔齐斯河	34.5	哈巴河县	饮用、农业用水	II	饮用水水源	饮用水水源保护区	II	哈巴河大桥	国控	
54	额尔齐斯河流域	哈巴河	源头至下游28.8 km处	28.8	哈巴河县	源头水、分散饮用、渔业		自然保护	自然保护区	I	无		
55	额尔齐斯河流域	哈巴河	下游28.8 km处至哈巴河山口水库	35.2	哈巴河县	饮用、农业用水、渔业	II	饮用水水源	饮用水水源保护区	II	哈拉他什水文站；哈巴河大桥	国控；省控	集中式地表饮用水水源地
56	额尔齐斯河流域	哈巴河	哈巴河山口水库至哈巴河大桥	15.1	哈巴河县	饮用、农业用水	II	饮用水水源	饮用水水源保护区	II	哈拉他什水文站；哈巴河大桥	国控；省控	

序号	水系	水体名称	水域	长度/km	控制城镇	现状使用功能	现状水质	规划主导功能	功能区类型	水质目标	断面名称	断面级别	备注
57	额尔齐斯河流域	哈布其勒河	全河段	15.0	富蕴县	分散饮用	无	饮用水水源	饮用水水源保护区	II	无		
58	额尔齐斯河流域	哈拉阿依尔	全河段	19.1	阿勒泰市	源头水、分散饮用	无	自然保护	自然保护区	I	无		
59	额尔齐斯河流域	哈拉给木	全河段	21.3	布尔津县	源头水、分散饮用	无	自然保护	自然保护区	I	无		
60	额尔齐斯河流域	哈拉合勒泰	全河段	35.4	阿勒泰市	源头水、分散饮用	无	自然保护	自然保护区	I	无		
61	额尔齐斯河流域	哈拉斯河	全河段	17.0	布尔津县	源头水	无	自然保护	自然保护区	I	无		
62	额尔齐斯河流域	哈图河	全河段	19.1	哈巴河县	源头水、分散饮用	无	自然保护	自然保护区	I	无		
63	额尔齐斯河流域	海尔特河	全河段	13.2	富蕴县	源头水、分散饮用	无	自然保护	自然保护区	I	无		
64	额尔齐斯河流域	汗德尕特河	下游 9.4 km 处至霍布勒特村	11.2	阿勒泰市	分散饮用	无	饮用水水源	饮用水水源保护区	II	无		
65	额尔齐斯河流域	汗德尕特河	霍布勒特村至契别特河	12.2	阿勒泰市	分散饮用、农业用水	无	饮用水水源	饮用水水源保护区	III	无		
66	额尔齐斯河流域	汗德尕特河	源头至下游 9.4 km 处	9.4	阿勒泰市	源头水	无	自然保护	自然保护区	I	无		
67	额尔齐斯河流域	禾木河	全河段	72.9	布尔津县	源头水、分散饮用、渔业	无	自然保护	自然保护区	I	无		
68	额尔齐斯河流域	红卫大渠	全河段	18.5	布尔津县	农业用水	无	景观娱乐	景观娱乐用水区	III	无		现状农业用水，不降低现状水质，高标准要求

序号	水系	水体名称	水域	长度/km	控制城镇	现状使用功能	现状水质	规划主导功能	功能区类型	水质目标	断面名称	断面级别	备注
69	额尔齐斯河流域	红星大渠	全河段	18.7	阿勒泰市	农业用水	无	景观娱乐	景观娱乐用水区	III	无		现状农业用水，不降低现状水质，高标准要求
70	额尔齐斯河流域	辉腾阿尔善河	全河段	12.3	福海县	源头水	无	自然保护	自然保护区	I	无		
71	额尔齐斯河流域	吉别提	全河段	29.9	哈巴河县	源头水、分散饮用	无	自然保护	自然保护区	I	无		
72	额尔齐斯河流域	吉克普林河	全河段	40.7	布尔津县	源头水、分散饮用	无	自然保护	自然保护区	I	无		
73	额尔齐斯河流域	加阿什他依	全河段	16.5	阿勒泰市	源头水、分散饮用	无	自然保护	自然保护区	I	无		
74	额尔齐斯河流域	加勒格孜阿嘎希河	全河段	47.3	富蕴县	源头水、分散饮用	无	自然保护	自然保护区	I	无		
75	额尔齐斯河流域	加曼哈巴河	源头至下游15.3 km处	15.3	哈巴河县	源头水	无	自然保护	自然保护区	I	无		
76	额尔齐斯河流域	加曼哈巴河	下游15.3 km处至哈巴河	12.8	哈巴河县	分散饮用	无	饮用水水源	饮用水水源保护区	I	无		
77	额尔齐斯河流域	角萨特大渠	全河段	26.9	阿勒泰市	农业用水	无	景观娱乐	景观娱乐用水区	III	无		现状农业用水，不降低现状水质，高标准要求
78	额尔齐斯河流域	结别特河	源头至新非三矿	18.5	富蕴县	源头水、分散饮用	无	自然保护	自然保护区	I	无		
79	额尔齐斯河流域	结别特河	新非三矿至巴拉额尔齐斯河	11.8	富蕴县	分散饮用	无	饮用水水源	饮用水水源保护区	II	无		

序号	水系	水体名称	水域	长度/km	控制城镇	现状使用功能	现状水质	规划主导功能	功能区类型	水质目标	断面名称	断面级别	备注
80	额尔齐斯河流域	金格	全河段	26.4	富蕴县	源头水、分散饮用	无	自然保护	自然保护区	I	无		
81	额尔齐斯河流域	京西格克拉河	全河段	15.5	阿勒泰市	源头水、分散饮用	无	自然保护	自然保护区	I	无		
82	额尔齐斯河流域	井西格拉斯	全河段	24.0	哈巴河县	源头水、分散饮用	无	自然保护	自然保护区	I	无		
83	额尔齐斯河流域	喀德热腊特	全河段	21.0	富蕴县	源头水、分散饮用	无	自然保护	自然保护区	I	无		
84	额尔齐斯河流域	喀拉布勒根大渠	全河段	27.1	阿勒泰市	农业用水	无	景观娱乐	景观娱乐用水区	III	无		现状农业用水，不降低现状水质，高标准要求
85	额尔齐斯河流域	喀拉额尔齐斯河	源头至大桥林场	59.4	福海县	源头水、分散饮用	无	自然保护	自然保护区	I	无		
86	额尔齐斯河流域	喀拉额尔齐斯河	大桥林场至额尔齐斯河	123.3	富蕴县、福海县	分散饮用	II	饮用水水源	饮用水水源保护区	II	大桥水文站	省控	
87	额尔齐斯河流域	喀拉黑牙艾肯	全河段	12.1	布尔津县	源头水、分散饮用	无	自然保护	自然保护区	I	无		
88	额尔齐斯河流域	喀拉苏阿仁	全河段	12.7	布尔津县	源头水、分散饮用	无	自然保护	自然保护区	I	无		
89	额尔齐斯河流域	喀拉苏河	全河段	13.4	吉木乃县	分散饮用、农业用水	无	饮用水水源	饮用水水源保护区	III	无		
90	额尔齐斯河流域	喀拉塔斯大渠	全河段	15.8	阿勒泰市	农业用水	无	景观娱乐	景观娱乐用水区	III	无		现状农业用水，不降低现状水质，高标准要求

序号	水系	水体名称	水域	长度/km	控制城镇	现状使用功能	现状水质	规划主导功能	功能区类型	水质目标	断面名称	断面级别	备注
91	额尔齐斯河流域	喀拉通克河	全河段	56.5	富蕴县、青河县	分散饮用、工农业用水	无	饮用水水源	饮用水水源保护区	II	无		
92	额尔齐斯河流域	喀腊阿依格尔	全河段	9.1	福海县	源头水、分散饮用	无	自然保护	自然保护区	I	无		
93	额尔齐斯河流域	喀纳斯河	全河段	81.9	布尔津县、哈巴河县	源头水、分散饮用、渔业	无	自然保护	自然保护区	I	无		
94	额尔齐斯河流域	喀什克尔特	全河段	22.2	富蕴县	源头水、分散饮用	无	自然保护	自然保护区	I	无		
95	额尔齐斯河流域	喀依尔特斯河	源头至喀德热腊特汇合口	82.1	富蕴县	源头水、分散饮用	II	自然保护	自然保护区	I	无		
96	额尔齐斯河流域	喀依尔特斯河	喀德热腊特汇合口至海子口水库	25.9	富蕴县	分散饮用	II	饮用水水源	饮用水水源保护区	II	库威水文站	省控	
97	额尔齐斯河流域	卡拉迪尔	全河段	14.0	哈巴河县	源头水	无	自然保护	自然保护区	I	无		
98	额尔齐斯河流域	卡拉克巴依达拉河	全河段	9.4	阿勒泰市	源头水、分散饮用	无	自然保护	自然保护区	I	无		
99	额尔齐斯河流域	卡拉依里克河	全河段	27.0	阿勒泰市	源头水、分散饮用	无	自然保护	自然保护区	I	无		
100	额尔齐斯河流域	柯克萨依	全河段	14.1	福海县	源头水	无	自然保护	自然保护区	I	无		
101	额尔齐斯河流域	科克布拉克	全河段	45.8	福海县	分散饮用	无	饮用水水源	饮用水水源保护区	II	无		
102	额尔齐斯河流域	科克萨孜	全河段	17.1	富蕴县	源头水、分散饮用	无	自然保护	自然保护区	I	无		

序号	水系	水体名称	水域	长度/km	控制城镇	现状使用功能	现状水质	规划主导功能	功能区类型	水质目标	断面名称	断面级别	备注
103	额尔齐斯河流域	壳洛药克	全河段	15.6	布尔津县	源头水、分散饮用、渔业	无	自然保护	自然保护区	I	无		
104	额尔齐斯河流域	克兰河	小克兰河汇合口至阿勒泰市克兰河水源地	12.8	阿勒泰市	饮用	I	饮用水水源	饮用水水源保护区	II	小东沟、水文站	省控	集中式地表饮用水水源地
105	额尔齐斯河流域	克兰河	阿勒泰市克兰河水源地至额尔齐斯河	154.1	阿勒泰市	分散饮用、渔业、农业用水	I	饮用水水源	饮用水水源保护区	II	山区林业局	国控	
106	额尔齐斯河流域	克齐克恰拉格代	全河段	18.1	吉木乃县	分散饮用、农业用水	无	饮用水水源	饮用水水源保护区	III	无		
107	额尔齐斯河流域	克希库斯吐	全河段	15.7	富蕴县	源头水、分散饮用	II	自然保护	自然保护区	III	无		
108	额尔齐斯河流域	克秀布拉克河	全河段	24.9	阿勒泰市、布尔津县	源头水、分散饮用	无	自然保护	自然保护区	I	无		
109	额尔齐斯河流域	克依恩苏河	全河段	59.0	吉木乃县、哈巴河县	分散饮用、农业用水	无	饮用水水源	饮用水水源保护区	III	无		
110	额尔齐斯河流域	克依克拜河	源头至也拉曼水库	20.6	布尔津县、哈巴河县	分散饮用、农业用水	无	饮用水水源	饮用水水源保护区	II	无		
111	额尔齐斯河流域	克依克拜河	也拉曼水库至额尔齐斯河	44.3	布尔津县、哈巴河县	分散饮用、农业用水	无	饮用水水源	饮用水水源保护区	III	无		
112	额尔齐斯河流域	克兹加尔大渠	全河段	15.4	阿勒泰市	农业用水	无	景观娱乐	景观娱乐用水区	III	无		现状农业用水，不降低现状水质，高标准要求
113	额尔齐斯河流域	库尔额斯特	全河段	25.2	阿勒泰市	分散饮用、农业用水	无	饮用水水源	饮用水水源保护区	III	无		

序号	水系	水体名称	水域	长度/km	控制城镇	现状使用功能	现状水质	规划主导功能	功能区类型	水质目标	断面名称	断面级别	备注
114	额尔齐斯河流域	库尔干哈巴	全河段	33.0	哈巴河县	分散饮用、农业用水	无	饮用水水源	饮用水水源保护区	III	无		
115	额尔齐斯河流域	库尔木图河	全河段	51.9	福海县	源头水、分散饮用	无	自然保护	自然保护区	I	无		
116	额尔齐斯河流域	库尔特河	全河段	48.0	富蕴县	分散饮用	无	饮用水水源	饮用水水源保护区	II	无		
117	额尔齐斯河流域	库尔特赛依	全河段	17.4	阿勒泰市	源头水、分散饮用	无	自然保护	自然保护区	I	无		
118	额尔齐斯河流域	库尔图苏	全河段	22.0	阿勒泰市	分散饮用	无	饮用水水源	饮用水水源保护区	II	无		
119	额尔齐斯河流域	库吉尔特布拉格	全河段	15.3	富蕴县	分散饮用	无	饮用水水源	饮用水水源保护区	II	无		
120	额尔齐斯河流域	库拉曼布拉克	全河段	11.8	布尔津县	源头水、分散饮用	无	自然保护	自然保护区	I	无		
121	额尔齐斯河流域	库勒都尔根	全河段	21.1	富蕴县	源头水、分散饮用	无	自然保护	自然保护区	I	无		
122	额尔齐斯河流域	库木阿斯散沟	全河段	31.7	富蕴县	源头水、分散饮用	无	自然保护	自然保护区	I	无		
123	额尔齐斯河流域	库木德腊河	全河段	19.3	哈巴河县	分散饮用	无	饮用水水源	饮用水水源保护区	II	无		
124	额尔齐斯河流域	库什更大渠	全河段	7.4	布尔津县	农业用水	无	景观娱乐	景观娱乐用水区	III	无		现状农业用水，不降低现状水质，高标准要求
125	额尔齐斯河流域	库他勒河	全河段	4.3	吉木乃县	分散饮用、农业用水	无	饮用水水源	饮用水水源保护区	II	无		

序号	水系	水体名称	水域	长度/km	控制城镇	现状使用功能	现状水质	规划主导功能	功能区类型	水质目标	断面名称	断面级别	备注
126	额尔齐斯河流域	库依尔特斯河	源头水至可可托海小水塔	79.6	富蕴县	源头水、分散饮用	II	自然保护	自然保护区	II	可可托海小水塔	省控	
127	额尔齐斯河流域	库依尔特斯河	可可托海小水塔至海子口水库	3.5	富蕴县	饮用、工农业用水	II	饮用水水源	饮用水水源保护区	II	可可托海小水塔	省控	集中式地表饮用水水源地
128	额尔齐斯河流域	昆古依特	全河段	18.6	福海县	源头水、分散饮用	无	自然保护	自然保护区	I	无		
129	额尔齐斯河流域	阔麻依萨依河	全河段	20.7	吉木乃县	源头水、分散饮用	无	自然保护	自然保护区	I	无		
130	额尔齐斯河流域	阔斯特克大渠	全河段	33.2	布尔津县、阿勒泰市	饮用、农业用水	无	饮用水水源	饮用水水源保护区	III	无		
131	额尔齐斯河流域	拉孔盖提	全河段	21.0	布尔津县	源头水、分散饮用	无	自然保护	自然保护区	I	无		
132	额尔齐斯河流域	拉斯多特	全河段	23.9	阿勒泰市	源头水、分散饮用	无	自然保护	自然保护区	I	无		
133	额尔齐斯河流域	拉斯特河	源头至萨喀萨依河汇合口	21.0	吉木乃县	源头水、分散饮用	无	自然保护	自然保护区	I	无		
134	额尔齐斯河流域	拉斯特河	萨喀萨依河汇合口至吉木乃县备用水源地	24.4	吉木乃县	饮用、农业用水	无	饮用水水源	饮用水水源保护区	II	阿克加尔	建议	集中式地表饮用水水源地
135	额尔齐斯河流域	拉斯特河	吉木乃县备用水源地至终点	29.7	吉木乃县	饮用、农业用水	无	饮用水水源	饮用水水源保护区	III	吉木乃县南	建议	集中式地表饮用水水源地
136	额尔齐斯河流域	老金沟	全河段	13.8	福海县	源头水	无	自然保护	自然保护区	I	无		

序号	水系	水体名称	水域	长度/km	控制城镇	现状使用功能	现状水质	规划主导功能	功能区类型	水质目标	断面名称	断面级别	备注
137	额尔齐斯河流域	马衣帕萨尔乔克	全河段	15.3	阿勒泰市	分散饮用	无	饮用水水源	饮用水水源保护区	II	无		
138	额尔齐斯河流域	麦尔格提	全河段	46.0	阿勒泰市	分散饮用、农业用水	无	饮用水水源	饮用水水源保护区	III	无		
139	额尔齐斯河流域	莫依勒特河	全河段	36.3	哈巴河县	源头水、分散饮用	无	自然保护	自然保护区	I	无		
140	额尔齐斯河流域	那伦河	全河段	20.7	哈巴河县	源头水、分散饮用	无	自然保护	自然保护区	I	无		
141	额尔齐斯河流域	诺尔特河	全河段	16.1	福海县、富蕴县	源头水	无	自然保护	自然保护区	I	无		
142	额尔齐斯河流域	诺尔特河	全河段	19.7	富蕴县	源头水、分散饮用	无	自然保护	自然保护区	I	无		
143	额尔齐斯河流域	欧勒滚	全河段	18.5	哈巴河县	源头水	无	自然保护	自然保护区	I	无		
144	额尔齐斯河流域	齐背岭乌兹	全河段	31.0	阿勒泰市	分散饮用	无	饮用水水源	饮用水水源保护区	II	无		
145	额尔齐斯河流域	契别特河	全河段	31.3	阿勒泰市	分散饮用、农业用水	无	饮用水水源	饮用水水源保护区	III	无		
146	额尔齐斯河流域	恰尔格尔	全河段	29.4	富蕴县	分散饮用	无	饮用水水源	饮用水水源保护区	II	无		
147	额尔齐斯河流域	乔尔木德克	全河段	7.6	布尔津县	源头水、分散饮用	无	自然保护	自然保护区	I	无		
148	额尔齐斯河流域	切尔克齐大渠	全河段	15.2	阿勒泰市	农业用水	无	景观娱乐	景观娱乐用水区	III	无		现状农业用水，不降低现状水质，高标准要求

序号	水系	水体名称	水域	长度/km	控制城镇	现状使用功能	现状水质	规划主导功能	功能区类型	水质目标	断面名称	断面级别	备注
149	额尔齐斯河流域	切落阿伊特	全河段	11.3	布尔津县	源头水、分散饮用	无	自然保护	自然保护区	I	无		
150	额尔齐斯河流域	切木尔切克河	源头至下游28.6 km处	28.6	阿勒泰市	源头水、分散饮用	无	自然保护	自然保护区	I	无		
151	额尔齐斯河流域	切木尔切克河	乔什喀布拉克村至额尔齐斯河	42.0	阿勒泰市	分散饮用、农业用水	无	饮用水水源	饮用水水源保护区	III	无		
152	额尔齐斯河流域	切木尔切克河	下游28.6 km处至乔什喀布拉克村	8.5	阿勒泰市	分散饮用	无	饮用水水源	饮用水水源保护区	II	无		
153	额尔齐斯河流域	萨尔布拉克	全河段	64.2	阿勒泰市、福海县	分散饮用	无	饮用水水源	饮用水水源保护区	III	无		
154	额尔齐斯河流域	萨尔布拉克渠	全河段	42.1	哈巴河县	农业用水	无	景观娱乐	景观娱乐用水区	III	无		现状农业用水，不降低现状水质，高标准要求
155	额尔齐斯河流域	萨喀萨依河	全河段	18.5	吉木乃县	源头水、分散饮用	无	自然保护	自然保护区	I	无		
156	额尔齐斯河流域	萨木尔松布拉克河	全河段	18.9	布尔津县	源头水、分散饮用	无	自然保护	自然保护区	I	无		
157	额尔齐斯河流域	赛依里肯河	全河段	17.0	富蕴县	源头水、分散饮用	无	自然保护	自然保护区	I	无		
158	额尔齐斯河流域	色仍喀腊尕依河	源头至下游19.2 km处	19.2	吉木乃县	源头水、分散饮用	无	自然保护	自然保护区	I	无		
159	额尔齐斯河流域	色仍喀腊尕依河	下游19.2 km处至塔斯特水库	7.4	吉木乃县	分散饮用	无	饮用水水源	饮用水水源保护区	II	无		

序号	水系	水体名称	水域	长度/km	控制城镇	现状使用功能	现状水质	规划主导功能	功能区类型	水质目标	断面名称	断面级别	备注
160	额尔齐斯河流域	上也尔根切克	全河段	9.5	富蕴县	源头水、分散饮用	无	自然保护	自然保护区	I	无		
161	额尔齐斯河流域	什根特河	全河段	26.9	富蕴县	分散饮用	无	饮用水水源	饮用水水源保护区	II	无		
162	额尔齐斯河流域	苏木达依日克河	全河段	72.0	阿勒泰市、布尔津县	源头水、分散饮用	无	自然保护	自然保护区	I	无		
163	额尔齐斯河流域	苏木代尔格河	全河段	53.9	阿勒泰市	源头水、分散饮用	无	自然保护	自然保护区	I	无		
164	额尔齐斯河流域	苏木河	全河段	40.4	布尔津县	源头水、分散饮用	无	自然保护	自然保护区	I	无		
165	额尔齐斯河流域	苏普特河	全河段	35.8	富蕴县	分散饮用、农业用水	无	饮用水水源	饮用水水源保护区	II	无		
166	额尔齐斯河流域	索尔苏	全河段	21.0	阿勒泰市	分散饮用、农业用水	无	饮用水水源	饮用水水源保护区	III	无		
167	额尔齐斯河流域	塔拉克泰依	全河段	22.8	阿勒泰市	源头水、分散饮用	无	自然保护	自然保护区	I	无		
168	额尔齐斯河流域	塔里克列克河	全河段	11.7	布尔津县	源头水、分散饮用	无	自然保护	自然保护区	I	无		
169	额尔齐斯河流域	塔斯比伊克都尔根	全河段	25.0	富蕴县	源头水、分散饮用	无	自然保护	自然保护区	I	无		
170	额尔齐斯河流域	塔斯特布拉克	全河段	14.3	阿勒泰市	源头水、分散饮用	无	自然保护	自然保护区	I	无		
171	额尔齐斯河流域	塔斯特干渠	全河段	9.4	吉木乃县	农业用水	无	景观娱乐	景观娱乐用水区	III	无		现状农业用水，不降低现状水质，高标准要求

序号	水系	水体名称	水域	长度/km	控制城镇	现状使用功能	现状水质	规划主导功能	功能区类型	水质目标	断面名称	断面级别	备注
172	额尔齐斯河流域	塔斯特河	源头至也尔克德克河汇合口	31.8	吉木乃县、和布克赛尔蒙古自治县	源头水、分散饮用	无	自然保护	自然保护区	I	无		
173	额尔齐斯河流域	塔斯特河	也尔克德克河汇合口至塔斯特水库	3.6	吉木乃县	分散饮用	无	饮用水水源	饮用水水源保护区	II	无		
174	额尔齐斯河流域	塔斯特河	塔斯特水库至终点	11.2	吉木乃县	分散饮用、农业用水	无	饮用水水源	饮用水水源保护区	III	无		
175	额尔齐斯河流域	塔亚塔亚河	全河段	6.9	富蕴县	源头水、分散饮用	无	自然保护	自然保护区	I	无		
176	额尔齐斯河流域	提海苏	全河段	20.7	阿勒泰市	分散饮用、农业用水	无	饮用水水源	饮用水水源保护区	III	无		
177	额尔齐斯河流域	铁美尔巴坎他乌河	全河段	18.4	阿勒泰市	源头水、分散饮用	无	自然保护	自然保护区	I	无		
178	额尔齐斯河流域	铁热克提河	全河段	25.4	哈巴河县	源头水、分散饮用	无	自然保护	自然保护区	I	无		
179	额尔齐斯河流域	土尔根河	全河段	16.5	阿勒泰市	源头水、分散饮用	无	自然保护	自然保护区	I	无		
180	额尔齐斯河流域	土尔滚阿仁	全河段	12.1	布尔津县	源头水、分散饮用	无	自然保护	自然保护区	I	无		
181	额尔齐斯河流域	土尔滚河	全河段	22.7	布尔津县	源头水、分散饮用、渔业	无	自然保护	自然保护区	I	无		
182	额尔齐斯河流域	吐尔洪河	全河段	48.6	富蕴县	分散饮用、农业用水	无	饮用水水源	饮用水水源保护区	II	无		

序号	水系	水体名称	水域	长度/km	控制城镇	现状使用功能	现状水质	规划主导功能	功能区类型	水质目标	断面名称	断面级别	备注
183	额尔齐斯河流域	托克扎克渠	全河段	34.0	哈巴河县	农业用水	无	景观娱乐	景观娱乐用水区	III	无		现状农业用水，不降低现状水质，高标准要求
184	额尔齐斯河流域	托洛姆托河	全河段	28.4	哈巴河县	源头水、分散饮用	无	自然保护	自然保护区	I	无		
185	额尔齐斯河流域	托马尔德布拉克	全河段	23.7	富蕴县	源头水、分散饮用	无	自然保护	自然保护区	I	无		
186	额尔齐斯河流域	托普色克阿仁	全河段	15.8	布尔津县	源头水、分散饮用、渔业	无	自然保护	自然保护区	I	无		
187	额尔齐斯河流域	托依托果西	全河段	8.3	福海县	源头水	无	自然保护	自然保护区	I	无		
188	额尔齐斯河流域	乌尔莫盖提河	全河段	49.4	阿勒泰市	源头水、分散饮用	无	自然保护	自然保护区	I	无		
189	额尔齐斯河流域	乌哈拉斯河	全河段	21.9	布尔津县	源头水	无	自然保护	自然保护区	I	无		
190	额尔齐斯河流域	乌勒昆乌拉斯图河	源头至别可巧英利亚	25.1	吉木乃县	源头水、分散饮用	无	自然保护	自然保护区	I	无		
191	额尔齐斯河流域	乌勒昆乌拉斯图河	吉木乃县别拉尔克水源地至终点	8.4	吉木乃县	分散饮用、农业用水	无	饮用水水源	饮用水水源保护区	III	无		
192	额尔齐斯河流域	乌勒昆乌拉斯图河	别可巧英利亚至吉木乃县别拉尔克水源地	23.4	吉木乃县	饮用、农业用水	无	饮用水水源	饮用水水源保护区	II	恰其海乡牧业一队	建议	集中式地表饮用水水源地
193	额尔齐斯河流域	乌鲁克托	源头至乌鲁克齐	16.3	布尔津县	源头水、分散饮用	无	自然保护	自然保护区	I	无		

序号	水系	水体名称	水域	长度/km	控制城镇	现状使用功能	现状水质	规划主导功能	功能区类型	水质目标	断面名称	断面级别	备注
194	额尔齐斯河流域	乌鲁克托	乌鲁克齐至布尔津河	20.4	布尔津县	分散饮用、农业用水	I	饮用水水源	饮用水水源保护区	I	无		
195	额尔齐斯河流域	乌图布拉克	全河段	14.3	福海县	源头水	无	自然保护	自然保护区	I	无		
196	额尔齐斯河流域	吾土布拉格河	全河段	11.9	福海县	源头水	无	自然保护	自然保护区	I	无		
197	额尔齐斯河流域	西干渠	全河段	19.3	吉木乃县	饮用、农业用水	无	饮用水水源	饮用水水源保护区	III	吉木乃县南	建议	集中式地表饮用水水源地
198	额尔齐斯河流域	下也尔根切克	全河段	10.8	富蕴县	源头水、分散饮用	无	自然保护	自然保护区	I	无		
199	额尔齐斯河流域	小克兰河	全河段	26.4	阿勒泰市	源头水、分散饮用	无	自然保护	自然保护区	I	无		
200	额尔齐斯河流域	小土尔根河	全河段	18.9	富蕴县	源头水	无	自然保护	自然保护区	I	无		
201	额尔齐斯河流域	小土尔根河	全河段	12.9	富蕴县	源头水、分散饮用	无	自然保护	自然保护区	I	无		
202	额尔齐斯河流域	新金沟	全河段	11.7	福海县	源头水	无	自然保护	自然保护区	I	无		
203	额尔齐斯河流域	雅习朵霍	全河段	14.7	布尔津县	源头水、分散饮用	无	自然保护	自然保护区	I	无		
204	额尔齐斯河流域	也尔克德克河	全河段	21.0	吉木乃县	源头水、分散饮用	无	自然保护	自然保护区	I	无		
205	额尔齐斯河流域	也格孜托别大渠	全河段	33.7	布尔津县	分散饮用、农业用水	无	饮用水水源	饮用水水源保护区	III	无		

序号	水系	水体名称	水域	长度/km	控制城镇	现状使用功能	现状水质	规划主导功能	功能区类型	水质目标	断面名称	断面级别	备注
206	额尔齐斯河流域	一八六团东干渠	全河段	7.2	吉木乃县	农业用水	无	景观娱乐	景观娱乐用水区	III	无		现状农业用水，不降低现状水质，高标准要求
207	额尔齐斯河流域	一八六团西干渠	全河段	13.4	吉木乃县	农业用水	无	景观娱乐	景观娱乐用水区	III	无		现状农业用水，不降低现状水质，高标准要求
208	额尔齐斯河流域	一团一大渠	全河段	31.3	阿勒泰市	农业用水	无	景观娱乐	景观娱乐用水区	III	无		现状农业用水，不降低现状水质，高标准要求
209	额尔齐斯河流域	一支渠	全河段	10.6	阿勒泰市	农业用水	无	景观娱乐	景观娱乐用水区	III	无		现状农业用水，不降低现状水质，高标准要求
210	额尔齐斯河流域	玉贡恰拉格代	全河段	16.1	吉木乃县	分散饮用、农业用水	无	饮用水水源	饮用水水源保护区	III	无		
211	额尔齐斯河流域	玉昆杜尔根河	全河段	17.4	阿勒泰市	源头水、分散饮用	无	自然保护	自然保护区	I	无		
212	额尔齐斯河流域	玉勒肯库斯吐河	全河段	25.9	富蕴县	源头水、分散饮用	II	自然保护	自然保护区	III	无		
213	额尔齐斯河流域	玉勒肯尼盖依特	全河段	24.7	富蕴县	源头水、分散饮用	无	自然保护	自然保护区	I	无		
214	额尔齐斯河流域	玉勒肯图尔根河	全河段	27.1	富蕴县	源头水、分散饮用	无	自然保护	自然保护区	I	无		

序号	水系	水体名称	水域	长度/km	控制城镇	现状使用功能	现状水质	规划主导功能	功能区类型	水质目标	断面名称	断面级别	备注
215	额尔齐斯河流域	则库乌	全河段	29.1	布尔津县	源头水、分散饮用	无	自然保护	自然保护区	I	无		
216	额尔齐斯河流域	扎努里克河	全河段	13.2	布尔津县	源头水、分散饮用	无	自然保护	自然保护区	I	无		
217	额尔齐斯河流域	章阿乌增	全河段	15.3	哈巴河县	分散饮用	无	饮用水水源	饮用水水源保护区	III	无		
218	额尔齐斯河流域	正格	全河段	9.3	富蕴县	源头水、分散饮用	无	自然保护	自然保护区	I	无		
219	额尔齐斯河流域	治克杜尔贡河	全河段	16.8	阿勒泰市	源头水、分散饮用	无	自然保护	自然保护区	I	无		
220	额尔齐斯河流域	中也尔根切克	全河段	9.2	富蕴县	源头水、分散饮用	无	自然保护	自然保护区	I	无		
221	额尔齐斯河流域	卓路特河	源头至翁古鲁古拉	44.9	福海县、富蕴县	源头水、分散饮用	无	自然保护	自然保护区	I	无		
222	额尔齐斯河流域	卓路特河	翁古鲁古拉至喀拉额尔齐斯河	12.7	福海县、富蕴县	分散饮用	无	饮用水水源	饮用水水源保护区	II	无		
223	塔里木内流区	阿不根	全河段	25.2	巴楚县	分散饮用、农业用水	无	饮用水水源	饮用水水源保护区	III	无		
224	塔里木内流区	阿尔比也特吾斯塘	全河段	10.6	巴楚县	分散饮用、农业用水	无	饮用水水源	饮用水水源保护区	III	无		
226	塔里木内流区	阿尔默勒渠	全河段	15.8	拜城县	分散饮用、农业用水	无	饮用水水源	饮用水水源保护区	II	无		
227	塔里木内流区	阿尔奇坦郭勒	全河段	19.4	和静县	源头水	无	自然保护	自然保护区	I	无		

序号	水系	水体名称	水域	长度/km	控制城镇	现状使用功能	现状水质	规划主导功能	功能区类型	水质目标	断面名称	断面级别	备注
228	塔里木内流区	阿尔恰别勒	全河段	24.5	乌恰县	源头水	无	自然保护	自然保护区	I	无		
229	塔里木内流区	阿尔塔什宁依奇	全河段	10.3	和田县	分散饮用	无	饮用水水源	饮用水水源保护区	II	无		
230	塔里木内流区	阿尔腾柯斯河	源头至托力瓦依	39.0	拜城县	源头水	无	自然保护	自然保护区	I	无		
231	塔里木内流区	阿尔腾柯斯河	托力瓦依至黑孜河	30.0	拜城县	分散饮用、农业用水	无	饮用水水源	饮用水水源保护区	II	无		
232	塔里木内流区	阿格勒达坂沟	全河段	26.3	塔什库尔干县	源头水	无	自然保护	自然保护区	I	无		
233	塔里木内流区	阿合奇厄肯	全河段	19.6	库车市	源头水	无	自然保护	自然保护区	I	无		
234	塔里木内流区	阿合奇河	全河段	9.8	乌什县	源头水	无	自然保护	自然保护区	I	无		
235	塔里木内流区	阿机拉河	全河段	36.2	皮山县	源头水	无	自然保护	自然保护区	I	无		
236	塔里木内流区	阿吉尔渠	全河段	19.9	拜城县	分散饮用、农业用水	无	饮用水水源	饮用水水源保护区	II	无		
237	塔里木内流区	阿喀塔尔坎勒合	全河段	34.7	且末县	源头水	无	自然保护	自然保护区	I	无		
238	塔里木内流区	阿喀孜	全河段	15.9	皮山县	源头水	无	自然保护	自然保护区	I	无		
239	塔里木内流区	阿卡阔勒	全河段	20.9	若羌县、且末县	源头水	无	自然保护	自然保护区	I	无		
240	塔里木内流区	阿克白尔迪沟	全河段	34.7	阿克陶县	源头水	无	自然保护	自然保护区	I	无		

序号	水系	水体名称	水域	长度/km	控制城镇	现状使用功能	现状水质	规划主导功能	功能区类型	水质目标	断面名称	断面级别	备注
241	塔里木内流区	阿克布	全河段	25.8	且末县	源头水	无	自然保护	自然保护区	I	无		
242	塔里木内流区	阿克墩力克阿其克厄肯	全河段	26.8	轮台县	分散饮用、农业用水	无	饮用水水源	饮用水水源保护区	III	无		
243	塔里木内流区	阿克其吾斯塘	全河段	28.0	疏附县	分散饮用、农业用水	无	饮用水水源	饮用水水源保护区	III	无		
244	塔里木内流区	阿克奇苏达里亚	全河段	15.6	拜城县	源头水	无	自然保护	自然保护区	I	无		
245	塔里木内流区	阿克然	全河段	21.6	乌恰县	源头水	无	自然保护	自然保护区	I	无		
246	塔里木内流区	阿克赛音代牙	源头至克什拉克也尔	27.1	策勒县	源头水	无	自然保护	自然保护区	I	无		
247	塔里木内流区	阿克赛音代牙	克什拉克也尔至布藏河	10.7	策勒县	分散饮用	无	饮用水水源	饮用水水源保护区	II	无		
248	塔里木内流区	阿克苏河	全河段	137.8	阿克苏市、阿瓦提县、阿拉尔市	饮用、工农业用水	II	饮用水水源	饮用水水源保护区	II	塔里木拦河闸；西大桥	国控；省控	集中式地下饮用水水源地
249	塔里木内流区	阿克苏萨依	全河段	31.7	且末县、民丰县	源头水	无	自然保护	自然保护区	I	无		
250	塔里木内流区	阿克它寨代牙	全河段	72.4	于田县	源头水	无	自然保护	自然保护区	I	无		
251	塔里木内流区	阿克塔格奥特拉克河	全河段	48.2	拜城县	源头水	无	自然保护	自然保护区	I	无		
252	塔里木内流区	阿克塔河	全河段	29.4	皮山县	源头水	无	自然保护	自然保护区	I	无		

序号	水系	水体名称	水域	长度/km	控制城镇	现状使用功能	现状水质	规划主导功能	功能区类型	水质目标	断面名称	断面级别	备注
253	塔里木内流区	阿克塔什	源头至其维其阔勒	22.9	乌恰县	源头水	无	自然保护	自然保护区	I	无		
254	塔里木内流区	阿克塔什	其维其阔勒至出山口	17.0	乌恰县、疏附县	分散饮用	无	饮用水水源	饮用水水源保护区	II	无		
255	塔里木内流区	阿克塔什	出山口至盖孜河	23.1	疏附县	分散饮用、农业用水	无	饮用水水源	饮用水水源保护区	III	无		
256	塔里木内流区	阿克硝吾斯塘	康阿孜水库至亚普泉水库	49.3	皮山县	饮用、农业用水	无	饮用水水源	饮用水水源保护区	II	比纳木	建议	集中式地下饮用水水源地
257	塔里木内流区	阿克硝吾斯塘	源头至康阿孜水库	43.1	皮山县	源头水	无	自然保护	自然保护区	I	无		
258	塔里木内流区	阿克亚萨依	全河段	91.3	且末县	饮用	无	饮用水水源	饮用水水源保护区	II	车尔臣河汇合口	建议	集中式地下饮用水水源地
259	塔里木内流区	阿克亚依利亚克河	全河段	31.1	拜城县	源头水	无	自然保护	自然保护区	I	无		
260	塔里木内流区	阿拉坎其克达里亚	全河段	18.3	乌恰县	源头水	无	自然保护	自然保护区	I	无		
261	塔里木内流区	阿拉库力萨依	全河段	22.8	若羌县	分散饮用	无	饮用水水源	饮用水水源保护区	II	无		
262	塔里木内流区	阿拉木特	全河段	55.7	阿克陶县	源头水	无	自然保护	自然保护区	I	无		
263	塔里木内流区	阿拉斯台萨拉	全河段	19.6	和静县	源头水	无	自然保护	自然保护区	I	无		
264	塔里木内流区	阿拉苏厄肯	全河段	18.8	库车市	源头水	无	自然保护	自然保护区	I	无		

序号	水系	水体名称	水域	长度/km	控制城镇	现状使用功能	现状水质	规划主导功能	功能区类型	水质目标	断面名称	断面级别	备注
265	塔里木内流区	阿拉雅里克-库拉木拉	全河段	23.8	若羌县	源头水	无	自然保护	自然保护区	I	无		
266	塔里木内流区	阿拉亚里克河	全河段	68.5	若羌县	源头水	无	自然保护	自然保护区	I	无		
267	塔里木内流区	阿拉亚里克萨依	全河段	61.1	若羌县	源头水	无	自然保护	自然保护区	I	无		
268	塔里木内流区	阿里别特吾斯塘	全河段	36.0	巴楚县	分散饮用、农业用水	无	饮用水水源	饮用水水源保护区	III	无		
269	塔里木内流区	阿里山沟	全河段	23.8	乌什县	源头水	无	自然保护	自然保护区	I	无		
270	塔里木内流区	阿帕能萨依	全河段	15.5	且末县	分散饮用	无	饮用水水源	饮用水水源保护区	II	无		
271	塔里木内流区	阿其克达里亚河	全河段	76.7	洛浦县	分散饮用、农业用水	无	饮用水水源	饮用水水源保护区	II	无		
272	塔里木内流区	阿其克库勒河	全河段	73.9	若羌县	源头水	无	自然保护	自然保护区	I	无		
273	塔里木内流区	阿其克苏	全河段	16.8	策勒县	分散饮用	无	饮用水水源	饮用水水源保护区	II	无		
274	塔里木内流区	阿其克牙吉里尕	全河段	76.3	阿图什市、疏附县	分散饮用、农业用水	无	饮用水水源	饮用水水源保护区	III	无		
275	塔里木内流区	阿羌河	全河段	68.6	于田县	分散饮用、农业用水	无	饮用水水源	饮用水水源保护区	II	无		
276	塔里木内流区	阿热力总干渠	全河段	34.5	温宿县	分散饮用、农业用水	无	饮用水水源	饮用水水源保护区	III	无		
277	塔里木内流区	阿仁萨恨图海河	全河段	45.8	和静县	源头水	无	自然保护	自然保护区	I	无		

序号	水系	水体名称	水域	长度/km	控制城镇	现状使用功能	现状水质	规划主导功能	功能区类型	水质目标	断面名称	断面级别	备注
278	塔里木内流区	阿日其麻扎	全河段	15.7	阿克陶县	源头水	无	自然保护	自然保护区	I	无		
279	塔里木内流区	阿斯坦郭勒	全河段	12.2	和静县	源头水	无	自然保护	自然保护区	I	无		
280	塔里木内流区	阿特阿特坎河	全河段	220.3	若羌县	源头水	无	自然保护	自然保护区	I	无		
281	塔里木内流区	阿特加依劳沟	全河段	21.1	阿合奇县	分散饮用	无	饮用水水源	饮用水水源保护区	II	无		
282	塔里木内流区	阿特他木水	全河段	45.0	于田县	源头水	无	自然保护	自然保护区	I	无		
283	塔里木内流区	阿西帕克宁依奇	全河段	29.7	墨玉县	分散饮用	无	饮用水水源	饮用水水源保护区	II	无		
284	塔里木内流区	阿牙克麦尔盖奇沟	全河段	19.1	阿合奇县	分散饮用	无	饮用水水源	饮用水水源保护区	II	无		
285	塔里木内流区	阿依嘎尔特	全河段	60.3	乌恰县	源头水	无	自然保护	自然保护区	I	无		
286	塔里木内流区	阿依克特克河	全河段	70.0	阿图什市、阿合奇县	源头水	无	自然保护	自然保护区	I	无		
287	塔里木内流区	阿依浪苏达里亚河	全河段	14.3	乌恰县	源头水	无	自然保护	自然保护区	I	无		
288	塔里木内流区	阿依麻克	全河段	22.8	洛浦县	分散饮用、农业用水	无	饮用水水源	饮用水水源保护区	III	无		
289	塔里木内流区	艾梗乌塔格河	全河段	53.1	若羌县	源头水	无	自然保护	自然保护区	I	无		
290	塔里木内流区	艾西木萨依	全河段	12.0	且末县	源头水	无	自然保护	自然保护区	I	无		

序号	水系	水体名称	水域	长度/km	控制城镇	现状使用功能	现状水质	规划主导功能	功能区类型	水质目标	断面名称	断面级别	备注
291	塔里木内流区	爱什库龙代牙	全河段	19.2	于田县	源头水	无	自然保护	自然保护区	I	无		
292	塔里木内流区	安迪尔河	全河段	92.2	民丰县	分散饮用	无	饮用水水源	饮用水水源保护区	III	无		
293	塔里木内流区	奥尔到麦尔盖奇沟	全河段	16.1	阿合奇县	分散饮用	无	饮用水水源	饮用水水源保护区	II	无		
294	塔里木内流区	奥古萨克吾斯塘	全河段	33.2	疏附县	分散饮用、农业用水	无	饮用水水源	饮用水水源保护区	III	无		
295	塔里木内流区	奥米沙代里牙	全河段	20.0	和田县	源头水	无	自然保护	自然保护区	I	无		
296	塔里木内流区	奥吐腊克尔	全河段	13.6	叶城县	源头水	无	自然保护	自然保护区	I	无		
297	塔里木内流区	奥依厄肯	全河段	31.6	轮台县	分散饮用、农业用水	无	饮用水水源	饮用水水源保护区	III	无		
298	塔里木内流区	八区大渠	全河段	29.8	库车市	分散饮用、农业用水	无	饮用水水源	饮用水水源保护区	III	无		
299	塔里木内流区	巴拉木干渠	全河段	44.1	墨玉县	分散饮用、农业用水	无	饮用水水源	饮用水水源保护区	III	无		
300	塔里木内流区	巴勒耕得	全河段	23.0	阿合奇县	源头水	无	自然保护	自然保护区	I	无		
301	塔里木内流区	巴伦台郭勒	全河段	22.9	和静县	源头水	无	自然保护	自然保护区	I	无		
302	塔里木内流区	巴什迪纳	全河段	31.5	库车市	源头水	无	自然保护	自然保护区	I	无		
303	塔里木内流区	巴什麦尔盖奇谷	全河段	15.0	阿合奇县	分散饮用	无	饮用水水源	饮用水水源保护区	II	无		

序号	水系	水体名称	水域	长度/km	控制城镇	现状使用功能	现状水质	规划主导功能	功能区类型	水质目标	断面名称	断面级别	备注
304	塔里木内流区	巴什却甫河	全河段	60.4	叶城县	源头水	无	自然保护	自然保护区	I	无		
305	塔里木内流区	巴溪克纳克代牙	全河段	36.4	和田县	源头水	无	自然保护	自然保护区	I	无		
306	塔里木内流区	巴音郭勒河	全河段	80.8	和静县	源头水	无	自然保护	自然保护区	I	无		
307	塔里木内流区	白银河	全河段	15.1	且末县	源头水	无	自然保护	自然保护区	I	无		
308	塔里木内流区	百泉河	全河段	44.6	若羌县	源头水	无	自然保护	自然保护区	I	无		
309	塔里木内流区	拜什坎吾斯塘	全河段	12.6	阿克陶县	分散饮用、农业用水	无	饮用水水源	饮用水水源保护区	III	无		
310	塔里木内流区	拜什克热木达里亚斯	全河段	35.0	阿图什市、疏附县	分散饮用、农业用水	无	饮用水水源	饮用水水源保护区	III	无		
311	塔里木内流区	拜希坎吾斯塘	全河段	49.8	泽普县	分散饮用、农业用水	无	饮用水水源	饮用水水源保护区	III	无		
312	塔里木内流区	包斯堂萨依	全河段	34.6	且末县	源头水	无	自然保护	自然保护区	I	无		
313	塔里木内流区	北干渠(和静县、和硕县)	全河段	84.7	和静县、和硕县	饮用、工农业用水	无	饮用水水源	饮用水水源保护区	III	萨拉	建议	集中式地下饮用水水源地
314	塔里木内流区	北其牙里克河	全河段	19.7	塔什库尔干县	源头水	无	自然保护	自然保护区	I	无		
315	塔里木内流区	贝雷克屯佐	全河段	14.4	和静县	源头水	无	自然保护	自然保护区	I	无		

序号	水系	水体名称	水域	长度/km	控制城镇	现状使用功能	现状水质	规划主导功能	功能区类型	水质目标	断面名称	断面级别	备注
316	塔里木内流区	比林切克达里亚	全河段	25.9	和田县	源头水	无	自然保护	自然保护区	I	无		
317	塔里木内流区	别迭里河	源头至下游28.9 km处	28.9	乌什县	源头水	无	自然保护	自然保护区	I	无		
318	塔里木内流区	别迭里河	下游28.9 km处至终点	19.0	乌什县	分散饮用	无	饮用水水源	饮用水水源保护区	II	无		
319	塔里木内流区	彬水河	全河段	17.0	且末县	源头水	无	自然保护	自然保护区	I	无		
320	塔里木内流区	兵团吾斯塘	全河段	35.6	麦盖提县、莎车县	分散饮用、农业用水	无	饮用水水源	饮用水水源保护区	III	无		
321	塔里木内流区	波茶克利可	全河段	17.9	叶城县	源头水	无	自然保护	自然保护区	I	无		
322	塔里木内流区	波斯喀河	全河段	51.9	皮山县	分散饮用、农业用水	无	饮用水水源	饮用水水源保护区	II	无		
323	塔里木内流区	伯日乌吕干萨依	全河段	13.2	若羌县	分散饮用	无	饮用水水源	饮用水水源保护区	II	无		
324	塔里木内流区	博古孜达里亚	全河段	37.6	阿图什市	分散饮用、农业用水	II	饮用水水源	饮用水水源保护区	II	塔古提道班	省控	
325	塔里木内流区	博洛斯坦萨拉	全河段	18.0	和静县	源头水	无	自然保护	自然保护区	I	无		
326	塔里木内流区	博斯坦托格拉克河	阿依耐克至安迪尔河	59.3	且末县、民丰县	分散饮用	无	饮用水水源	饮用水水源保护区	II	无		
327	塔里木内流区	博斯坦托格拉克河	源头至阿依耐克	18.6	且末县、民丰县	源头水	无	自然保护	自然保护区	I	无		
328	塔里木内流区	博斯坦托克拉克厄肯河	羊布拉克至出山口	42.7	库车市	分散饮用、农业用水	无	饮用水水源	饮用水水源保护区	II	无		

序号	水系	水体名称	水域	长度/km	控制城镇	现状使用功能	现状水质	规划主导功能	功能区类型	水质目标	断面名称	断面级别	备注
329	塔里木内流区	博斯坦托克拉克厄肯河	出山口至终点	27.2	库车市	分散饮用、农业用水	无	饮用水水源	饮用水水源保护区	III	无		
330	塔里木内流区	博斯腾塔	全河段	15.6	皮山县	源头水	无	自然保护	自然保护区	I	无		
331	塔里木内流区	博孜艾格尔河	全河段	22.6	阿图什市	源头水	无	自然保护	自然保护区	I	无		
332	塔里木内流区	博孜克尔格河	源头至下游33.4 km处	33.3	拜城县	源头水	无	自然保护	自然保护区	I	无		
333	塔里木内流区	博孜克尔格河	下游33.4 km处至黑孜河	28.2	拜城县	分散饮用、农业用水	无	饮用水水源	饮用水水源保护区	II	无		
334	塔里木内流区	不勒吕克沟	全河段	13.1	塔什库尔干县	源头水	无	自然保护	自然保护区	I	无		
335	塔里木内流区	布藏河	全河段	50.5	策勒县	分散饮用、农业用水	无	饮用水水源	饮用水水源保护区	II	无		
336	塔里木内流区	布尔格力提	全河段	21.1	和静县	源头水	无	自然保护	自然保护区	I	无		
337	塔里木内流区	布古鲁克萨依	全河段	9.2	且末县	源头水	无	自然保护	自然保护区	I	无		
338	塔里木内流区	布古纳萨依	全河段	23.3	且末县	分散饮用	无	饮用水水源	饮用水水源保护区	II	无		
339	塔里木内流区	布谷孜河	源头至阿俄水文站	33.7	阿图什市	分散饮用、农业用水	无	饮用水水源	饮用水水源保护区	II	无		
340	塔里木内流区	布谷孜河	阿俄水文站至终点	16.0	阿图什市	饮用、农业用水	II	饮用水水源	饮用水水源保护区	II	阿俄水文站	省控	集中式地下水水源地
341	塔里木内流区	布卡塔什萨依	全河段	18.8	若羌县	源头水	无	自然保护	自然保护区	I	无		

序号	水系	水体名称	水域	长度/km	控制城镇	现状使用功能	现状水质	规划主导功能	功能区类型	水质目标	断面名称	断面级别	备注
342	塔里木内流区	布拉克巴什代牙	全河段	41.5	且末县	源头水	无	自然保护	自然保护区	I	无		
343	塔里木内流区	布朗其达里亚	全河段	47.1	和田县	分散饮用、农业用水	无	饮用水水源	饮用水水源保护区	III	无		
344	塔里木内流区	布鲁克坦	全河段	37.1	和静县	源头水	无	自然保护	自然保护区	I	无		
345	塔里木内流区	布鲁斯台	全河段	17.3	和静县	源头水	无	自然保护	自然保护区	I	无		
346	塔里木内流区	布鲁坦哈尔沙拉	全河段	19.5	和静县	源头水	无	自然保护	自然保护区	I	无		
347	塔里木内流区	布鲁坦纳哈尔萨拉	全河段	6.5	和静县	源头水	无	自然保护	自然保护区	I	无		
348	塔里木内流区	布伦木沙河	全河段	30.6	塔什库尔干县	源头水	无	自然保护	自然保护区	I	无		
349	塔里木内流区	布琼河	全河段	32.4	皮山县	分散饮用、农业用水	无	饮用水水源	饮用水水源保护区	II	无		
350	塔里木内流区	布西良	全河段	12.5	皮山县	源头水	无	自然保护	自然保护区	I	无		
351	塔里木内流区	擦库尔坦郭勒	全河段	15.4	和静县	源头水	无	自然保护	自然保护区	I	无		
352	塔里木内流区	才拉木达里亚	全河段	88.8	库车市、沙雅县	分散饮用、农业用水	无	饮用水水源	饮用水水源保护区	III	无		
353	塔里木内流区	藏桂干渠	全河段	14.6	皮山县	分散饮用、农业用水	无	饮用水水源	饮用水水源保护区	III	无		
354	塔里木内流区	策达雅艾肯河	下游16.8 km处至出山口	14.3	轮台县	分散饮用	无	饮用水水源	饮用水水源保护区	II	无		

序号	水系	水体名称	水域	长度/km	控制城镇	现状使用功能	现状水质	规划主导功能	功能区类型	水质目标	断面名称	断面级别	备注
355	塔里木内流区	策达雅艾肯河	源头至下游16.8 km处	16.8	轮台县	源头水	无	自然保护	自然保护区	I	无		
356	塔里木内流区	策达雅艾肯河	出山口至终点	14.0	轮台县	分散饮用、农业用水	无	饮用水水源	饮用水水源保护区	III	无		
357	塔里木内流区	策勒河	全河段	103.5	策勒县	饮用、工农业用水	无	饮用水水源	饮用水水源保护区	II	阿瓦甫兰干	建议	集中式地下、地表饮用水水源地
358	塔里木内流区	查干乌散	全河段	40.2	和静县	源头水	无	自然保护	自然保护区	I	无		
359	塔里木内流区	查汗沙拉	全河段	12.9	和静县	源头水	无	自然保护	自然保护区	I	无		
360	塔里木内流区	查库尔坦郭勒	全河段	11.1	和静县	源头水	无	自然保护	自然保护区	I	无		
361	塔里木内流区	察汗河	全河段	36.0	和静县	源头水	无	自然保护	自然保护区	I	无		
362	塔里木内流区	察汗乌苏河	全河段	55.1	和静县	分散饮用	无	饮用水水源	饮用水水源保护区	II	无		
363	塔里木内流区	昌隆河	全河段	43.2	和田县	源头水	无	自然保护	自然保护区	I	无		
364	塔里木内流区	畅流沟	全河段	54.6	若羌县	源头水	无	自然保护	自然保护区	I	无		
365	塔里木内流区	车尔臣河	且末县至罗布庄	386.5	若羌县	景观、工农业用水	II	景观娱乐	景观娱乐用水区	II	塔提让	国控	
366	塔里木内流区	车尔臣河	源头至曼达勒克河汇合口	68.1	且末县	源头水、饮用	I	自然保护	自然保护区	I	无		

序号	水系	水体名称	水域	长度/km	控制城镇	现状使用功能	现状水质	规划主导功能	功能区类型	水质目标	断面名称	断面级别	备注
367	塔里木内流区	车尔臣河	曼达勒克河汇合口至且末县	156.9	且末县	饮用、农业用水	II	饮用水水源	饮用水水源保护区	II	龙口水利枢纽	省控	集中式地下饮用水水源地
368	塔里木内流区	臭合西奶克	全河段	15.4	叶城县	源头水	无	自然保护	自然保护区	I	无		
369	塔里木内流区	川乌鲁苏河	全河段	32.9	阿合奇县	源头水	无	自然保护	自然保护区	I	无		
370	塔里木内流区	春雷河	全河段	13.2	且末县	源头水	无	自然保护	自然保护区	I	无		
371	塔里木内流区	春艳河	全河段	31.3	且末县	源头水	无	自然保护	自然保护区	I	无		
372	塔里木内流区	达格特郭勒	全河段	23.5	和静县	源头水	无	自然保护	自然保护区	I	无		
373	塔里木内流区	达拉库岸萨依	全河段	16.0	且末县	分散饮用	无	饮用水水源	饮用水水源保护区	II	无		
374	塔里木内流区	达莫勒能吾斯塘	全河段	22.4	伽师县	分散饮用、农业用水	无	饮用水水源	饮用水水源保护区	III	无		
375	塔里木内流区	达木沟	全河段	13.6	策勒县	分散饮用	无	饮用水水源	饮用水水源保护区	II	无		
376	塔里木内流区	达瓦沟	全河段	13.9	皮山县	源头水	无	自然保护	自然保护区	I	无		
377	塔里木内流区	达乌孜科勒苏	全河段	10.9	温宿县	源头水、分散饮用	无	自然保护	自然保护区	I	无		
378	塔里木内流区	大巴仑渠	全河段	51.0	和静县、焉耆县	饮用、农业用水	无	饮用水水源	饮用水水源保护区	III	七个星	建议	集中式地下饮用水水源地

序号	水系	水体名称	水域	长度/km	控制城镇	现状使用功能	现状水质	规划主导功能	功能区类型	水质目标	断面名称	断面级别	备注
379	塔里木内流区	大拐杖沟	全河段	17.8	若羌县	源头水	无	自然保护	自然保护区	I	无		
380	塔里木内流区	大龙	全河段	27.9	策勒县	源头水	无	自然保护	自然保护区	I	无		
381	塔里木内流区	大沙沟	全河段	54.5	若羌县	源头水	无	自然保护	自然保护区	I	无		
382	塔里木内流区	大同河	全河段	54.1	塔什库尔干县	源头水	无	自然保护	自然保护区	I	无		
383	塔里木内流区	大尤都斯渠	全河段	50.2	新和县	饮用、农业用水	无	饮用水水源	饮用水水源保护区	III	托特塔什	建议	集中式地下饮用水水源地
384	塔里木内流区	代米干渠	全河段	17.1	叶城县	分散饮用、农业用水	无	饮用水水源	饮用水水源保护区	III	无		
385	塔里木内流区	德菲谢河	全河段	16.0	阿图什市	源头水	无	自然保护	自然保护区	I	无		
386	塔里木内流区	迪民阿尔勒克河	全河段	44.1	若羌县、且末县	源头水	无	自然保护	自然保护区	I	无		
387	塔里木内流区	迪那河	下游27.4 km处至出山口	30.7	轮台县	分散饮用	I	饮用水水源	饮用水水源保护区	II	无		
388	塔里木内流区	迪那河	出山口至终点	109.8	轮台县	饮用、农业用水	II	饮用水水源	饮用水水源保护区	II	迪那河水文站、轮台县大桥	省控	集中式地下饮用水水源地
389	塔里木内流区	迪那河	源头至下游27.4 km处	27.4	轮台县	源头水	I	自然保护	自然保护区	I	无		
390	塔里木内流区	地伯台牙	全河段	19.1	策勒县	分散饮用	无	饮用水水源	饮用水水源保护区	II	无		

序号	水系	水体名称	水域	长度/km	控制城镇	现状使用功能	现状水质	规划主导功能	功能区类型	水质目标	断面名称	断面级别	备注
391	塔里木内流区	东岸大渠(阿克苏市)	全河段	25.5	阿克苏市	工农业用水	无	景观娱乐	景观娱乐用水区	III	无		现状工农业用水，不降低现状水质，高标准要求
392	塔里木内流区	东方红吾斯塘	全河段	58.2	岳普湖县	分散饮用、农业用水	无	饮用水水源	饮用水水源保护区	III	无		
393	塔里木内流区	东风渠	全河段	24.3	和田县、和田市	分散饮用、农业用水	无	饮用水水源	饮用水水源保护区	III	无		
394	塔里木内流区	东赛	全河段	22.2	若羌县	源头水	无	自然保护	自然保护区	I	无		
395	塔里木内流区	都萨勒特音郭勒	全河段	19.9	和静县	源头水	无	自然保护	自然保护区	I	无		
396	塔里木内流区	杜瓦河	源头至卡里克阿克达西汇合口	27.0	皮山县	源头水	无	自然保护	自然保护区	I	无		
397	塔里木内流区	杜瓦河	卡里克阿克达西汇合口至出山口	35.1	皮山县	饮用、农业用水	无	饮用水水源	饮用水水源保护区	II	桑力斯	建议	集中式地表饮用水水源地
398	塔里木内流区	杜瓦河	出山口至终点	37.0	皮山县	分散饮用、农业用水	无	饮用水水源	饮用水水源保护区	III	无		
399	塔里木内流区	敦德开勒迪郭勒	全河段	32.8	和静县	源头水	无	自然保护	自然保护区	I	无		
400	塔里木内流区	多浪河	全河段	41.7		饮用、工农业用水	II	饮用水水源	饮用水水源保护区	II	多浪河上、中、下游	省控	

序号	水系	水体名称	水域	长度/km	控制城镇	现状使用功能	现状水质	规划主导功能	功能区类型	水质目标	断面名称	断面级别	备注
401	塔里木内流区	多勒塔尔	全河段	30.9	乌恰县	源头水	无	自然保护	自然保护区	I	无		
402	塔里木内流区	多曲河	全河段	12.9	且末县	源头水	无	自然保护	自然保护区	I	无		
403	塔里木内流区	反帝二号渠	全河段	27.2	沙雅县	农业用水	无	景观娱乐	景观娱乐用水区	III	无		现状农业用水，不降低现状水质，高标准要求
404	塔里木内流区	反帝水库 A1 水渠	全河段	38.9	沙雅县	分散饮用、农业用水	无	饮用水水源	饮用水水源保护区	III	无		
405	塔里木内流区	放水渠(阿瓦提县)	全河段	12.9	阿瓦提县	分散饮用、农业用水	无	饮用水水源	饮用水水源保护区	III	无		
406	塔里木内流区	伽师河	全河段	72.1	伽师县、疏附县、疏勒县	饮用、农业用水	无	饮用水水源	饮用水水源保护区	III	昆仑食品厂	建议	集中式地下饮用水水源地
407	塔里木内流区	嘎增吾斯塘	全河段	16.7	和田县、和田市	饮用、农业用水	无	饮用水水源	饮用水水源保护区	III	恰卡	建议	集中式地下饮用水水源地
408	塔里木内流区	尕落吐	全河段	26.0	和静县	源头水	无	自然保护	自然保护区	I	无		
409	塔里木内流区	盖拉马拉克	全河段	11.0	皮山县	源头水	无	自然保护	自然保护区	I	无		
410	塔里木内流区	盖孜河	源头至下游 49.0 km 处	49.0	阿克陶县	源头水		自然保护	自然保护区	I	无		
411	塔里木内流区	盖孜河	亚勒马至终点	68.4	疏附县、阿克陶县	分散饮用、农业用水	I	饮用水水源	饮用水水源保护区	II	三道桥	省控	

序号	水系	水体名称	水域	长度/km	控制城镇	现状使用功能	现状水质	规划主导功能	功能区类型	水质目标	断面名称	断面级别	备注
412	塔里木内流区	盖孜河	下游49.0 km处至亚勒马	27.9	阿克陶县	饮用	II	饮用水水源	饮用水水源保护区	II	盖孜	省控	集中式地表饮用水水源地
413	塔里木内流区	革命大渠	全河段	77.7	温宿县	饮用、农业用水	无	饮用水水源	饮用水水源保护区	III	卡尔给	建议	集中式地下饮用水水源地
414	塔里木内流区	格林盖萨拉	全河段	15.7	和静县	源头水	无	自然保护	自然保护区	I	无		
415	塔里木内流区	给铁克	全河段	14.2	乌恰县	源头水	无	自然保护	自然保护区	I	无		
416	塔里木内流区	根提吕古	全河段	22.7	乌恰县	源头水	无	自然保护	自然保护区	I	无		
417	塔里木内流区	公吉里尕	全河段	15.1	塔什库尔干县	源头水	无	自然保护	自然保护区	I	无		
418	塔里木内流区	古尔嘎赫德河	全河段	133.7	若羌县	源头水	无	自然保护	自然保护区	I	无		
419	塔里木内流区	古尔库热	全河段	11.1	阿图什市	分散饮用	无	饮用水水源	饮用水水源保护区	II	无		
420	塔里木内流区	古拉木拉克萨依	全河段	22.2	若羌县	源头水	无	自然保护	自然保护区	I	无		
421	塔里木内流区	古勒滚涅克	全河段	10.3	乌恰县	源头水	无	自然保护	自然保护区	I	无		
422	塔里木内流区	古洛克吾斯塘	全河段	32.5	伽师县、阿图什市	分散饮用、农业用水	无	饮用水水源	饮用水水源保护区	III	无		
423	塔里木内流区	古肉木土尔	全河段	22.0	乌恰县	源头水	无	自然保护	自然保护区	I	无		

序号	水系	水体名称	水域	长度/km	控制城镇	现状使用功能	现状水质	规划主导功能	功能区类型	水质目标	断面名称	断面级别	备注
424	塔里木内流区	古萨斯	全河段	40.2	叶城县	源头水	无	自然保护	自然保护区	I	无		
425	塔里木内流区	归丰河	全河段	20.2	且末县	源头水	无	自然保护	自然保护区	I	无		
426	塔里木内流区	滚滚铁力克河	全河段	32.0	乌什县	源头水	无	自然保护	自然保护区	I	无		
427	塔里木内流区	滚哈布其勒	全河段	26.7	和静县	分撒饮用	无	饮用水水源	饮用水水源保护区	II	无		
428	塔里木内流区	滚石河	全河段	39.5	和田县	源头水	无	自然保护	自然保护区	I	无		
429	塔里木内流区	郭巴伦台郭勒	全河段	17.7	和静县	分散饮用	无	饮用水水源	饮用水水源保护区	II	无		
430	塔里木内流区	哈布其干郭勒沟	全河段	26.6	和静县	分散饮用	无	饮用水水源	饮用水水源保护区	II	无		
431	塔里木内流区	哈迪勒克河	全河段	76.3	且末县	分散饮用	无	饮用水水源	饮用水水源保护区	II	无		
432	塔里木内流区	哈尔墩吾斯塘	全河段	24.7	轮台县	分散饮用、农业用水	II	饮用水水源	饮用水水源保护区	II	轮台县大桥	国控	
433	塔里木内流区	哈尔嘎特沟	全河段	30.4	和静县	分散饮用	无	饮用水水源	饮用水水源保护区	II	无		
434	塔里木内流区	哈尔嘎特郭勒河	全河段	45.9	和静县	源头水	无	自然保护	自然保护区	I	无		
435	塔里木内流区	哈尔坦苏	全河段	30.9	和静县	源头水	无	自然保护	自然保护区	I	无		
436	塔里木内流区	哈合仁郭勒	出山口至下游22.6 km处	22.6	和静县	分散饮用、农业用水	无	饮用水水源	饮用水水源保护区	II	无		

序号	水系	水体名称	水域	长度/km	控制城镇	现状使用功能	现状水质	规划主导功能	功能区类型	水质目标	断面名称	断面级别	备注
437	塔里木内流区	哈合仁郭勒	下游22.0 km处至乌拉斯台河	21.9	和静县	分散饮用、农业用水	无	饮用水水源	饮用水水源保护区	III	无		
438	塔里木内流区	哈拉斯坦河	全河段	81.5	叶城县	源头水	无	自然保护	自然保护区	I	无		
439	塔里木内流区	哈勒达恩	全河段	61.4	和静县	源头水	无	自然保护	自然保护区	I	无		
440	塔里木内流区	哈勒赛河	全河段	17.9	若羌县	源头水	无	自然保护	自然保护区	I	无		
441	塔里木内流区	哈龙龙萨依	全河段	12.5	策勒县	分散饮用	无	饮用水水源	饮用水水源保护区	II	无		
442	塔里木内流区	哈木京托拉特	全河段	17.9	和静县	分散饮用	无	饮用水水源	饮用水水源保护区	II	无		
443	塔里木内流区	哈尼喀塔木渠	全河段	13.4	库车市	分散饮用、农业用水	无	饮用水水源	饮用水水源保护区	III	无		
444	塔里木内流区	哈夏克·勒克·得亚	全河段	91.1	若羌县	源头水	无	自然保护	自然保护区	I	无		
445	塔里木内流区	哈夏克力克河	全河段	110.3	若羌县	源头水	无	自然保护	自然保护区	I	无		
446	塔里木内流区	哈尤沟	全河段	23.2	和静县	源头水	无	自然保护	自然保护区	I	无		
447	塔里木内流区	亥克萨拉	全河段	14.6	和静县	源头水	无	自然保护	自然保护区	I	无		
448	塔里木内流区	亥特克	全河段	29.4	和静县	源头水	无	自然保护	自然保护区	I	无		
449	塔里木内流区	罕南力克库库吾斯塘	全河段	30.6	阿克陶县	分散饮用、农业用水	无	饮用水水源	饮用水水源保护区	III	无		

序号	水系	水体名称	水域	长度/km	控制城镇	现状使用功能	现状水质	规划主导功能	功能区类型	水质目标	断面名称	断面级别	备注
450	塔里木内流区	汗铁列克代尔亚	全河段	42.7	阿克陶县	源头水	无	自然保护	自然保护区	I	无		
451	塔里木内流区	杭给吾斯塘	全河段	15.1	洛浦县	分散饮用、农业用水	无	饮用水水源	饮用水水源保护区	III	无		
452	塔里木内流区	浩洛郭勒	全河段	26.0	和静县	源头水	无	自然保护	自然保护区	I	无		
453	塔里木内流区	和坚特河	全河段	45.4	阿图什市	源头水	无	自然保护	自然保护区	I	无		
454	塔里木内流区	和田河	全河段	336.8	墨玉县、阿瓦提县	分散饮用、农业用水	无	饮用水水源	饮用水水源保护区	III	无		
455	塔里木内流区	黑孜河	全河段	62.4	拜城县	分散饮用、农业用水	II	饮用水水源	饮用水水源保护区	II	黑孜站	省控	
456	塔里木内流区	黑孜泉河	源头至出山口	33.1	阿克陶县	分散饮用、农业用水	无	饮用水水源	饮用水水源保护区	II	无		
457	塔里木内流区	黑孜泉河	出山口至终点	23.7	英吉沙县	分散饮用、农业用水	无	饮用水水源	饮用水水源保护区	III	无		
458	塔里木内流区	很开音郭勒乌苏	全河段	12.4	和静县	源头水	无	自然保护	自然保护区	I	无		
459	塔里木内流区	红柳沟	全河段	44.9	若羌县	源头水	无	自然保护	自然保护区	I	无		
460	塔里木内流区	红卫干渠	全河段	20.9	莎车县、泽普县	分散饮用、农业用水	无	饮用水水源	饮用水水源保护区	III	无		
461	塔里木内流区	红星渠	全河段	48.5	墨玉县	饮用、农业用水	无	饮用水水源	饮用水水源保护区	III	米提孜	建议	集中式地表饮用水水源地

序号	水系	水体名称	水域	长度/km	控制城镇	现状使用功能	现状水质	规划主导功能	功能区类型	水质目标	断面名称	断面级别	备注
462	塔里木内流区	泓水河	全河段	46.8	且末县	源头水	无	自然保护	自然保护区	I	无		
463	塔里木内流区	洪水沟	全河段	95.2	阿瓦提县	分散饮用、农业用水	无	饮用水水源	饮用水水源保护区	III	无		
464	塔里木内流区	呼尔哈特	全河段	40.5	和静县	源头水	无	自然保护	自然保护区	I	无		
465	塔里木内流区	呼斯台	全河段	22.7	和静县	源头水	无	自然保护	自然保护区	I	无		
466	塔里木内流区	呼提开勒迪郭勒	全河段	31.5	和静县	源头水	无	自然保护	自然保护区	I	无		
467	塔里木内流区	胡吉艾列克	全河段	16.7	轮台县	分散饮用、农业用水	无	饮用水水源	饮用水水源保护区	III	无		
468	塔里木内流区	焕珠沟	全河段	22.4	且末县	源头水	无	自然保护	自然保护区	I	无		
469	塔里木内流区	荒地渠	全河段	104.1	莎车县	分散饮用、农业用水	无	饮用水水源	饮用水水源保护区	III	无		
470	塔里木内流区	黄水沟	源头至出山口	40.3	和静县	饮用	II	饮用水水源	饮用水水源保护区	II	黄水沟水文站	省控	集中式地下饮用水水源地
471	塔里木内流区	黄水沟	出山口至北干渠汇合口	38.2	和静县	饮用、农业用水	无	饮用水水源	饮用水水源保护区	III	乌兰陶勒盖	建议	集中式地下饮用水水源地
472	塔里木内流区	霍尔古图	全河段	14.1	和静县	源头水	无	自然保护	自然保护区	I	无		
473	塔里木内流区	霍尔哈特	全河段	14.9	和静县	源头水	无	自然保护	自然保护区	I	无		

序号	水系	水体名称	水域	长度/km	控制城镇	现状使用功能	现状水质	规划主导功能	功能区类型	水质目标	断面名称	断面级别	备注
474	塔里木内流区	霍尔哈特沟	全河段	22.4	和静县	源头水	无	自然保护	自然保护区	I	无		
475	塔里木内流区	霍尔哈提郭勒	全河段	12.9	和静县	源头水	无	自然保护	自然保护区	I	无		
476	塔里木内流区	霍拉沟	源头至出山口	45.8	和静县	源头水	无	自然保护	自然保护区	I	无		
477	塔里木内流区	霍拉沟	出山口至大巴仑渠汇合口	37.1	和静县	分散饮用、农业用水	无	饮用水水源	饮用水水源保护区	II	无		
478	塔里木内流区	吉格代库勒萨依	全河段	32.2	且末县	源头水	无	自然保护	自然保护区	I	无		
479	塔里木内流区	几门格尔	全河段	21.2	和静县	源头水	无	自然保护	自然保护区	I	无		
480	塔里木内流区	加尔特	全河段	13.3	和静县	源头水	无	自然保护	自然保护区	I	无		
481	塔里木内流区	加勒万河	全河段	42.9	和田县	源头水	无	自然保护	自然保护区	I	无		
482	塔里木内流区	加依提勒克干渠	全河段	13.6	叶城县	分散饮用、农业用水	无	饮用水水源	饮用水水源保护区	III	无		
483	塔里木内流区	甲木乌斯塘	全河段	26.3	温宿县	分散饮用、农业用水	无	饮用水水源	饮用水水源保护区	III	无		
484	塔里木内流区	江阿勒克达里亚	全河段	35.9	沙雅县	分散饮用、农业用水	无	饮用水水源	饮用水水源保护区	III	无		
485	塔里木内流区	江布拉克	全河段	23.2	乌恰县	源头水	无	自然保护	自然保护区	I	无		
486	塔里木内流区	江尕勒萨依河	全河段	87.5	且末县	分散饮用	无	饮用水水源	饮用水水源保护区	II	无		

序号	水系	水体名称	水域	长度/km	控制城镇	现状使用功能	现状水质	规划主导功能	功能区类型	水质目标	断面名称	断面级别	备注
487	塔里木内流区	交日铁盖	全河段	21.7	乌恰县	源头水	无	自然保护	自然保护区	Ⅰ	无		
488	塔里木内流区	金水河	全河段	101.4	且末县	源头水	无	自然保护	自然保护区	Ⅰ	无		
489	塔里木内流区	喀地列克牙	全河段	43.7	叶城县	分散饮用、农业用水	无	饮用水水源	饮用水水源保护区	Ⅲ	无		
490	塔里木内流区	喀尔萨依	全河段	16.5	民丰县	分散饮用	无	饮用水水源	饮用水水源保护区	Ⅱ	无		
491	塔里木内流区	喀尔赛干渠	全河段	62.6	墨玉县	分散饮用、农业用水	无	饮用水水源	饮用水水源保护区	Ⅲ	无		
492	塔里木内流区	喀格勒克吾斯塘	全河段	14.8	泽普县	分散饮用、农业用水	无	饮用水水源	饮用水水源保护区	Ⅲ	无		
493	塔里木内流区	喀拉阿塔萨依	全河段	13.7	且末县	源头水	无	自然保护	自然保护区	Ⅰ	无		
494	塔里木内流区	喀拉古里	下游 20.5 km 处至库车河	27.9	拜城县、库车市	分散饮用	无	饮用水水源	饮用水水源保护区	Ⅱ	无		
495	塔里木内流区	喀拉古里	源头至下游 20.5 km 处	20.5	拜城县、库车市	源头水	无	自然保护	自然保护区	Ⅰ	无		
496	塔里木内流区	喀拉喀什河	源头至托满河汇合口	499.6	和田县、皮山县	源头水	Ⅱ	自然保护	自然保护区	Ⅰ	无		
497	塔里木内流区	喀拉喀什河	喀河渠首至和田河	183.0	墨玉县、和田县	饮用、农业用水	Ⅱ	饮用水水源	饮用水水源保护区	Ⅱ	喀河渠首；喀河大桥	省控；国控	集中式地下饮用水水源地
498	塔里木内流区	喀拉喀什河	托满河汇合口至喀河渠首	124.0	皮山县、和田县	饮用、农业用水	Ⅱ	饮用水水源	饮用水水源保护区	Ⅱ	乌鲁瓦提	省控	集中式地表饮用水水源地

序号	水系	水体名称	水域	长度/km	控制城镇	现状使用功能	现状水质	规划主导功能	功能区类型	水质目标	断面名称	断面级别	备注
499	塔里木内流区	喀拉库勒河	全河段	38.7	阿克陶县、塔什库尔干县	源头水	无	自然保护	自然保护区	I	无		
500	塔里木内流区	喀拉马沟	全河段	28.9	阿克陶县	源头水	无	自然保护	自然保护区	I	无		
501	塔里木内流区	喀拉米兰	全河段	45.3	且末县	源头水	无	自然保护	自然保护区	I	无		
502	塔里木内流区	喀拉米兰河	达拉库岸萨依汇合口至终点	143.4	且末县	分散饮用	无	饮用水水源	饮用水水源保护区	II	无		
503	塔里木内流区	喀拉米兰河	源头至达拉库岸萨依汇合口	54.3	且末县	源头水	无	自然保护	自然保护区	I	无		
504	塔里木内流区	喀拉其库尔河	全河段	87.7	塔什库尔干县	源头水	无	自然保护	自然保护区	I	无		
505	塔里木内流区	喀拉恰勒河	全河段	9.8	乌恰县	源头水	无	自然保护	自然保护区	I	无		
506	塔里木内流区	喀拉乔喀沟	全河段	17.5	若羌县	分散饮用	无	饮用水水源	饮用水水源保护区	II	无		
507	塔里木内流区	喀拉苏河	全河段	42.7	阿图什市	分散饮用、农业用水	无	饮用水水源	饮用水水源保护区	II	无		
508	塔里木内流区	喀拉塔什代牙	全河段	17.7	和田县	源头水	无	自然保护	自然保护区	I	无		
509	塔里木内流区	喀拉铁热克河	全河段	29.5	乌恰县	源头水	无	自然保护	自然保护区	I	无		
510	塔里木内流区	喀拉尧勒温苏依	全河段	18.1	乌恰县	分散饮用、农业用水	无	饮用水水源	饮用水水源保护区	II	无		

序号	水系	水体名称	水域	长度/km	控制城镇	现状使用功能	现状水质	规划主导功能	功能区类型	水质目标	断面名称	断面级别	备注
511	塔里木内流区	喀拉玉尔滚河	源头至温宿县盐场	23.9	温宿县	分散饮用、农业用水	无	饮用水水源	饮用水水源保护区	II	无		
512	塔里木内流区	喀拉玉尔滚河	温宿县盐场至团结渠渠首	91.5	温宿县、阿克苏市	分散饮用、农业用水	无	饮用水水源	饮用水水源保护区	III	无		
513	塔里木内流区	喀拉足克沟	全河段	78.8	阿克陶县	源头水	无	自然保护	自然保护区	I	无		
514	塔里木内流区	喀喇察勒	全河段	9.9	乌恰县	源头水	无	自然保护	自然保护区	I	无		
515	塔里木内流区	喀喇昆仑河	全河段	70.6	皮山县	源头水	无	自然保护	自然保护区	I	无		
516	塔里木内流区	喀郎古塔格达里亚	全河段	36.6	和田县	源头水	无	自然保护	自然保护区	I	无		
517	塔里木内流区	喀什噶尔河	伽师总场四分场至终点	112.3	伽师县、巴楚县	农业用水	无	景观娱乐	景观娱乐用水区	IV	无		现状农业用水，不降低现状水质，高标准要求
518	塔里木内流区	喀什噶尔河	克孜河汇入口至恰克马克河交汇处	79.71	伽师县	工农业用水	II	工业用水	工业用水区	III	十二医院	国控	
519	塔里木内流区	喀什噶尔河	克孜河与恰克马克河交汇处至伽师总场	124.43	伽师县	工农业用水	II	工业用水	工业用水区	II	伽师三乡桥	省控	
520	塔里木内流区	喀什喀苏河	全河段	24.0	乌恰县	源头水	无	自然保护	自然保护区	I	无		
521	塔里木内流区	喀塔苏盖特吾斯塘	全河段	22.0	阿克陶县	分散饮用、农业用水	无	饮用水水源	饮用水水源保护区	III	无		

序号	水系	水体名称	水域	长度/km	控制城镇	现状使用功能	现状水质	规划主导功能	功能区类型	水质目标	断面名称	断面级别	备注
522	塔里木内流区	喀依恰河	源头至出山口	17.6	乌什县	源头水	无	自然保护	自然保护区	I	无		
523	塔里木内流区	喀依恰河	出山口至终点	9.3	乌什县	分散饮用、农业用水	无	饮用水水源	饮用水水源保护区	II	无		
524	塔里木内流区	喀依孜	全河段	26.7	阿克陶县	源头水	无	自然保护	自然保护区	I	无		
525	塔里木内流区	喀孜嘎尔特吉勒嘎	全河段	14.7	乌恰县	源头水	无	自然保护	自然保护区	I	无		
526	塔里木内流区	卡尔苦子	全河段	9.8	策勒县	分散饮用	无	饮用水水源	饮用水水源保护区	II	无		
527	塔里木内流区	卡尔脑	下游 9.1 km 处至库车河	17.9	库车市	分散饮用	无	饮用水水源	饮用水水源保护区	II	无		
528	塔里木内流区	卡尔脑	源头至下游 9.1 km 处	9.1	库车市	源头水	无	自然保护	自然保护区	I	无		
529	塔里木内流区	卡尔赛渠	全河段	20.8	墨玉县	分散饮用、农业用水	无	饮用水水源	饮用水水源保护区	III	无		
530	塔里木内流区	卡尔苏河	源头至克什拉克也尔	16.5	策勒县	源头水	无	自然保护	自然保护区	I	无		
531	塔里木内流区	卡尔苏河	克什拉克也尔至终点	42.8	策勒县	分散饮用、农业用水	无	饮用水水源	饮用水水源保护区	II	无		
532	塔里木内流区	卡尔塔干渠	全河段	10.3	轮台县	分散饮用、农业用水	无	饮用水水源	饮用水水源保护区	III	无		
533	塔里木内流区	卡尔塔河	全河段	38.1	轮台县	分散饮用、农业用水	无	饮用水水源	饮用水水源保护区	III	无		
534	塔里木内流区	卡尔塔希	全河段	25.1	皮山县	源头水	无	自然保护	自然保护区	I	无		

序号	水系	水体名称	水域	长度/km	控制城镇	现状使用功能	现状水质	规划主导功能	功能区类型	水质目标	断面名称	断面级别	备注
535	塔里木内流区	卡哈沙拉	全河段	23.5	和静县	源头水	无	自然保护	自然保护区	I	无		
536	塔里木内流区	卡坎达萨依	全河段	51.8	且末县	分散饮用	无	饮用水水源	饮用水水源保护区	II	无		
537	塔里木内流区	卡拉卡拉麻	全河段	16.3	阿克陶县	源头水	无	自然保护	自然保护区	I	无		
538	塔里木内流区	卡拉苏河	源头至穷果勒河汇合口	24.8	拜城县	源头水	无	自然保护	自然保护区	I	无		
539	塔里木内流区	卡拉苏河	穷果勒河汇合口至克孜尔水库	68.7	拜城县	分散饮用、农业用水	无	饮用水水源	饮用水水源保护区	II	无		
540	塔里木内流区	卡拉特河	全河段	57.4	阿克陶县	源头水	无	自然保护	自然保护区	I	无		
541	塔里木内流区	卡浪沟吕克河	全河段	23.9	疏附县	分散饮用、农业用水	无	饮用水水源	饮用水水源保护区	II	无		
542	塔里木内流区	卡里克阿克达西	全河段	14.0	皮山县	源头水	无	自然保护	自然保护区	I	无		
543	塔里木内流区	卡木斯浪河	源头至阿克塔格奥特拉克河汇合口	33.9	拜城县	源头水	无	自然保护	自然保护区	I	无		
544	塔里木内流区	卡木斯浪河	阿克塔格奥特拉克河汇合口至木扎尔特河	60.9	拜城县	分散饮用、农业用水	I	饮用水水源	饮用水水源保护区	II	无		
545	塔里木内流区	卡怕浪沟	全河段	35.6	叶城县	源头水	无	自然保护	自然保护区	I	无		

序号	水系	水体名称	水域	长度/km	控制城镇	现状使用功能	现状水质	规划主导功能	功能区类型	水质目标	断面名称	断面级别	备注
546	塔里木内流区	卡怕浪苏	全河段	37.3	叶城县	源头水	无	自然保护	自然保护区	I	无		
547	塔里木内流区	卡其空其代牙	全河段	26.3	策勒县	分散饮用	无	饮用水水源	饮用水水源保护区	II	无		
548	塔里木内流区	卡特里西萨依	全河段	17.9	且末县	分散饮用	无	饮用水水源	饮用水水源保护区	II	无		
549	塔里木内流区	卡瓦克干渠	全河段	83.4	墨玉县	饮用、农业用水	无	饮用水水源	饮用水水源保护区	III	塔什肯	建议	集中式地下饮用水水源地
550	塔里木内流区	卡西尕琲路河	全河段	10.9	温宿县	源头水、分散饮用	无	自然保护	自然保护区	I	无		
551	塔里木内流区	开都河	源头至滚哈布其勒汇合口	376.8	和静县	源头水	无	自然保护	自然保护区	I	无		
552	塔里木内流区	开都河	出山口至博斯腾湖	137.1	和静县、焉耆县、博湖县	饮用、工农业用水	II	饮用水水源	饮用水水源保护区	II	哈尔莫墩；博湖；焉耆；大山口水文站	国控；省控	集中式地下饮用水水源地
553	塔里木内流区	开都河	滚哈布其勒汇合口至出山口	44.7	和静县	分散饮用	II	饮用水水源	饮用水水源保护区	II	无		
554	塔里木内流区	开门德廷郭勒	全河段	17.8	和静县	源头水	无	自然保护	自然保护区	I	无		
555	塔里木内流区	开特别克河	全河段	23.7	阿合奇县	源头水	无	自然保护	自然保护区	I	无		
556	塔里木内流区	开特勒达坂迪苏	全河段	16.3	和静县	源头水	无	自然保护	自然保护区	I	无		

序号	水系	水体名称	水域	长度/km	控制城镇	现状使用功能	现状水质	规划主导功能	功能区类型	水质目标	断面名称	断面级别	备注
557	塔里木内流区	开牙克巴什河	全河段	46.5	阿克陶县	源头水	无	自然保护	自然保护区	I	无		
558	塔里木内流区	开营沟	全河段	9.1	塔什库尔干县	源头水	无	自然保护	自然保护区	I	无		
559	塔里木内流区	坎苏	全河段	16.4	阿合奇县	源头水	无	自然保护	自然保护区	I	无		
560	塔里木内流区	康矮孜达里亚	全河段	19.5	皮山县	源头水	无	自然保护	自然保护区	I	无		
561	塔里木内流区	康苏河	全河段	28.5	乌恰县	饮用	无	饮用水水源	饮用水水源保护区	II	康苏河水源地	建议	集中式地表饮用水水源地
562	塔里木内流区	康西瓦河	全河段	83.2	阿克陶县	源头水	无	自然保护	自然保护区	I	无		
563	塔里木内流区	炕扎拉嘎	全河段	16.2	乌恰县	分散饮用	无	饮用水水源	饮用水水源保护区	II	无		
564	塔里木内流区	考克木然代牙	源头至色娥子永滚	37.7	且末县	源头水	无	自然保护	自然保护区	I	无		
565	塔里木内流区	考克木然代牙	色娥子永滚至莫勒切河	30.6	且末县	分散饮用	无	饮用水水源	饮用水水源保护区	II	无		
566	塔里木内流区	柯河	全河段	62.8	且末县	源头水	无	自然保护	自然保护区	I	无		
567	塔里木内流区	柯克亚河	源头至苏孔	23.9	叶城县	源头水	无	自然保护	自然保护区	I	无		
568	塔里木内流区	柯克亚河	出山口至终点	28.0	叶城县	分散饮用、农业用水	无	饮用水水源	饮用水水源保护区	III	无		

序号	水系	水体名称	水域	长度/km	控制城镇	现状使用功能	现状水质	规划主导功能	功能区类型	水质目标	断面名称	断面级别	备注
569	塔里木内流区	柯克亚河	苏孔至出山口	83.1	叶城县	分散饮用	无	饮用水水源	饮用水水源保护区	II	无		
570	塔里木内流区	科科什老可	全河段	24.2	塔什库尔干县	源头水	无	自然保护	自然保护区	I	无		
571	塔里木内流区	科科乌洛	全河段	14.1	温宿县	源头水、分散饮用	无	自然保护	自然保护区	I	无		
572	塔里木内流区	科克留木苏河	源头至出山口	33.1	乌什县	源头水	无	自然保护	自然保护区	I	无		
573	塔里木内流区	科克留木苏河	出山口至终点	9.3	乌什县	分散饮用、农业用水	无	饮用水水源	饮用水水源保护区	II	无		
574	塔里木内流区	科克买格力克	全河段	8.5	且末县	源头水	无	自然保护	自然保护区	I	无		
575	塔里木内流区	科克萨拉	全河段	13.8	和静县	源头水	无	自然保护	自然保护区	I	无		
576	塔里木内流区	科克牙尔河	下游 7.8 km 处至柯克亚	18.9	温宿县	分散饮用、农业用水	无	饮用水水源	饮用水水源保护区	II	无		
577	塔里木内流区	科克牙尔河	柯克亚至革命大渠	21.2	温宿县	饮用、农业用水	无	饮用水水源	饮用水水源保护区	III	柯克亚	建议	集中式地下饮用水水源地
578	塔里木内流区	科克牙尔河	源头至下游 7.8 km 处	7.8	温宿县	源头水	无	自然保护	自然保护区	I	无		
579	塔里木内流区	科拉木苏河	全河段	7.0	温宿县	源头水	无	自然保护	自然保护区	I	无		
580	塔里木内流区	科勒	全河段	16.4	塔什库尔干县	源头水	无	自然保护	自然保护区	I	无		

序号	水系	水体名称	水域	长度/km	控制城镇	现状使用功能	现状水质	规划主导功能	功能区类型	水质目标	断面名称	断面级别	备注
581	塔里木内流区	科纳玉依买吾斯塘	全河段	20.0	阿克陶县	分散饮用、农业用水	无	饮用水水源	饮用水水源保护区	III	无		
582	塔里木内流区	科其克热依格勒	全河段	27.4	叶城县	源头水	无	自然保护	自然保护区	I	无		
583	塔里木内流区	科希马柯牙	全河段	19.6	皮山县	源头水	无	自然保护	自然保护区	I	无		
584	塔里木内流区	科许孜	全河段	12.6	皮山县	源头水	无	自然保护	自然保护区	I	无		
585	塔里木内流区	可可桥吾斯塘	全河段	32.1	轮台县	分散饮用、农业用水	无	饮用水水源	饮用水水源保护区	III	无		
586	塔里木内流区	克打石沟	全河段	22.5	塔什库尔干县	源头水	无	自然保护	自然保护区	I	无		
587	塔里木内流区	克尔阿恰克萨依	全河段	32.2	于田县	分散饮用	无	饮用水水源	饮用水水源保护区	II	无		
588	塔里木内流区	克格拉克厄肯	源头至阿布洛克	46.8	库车市	源头水	无	自然保护	自然保护区	I	无		
589	塔里木内流区	克格拉克厄肯	阿布洛克至库车河	17.5	库车市	分散饮用、农业用水	无	饮用水水源	饮用水水源保护区	II	无		
590	塔里木内流区	克拉布拉克萨依	全河段	28.1	于田县	分散饮用	无	饮用水水源	饮用水水源保护区	II	无		
591	塔里木内流区	克勒青河	全河段	179.4	塔什库尔干县	源头水	无	自然保护	自然保护区	I	无		
592	塔里木内流区	克勒青河右三支沟	全河段	22.5	塔什库尔干县	源头水	无	自然保护	自然保护区	I	无		
593	塔里木内流区	克勒青河左三支沟	全河段	25.2	塔什库尔干县	源头水	无	自然保护	自然保护区	I	无		

序号	水系	水体名称	水域	长度/km	控制城镇	现状使用功能	现状水质	规划主导功能	功能区类型	水质目标	断面名称	断面级别	备注
594	塔里木内流区	克里满河	全河段	22.6	塔什库尔干县	源头水	无	自然保护	自然保护区	I	无		
595	塔里木内流区	克里雅代牙	全河段	45.0	于田县	源头水	无	自然保护	自然保护区	I	无		
596	塔里木内流区	克里雅河	源头至库拉甫河汇合口	161.5	于田县	源头水	无	自然保护	自然保护区	I	无		
597	塔里木内流区	克里雅河	出山口至终点	492.4	于田县	饮用、农业用水	II	饮用水水源	饮用水水源保护区	II	英巴格桥、克里雅河、昆仑渠首	国控；省控	集中式地下饮用水水源地
598	塔里木内流区	克里雅河	库拉甫河汇合口至出山口	28.4	于田县	分散饮用、农业用水		饮用水水源	饮用水水源保护区	II	无		
599	塔里木内流区	克里洋河	全河段	36.7	皮山县	源头水	无	自然保护	自然保护区	I	无		
600	塔里木内流区	克派克其亚	全河段	34.4	英吉沙县	分散饮用、农业用水	无	饮用水水源	饮用水水源保护区	III	无		
601	塔里木内流区	克普恰克	源头至和坚特河汇合口	28.1	阿图什市	源头水	无	自然保护	自然保护区	I	无		
602	塔里木内流区	克普恰克	和坚特河汇合口至终点	26.7	阿图什市	分散饮用、农业用水	无	饮用水水源	饮用水水源保护区	II	无		
603	塔里木内流区	克齐克台兰苏河	全河段	13.0	温宿县	源头水	无	自然保护	自然保护区	I	无		
604	塔里木内流区	克齐克台列克苏河	全河段	17.8	温宿县	源头水	无	自然保护	自然保护区	I	无		
605	塔里木内流区	克其克江尕勒萨依河	全河段	59.0	且末县	分散饮用	无	饮用水水源	饮用水水源保护区	II	无		

序号	水系	水体名称	水域	长度/km	控制城镇	现状使用功能	现状水质	规划主导功能	功能区类型	水质目标	断面名称	断面级别	备注
606	塔里木内流区	克其克库孜巴依能代尔	全河段	23.5	温宿县	源头水	无	自然保护	自然保护区	I	无		
607	塔里木内流区	克其克苏	全河段	11.9	阿图什市	源头水	无	自然保护	自然保护区	I	无		
608	塔里木内流区	克其克通	全河段	20.9	塔什库尔干县	源头水	无	自然保护	自然保护区	I	无		
609	塔里木内流区	克其克托尔	全河段	10.5	乌恰县	源头水	无	自然保护	自然保护区	I	无		
610	塔里木内流区	克塞尔河	全河段	60.5	和田县	分散饮用	无	饮用水水源	饮用水水源保护区	II	无		
611	塔里木内流区	克斯恰普	全河段	52.3	若羌县	源头水	无	自然保护	自然保护区	I	无		
612	塔里木内流区	克铁热克河	全河段	17.8	乌恰县	源头水	无	自然保护	自然保护区	I	无		
613	塔里木内流区	克瓦可	全河段	15.2	皮山县	源头水	无	自然保护	自然保护区	I	无		
614	塔里木内流区	克孜河	源头至康苏河汇合口	131.1	乌恰县	源头水	II	自然保护	自然保护区	II	斯木哈那、加斯桥	省控	
615	塔里木内流区	克孜河	全河段	25.2		分散饮用	II	饮用水水源	饮用水水源保护区	II	三级电站	国控	
616	塔里木内流区	克孜河	七里桥至十二医院	5.7	疏附县、喀什市	分散饮用、农业用水	II	饮用水水源	饮用水水源保护区	III	十二医院	国控	
617	塔里木内流区	克孜河	西大渠、奥吉萨克吾斯塘交汇处至七里桥	40.6	疏附县、喀什市	分散饮用、农业用水	II	饮用水水源	饮用水水源保护区	II	七里桥	省控	

序号	水系	水体名称	水域	长度/km	控制城镇	现状使用功能	现状水质	规划主导功能	功能区类型	水质目标	断面名称	断面级别	备注
618	塔里木内流区	克孜河	康苏河汇合口至西大渠、奥吉萨克吾斯塘交汇处	53.2	乌恰县、疏附县	分散饮用	II	饮用水水源	饮用水水源保护区	II	卡拉贝利	国控	
619	塔里木内流区	克孜勒达里亚	全河段	27.8	伽师县	分散饮用、农业用水	无	饮用水水源	饮用水水源保护区	III	无		
620	塔里木内流区	克孜勒厄肯	全河段	34.7	轮台县	饮用、农业用水	无	饮用水水源	饮用水水源保护区	III	红桥	建议	集中式地下饮用水水源地
621	塔里木内流区	克孜勒吉勒尕	全河段	32.7	疏附县	饮用、工农业用水	无	饮用水水源	饮用水水源保护区	III	无		
622	塔里木内流区	克孜勒吉勒尕河	全河段	35.7	和田县	源头水	无	自然保护	自然保护区	I	无		
623	塔里木内流区	克孜勒萨依	全河段	24.9	且末县	源头水	无	自然保护	自然保护区	I	无		
624	塔里木内流区	克孜勒萨依	全河段	21.1	策勒县、于田县	源头水	无	自然保护	自然保护区	I	无		
625	塔里木内流区	克孜勒翁库尔河	全河段	28.7	且末县	源头水	无	自然保护	自然保护区	I	无		
626	塔里木内流区	空贝利	全河段	19.9	阿克陶县	源头水	无	自然保护	自然保护区	I	无		
627	塔里木内流区	孔雀河	普惠水管站至终点	738.9	尉犁县、库尔勒市	农业用水	II	景观娱乐	景观娱乐用水区	III	普惠	国控	现状农业用水，不降低现状水质，高标准要求

序号	水系	水体名称	水域	长度/km	控制城镇	现状使用功能	现状水质	规划主导功能	功能区类型	水质目标	断面名称	断面级别	备注
628	塔里木内流区	孔雀河	入口至普惠水管站	181.0	库尔勒市、博湖县	分散饮用、工农业用水	II	饮用水水源	饮用水水源保护区	II	汇合口、兰干；石灰窑	国控；省控	
629	塔里木内流区	口英吾斯塘	全河段	21.9	于田县	分散饮用、农业用水	无	饮用水水源	饮用水水源保护区	III	无		
630	塔里木内流区	口子山	全河段	29.5	若羌县	源头水	无	自然保护	自然保护区	I	无		
631	塔里木内流区	苦兰姆拉克达利亚	全河段	48.4	洛浦县	分散饮用、农业用水	无	饮用水水源	饮用水水源保护区	II	无		
632	塔里木内流区	库车河	源头至出山口	60.7	库车市	饮用、工农业用水	II	饮用水水源	饮用水水源保护区	II	北山牧场、库车城外	省控	集中式地下饮用水水源地
633	塔里木内流区	库车河	出山口至终点	59.0	库车市	分散饮用、工农业用水	无	饮用水水源	饮用水水源保护区	III	无		
634	塔里木内流区	库尔归依鲁克	全河段	13.1	温宿县	源头水	无	自然保护	自然保护区	I	无		
635	塔里木内流区	库尔会洛克达里亚	全河段	9.1	温宿县	分散饮用、农业用水	无	饮用水水源	饮用水水源保护区	II	无		
636	塔里木内流区	库二布依吾斯塘	全河段	31.2	疏勒县	分散饮用、农业用水	无	饮用水水源	饮用水水源保护区	III	无		
637	塔里木内流区	库拉甫河	全河段	37.6	策勒县、于田县	源头水	无	自然保护	自然保护区	I	无		
638	塔里木内流区	库拉玛克萨依	全河段	18.3	且末县	分散饮用	无	饮用水水源	饮用水水源保护区	II	无		
639	塔里木内流区	库浪苦库如克	全河段	15.9	皮山县	源头水	无	自然保护	自然保护区	I	无		

序号	水系	水体名称	水域	长度/km	控制城镇	现状使用功能	现状水质	规划主导功能	功能区类型	水质目标	断面名称	断面级别	备注
640	塔里木内流区	库浪那古河	全河段	87.0	叶城县	源头水	无	自然保护	自然保护区	I	无		
641	塔里木内流区	库鲁克皮帖力克达尔亚	全河段	64.1	若羌县	源头水	无	自然保护	自然保护区	I	无		
642	塔里木内流区	库鲁木都克河	全河段	3.5	阿合奇县	源头水	无	自然保护	自然保护区	I	无		
643	塔里木内流区	库鲁木都克河	全河段	31.1	阿图什市	源头水	无	自然保护	自然保护区	I	无		
644	塔里木内流区	库鲁直干直代牙河	米提孜至喀拉喀什河	46.7	和田县	分散饮用	无	饮用水水源	饮用水水源保护区	II	无		
645	塔里木内流区	库鲁直干直代牙河	源头至米提孜	20.8	和田县	源头水	无	自然保护	自然保护区	I	无		
646	塔里木内流区	库玛拉克河	入境至阿合奇河汇合口	27.9	温宿县	源头水	I	自然保护	自然保护区	I	无		
647	塔里木内流区	库玛拉克河	革命大渠出水口至托什干河	60.5	温宿县	饮用、农业用水		饮用水水源	饮用水水源保护区	III	阿亚克其	建议	集中式地下饮用水水源地
648	塔里木内流区	库玛拉克河	阿合奇河汇合口至革命大渠出水口	29.1	温宿县	分散饮用、农业用水	II	饮用水水源	饮用水水源保护区	II	协合拉	国控	
649	塔里木内流区	库木别勒沟	全河段	14.5	阿克陶县	源头水	无	自然保护	自然保护区	I	无		
650	塔里木内流区	库木加克达里亚	全河段	26.1	尉犁县	分散饮用、农业用水	无	饮用水水源	饮用水水源保护区	III	无		
651	塔里木内流区	库木开日河	全河段	64.9	若羌县	源头水	无	自然保护	自然保护区	I	无		

序号	水系	水体名称	水域	长度/km	控制城镇	现状使用功能	现状水质	规划主导功能	功能区类型	水质目标	断面名称	断面级别	备注
652	塔里木内流区	库木鲁克萨依	全河段	20.6	且末县	分散饮用	无	饮用水水源	饮用水水源保护区	II	无		
653	塔里木内流区	库木塔什	全河段	44.2	若羌县	分散饮用	无	饮用水水源	饮用水水源保护区	II	无		
654	塔里木内流区	库仍别	全河段	21.4	阿图什市	源头水	无	自然保护	自然保护区	I	无		
655	塔里木内流区	库如木列克沟	全河段	21.9	塔什库尔干县	源头水	无	自然保护	自然保护区	I	无		
656	塔里木内流区	库散达里亚	全河段	18.9	阿克陶县	分散饮用、农业用水	无	饮用水水源	饮用水水源保护区	III	无		
657	塔里木内流区	库山河	全河段	48.9	阿克陶县	分散饮用、农业用水	II	饮用水水源	饮用水水源保护区	II	木华里闸口	省控	
658	塔里木内流区	库塔干渠	全河段	108.3	尉犁县、库尔勒市	分散饮用、农业用水	无	饮用水水源	饮用水水源保护区	III	无		
659	塔里木内流区	库孜滚达里亚	全河段	16.1	乌恰县	源头水	无	自然保护	自然保护区	I	无		
660	塔里木内流区	库孜滚河	源头至出山口	38.3	乌恰县	源头水、饮用	无	自然保护	自然保护区	I	博佐喀纳	建议	集中式地表饮用水水源地
661	塔里木内流区	库孜滚河	出山口至终点	23.9	乌恰县	饮用、农业用水	无	饮用水水源	饮用水水源保护区	II	博佐喀纳	建议	集中式地下饮用水水源地
662	塔里木内流区	块尤鲁克萨依	全河段	14.8	且末县	分散饮用	无	饮用水水源	饮用水水源保护区	II	无		
663	塔里木内流区	快科克翁库尔河	全河段	29.6	且末县	源头水	无	自然保护	自然保护区	I	无		

序号	水系	水体名称	水域	长度/km	控制城镇	现状使用功能	现状水质	规划主导功能	功能区类型	水质目标	断面名称	断面级别	备注
664	塔里木内流区	矿萨依	全河段	53.7	且末县	分散饮用	无	饮用水水源	饮用水水源保护区	II	无		
665	塔里木内流区	昆仑艾根	全河段	19.8	于田县	分散饮用、农业用水	无	饮用水水源	饮用水水源保护区	III	无		
666	塔里木内流区	阔床河	全河段	30.9	且末县	源头水	无	自然保护	自然保护区	I	无		
667	塔里木内流区	阔果能萨依	全河段	69.3	民丰县	源头水	无	自然保护	自然保护区	I	无		
668	塔里木内流区	阔克加尔沟	全河段	16.8	塔什库尔干县	源头水	无	自然保护	自然保护区	I	无		
669	塔里木内流区	阔克阔勒	全河段	38.8	乌恰县	源头水	无	自然保护	自然保护区	I	无		
670	塔里木内流区	阔勒	全河段	9.6	乌恰县	源头水	无	自然保护	自然保护区	I	无		
671	塔里木内流区	阔纳盖孜达里亚	全河段	19.3	疏附县	分散饮用、农业用水	无	饮用水水源	饮用水水源保护区	III	无		
672	塔里木内流区	阔什奥托克河	全河段	19.9	乌恰县	源头水	无	自然保护	自然保护区	I	无		
673	塔里木内流区	阔侠义	全河段	20.9	乌恰县	源头水	无	自然保护	自然保护区	I	无		
674	塔里木内流区	廓噶尔特河	全河段	25.5	阿合奇县	源头水	无	自然保护	自然保护区	I	无		
675	塔里木内流区	拉尔敦赫尔萨拉	全河段	19.2	和静县	源头水	无	自然保护	自然保护区	I	无		
676	塔里木内流区	拉苦哇提沟	全河段	32.7	塔什库尔干县	源头水	无	自然保护	自然保护区	I	无		

序号	水系	水体名称	水域	长度/km	控制城镇	现状使用功能	现状水质	规划主导功能	功能区类型	水质目标	断面名称	断面级别	备注
677	塔里木内流区	拉龙	全河段	14.8	策勒县	源头水	无	自然保护	自然保护区	I	无		
678	塔里木内流区	拉塔拉沙	全河段	10.3	阿克陶县	源头水	无	自然保护	自然保护区	I	无		
679	塔里木内流区	拉瓦斯萨依	全河段	21.8	策勒县	分散饮用	无	饮用水水源	饮用水水源保护区	II	无		
680	塔里木内流区	腊吉勒拜克尕	全河段	10.9	温宿县	源头水	无	自然保护	自然保护区	I	无		
681	塔里木内流区	来苏河	全河段	15.2	温宿县	源头水	无	自然保护	自然保护区	I	无		
682	塔里木内流区	劳吉都格	全河段	11.9	和静县	源头水	无	自然保护	自然保护区	I	无		
683	塔里木内流区	勒恰颇嘎尔也河	全河段	12.9	乌恰县	源头水	无	自然保护	自然保护区	I	无		
684	塔里木内流区	勒依赛	全河段	19.9	皮山县	源头水	无	自然保护	自然保护区	I	无		
685	塔里木内流区	梁格尔渠	全河段	17.8	拜城县	分散饮用、农业用水	无	饮用水水源	饮用水水源保护区	II	无		
686	塔里木内流区	六区大渠	全河段	25.2	库车市	饮用、农业用水	无	饮用水水源	饮用水水源保护区	III	渭干	建议	集中式地下饮用水水源地
687	塔里木内流区	龙纳克龙斯泊河	全河段	55.6	皮山县	源头水	无	自然保护	自然保护区	I	无		
688	塔里木内流区	洛浦县东干渠	全河段	21.4	洛浦县	分散饮用、农业用水	无	饮用水水源	饮用水水源保护区	III	无		

序号	水系	水体名称	水域	长度/km	控制城镇	现状使用功能	现状水质	规划主导功能	功能区类型	水质目标	断面名称	断面级别	备注
689	塔里木内流区	洛浦县总干渠	全河段	8.3	洛浦县	饮用、农业用水	II	饮用水水源	饮用水水源保护区	II	玉河渠首	省控	集中式地表饮用水水源地
690	塔里木内流区	洛萨拉	全河段	10.6	和静县	源头水	无	自然保护	自然保护区	I	无		
691	塔里木内流区	洛尾希达里亚	全河段	15.5	温宿县	源头水	无	自然保护	自然保护区	I	无		
692	塔里木内流区	麻特萨依	全河段	18.6	于田县	分散饮用	无	饮用水水源	饮用水水源保护区	II	无		
693	塔里木内流区	麻扎达拉沟	全河段	37.4	叶城县	源头水	无	自然保护	自然保护区	I	无		
694	塔里木内流区	马尔洋河	全河段	40.9	塔什库尔干县	源头水	无	自然保护	自然保护区	I	无		
695	塔里木内流区	马拉特河	全河段	31.1	塔什库尔干县	源头水	无	自然保护	自然保护区	I	无		
696	塔里木内流区	玛尔坎苏河	全河段	122.6	乌恰县、阿克陶县	源头水	无	自然保护	自然保护区	I	无		
697	塔里木内流区	买勒滚萨依	全河段	35.2	于田县	分散饮用	无	饮用水水源	饮用水水源保护区	II	无		
698	塔里木内流区	麦斯特	全河段	37.4	和静县	源头水	无	自然保护	自然保护区	I	无		
699	塔里木内流区	满达来克	全河段	11.8	且末县	源头水	无	自然保护	自然保护区	I	无		
700	塔里木内流区	曼达勒克河	全河段	53.7	且末县	源头水	无	自然保护	自然保护区	I	无		

序号	水系	水体名称	水域	长度/km	控制城镇	现状使用功能	现状水质	规划主导功能	功能区类型	水质目标	断面名称	断面级别	备注
701	塔里木内流区	芒奇提	全河段	38.7	和静县	分散饮用	无	饮用水水源	饮用水水源保护区	II	无		
702	塔里木内流区	眉沙沟	全河段	37.2	且末县	源头水	无	自然保护	自然保护区	I	无		
703	塔里木内流区	米吉克渠	全河段	21.3	拜城县	分散饮用、农业用水	无	饮用水水源	饮用水水源保护区	II	无		
704	塔里木内流区	米兰河	源头至出山口	96.1	若羌县	分散饮用	无	饮用水水源	饮用水水源保护区	II	无		
705	塔里木内流区	米兰河	出山口至终点	46.9	若羌县	分散饮用、农业用水	无	饮用水水源	饮用水水源保护区	III	无		
706	塔里木内流区	米斯克尼河	全河段	28.4	塔什库尔干县	源头水	无	自然保护	自然保护区	I	无		
707	塔里木内流区	米特代牙河	源头至玛依色列克	52.4	且末县	源头水	无	自然保护	自然保护区	I	无		
708	塔里木内流区	米特代牙河	玛依色列克至终点	24.4	且末县	分散饮用	无	饮用水水源	饮用水水源保护区	II	无		
709	塔里木内流区	米夏干渠	全河段	30.7	莎车县	分散饮用、农业用水	无	饮用水水源	饮用水水源保护区	III	无		
710	塔里木内流区	莫勒切河	源头至阿克布汇合口	22.0	且末县	源头水	无	自然保护	自然保护区	I	无		
711	塔里木内流区	莫勒切河	下游74.6 km处至终点	40.3	且末县	分散饮用	无	饮用水水源	饮用水水源保护区	III	无		
712	塔里木内流区	莫勒切河	阿克布汇合口至下游74.6 km处	74.6	且末县	分散饮用	无	饮用水水源	饮用水水源保护区	II	无		

序号	水系	水体名称	水域	长度/km	控制城镇	现状使用功能	现状水质	规划主导功能	功能区类型	水质目标	断面名称	断面级别	备注
713	塔里木内流区	莫米吉力克河	全河段	44.2	塔什库尔干县	源头水	无	自然保护	自然保护区	I	无		
714	塔里木内流区	木呼尔查干河	下游28.1 km处至乌拉斯台河	39.1	和静县	饮用、农业用水	无	饮用水水源	饮用水水源保护区	III	萨拉	建议	集中式地下饮用水水源地
715	塔里木内流区	木呼尔查干河	源头至下游28.1 km处	28.1	和静县	分散饮用、农业用水	无	饮用水水源	饮用水水源保护区	II	无		
716	塔里木内流区	木吉干渠	全河段	14.4	皮山县	分散饮用、农业用水	无	饮用水水源	饮用水水源保护区	III	无		
717	塔里木内流区	木吉河	全河段	67.5	阿克陶县	源头水	无	自然保护	自然保护区	I	无		
718	塔里木内流区	木日达里亚	全河段	44.4	库车市	分散饮用、农业用水	无	饮用水水源	饮用水水源保护区	III	无		
719	塔里木内流区	木扎尔特河	源头至破城子牧业队	67.5	温宿县、拜城县	源头水	无	自然保护	自然保护区	I	无		
720	塔里木内流区	木扎尔特河	破城子牧业队至克孜尔水库	136.9	温宿县、拜城县	饮用、农业用水	II	饮用水水源	饮用水水源保护区	II	托克逊站	省控	集中式地下饮用水水源地
721	塔里木内流区	木准萨拉	全河段	13.1	和静县	源头水	无	自然保护	自然保护区	I	无		
722	塔里木内流区	那热乌楼河	全河段	29.1	塔什库尔干县	源头水	无	自然保护	自然保护区	I	无		
723	塔里木内流区	纳赫什河	全河段	44.1	叶城县	源头水	无	自然保护	自然保护区	I	无		
724	塔里木内流区	纳依特	全河段	22.9	和静县	源头水	无	自然保护	自然保护区	I	无		

序号	水系	水体名称	水域	长度/km	控制城镇	现状使用功能	现状水质	规划主导功能	功能区类型	水质目标	断面名称	断面级别	备注
725	塔里木内流区	乃门乌苏	全河段	20.3	和静县	饮用	无	饮用水水源	饮用水水源保护区	II	夏尔且克	建议	集中式地下饮用水水源地
726	塔里木内流区	南尔汉哈尔沙拉	全河段	28.3	和静县	源头水	无	自然保护	自然保护区	I	无		
727	塔里木内流区	南干大渠	全河段	11.4	阿拉尔市、阿瓦提县	分散饮用、农业用水	无	饮用水水源	饮用水水源保护区	III	无		
728	塔里木内流区	尼奇克苏啊嗯	全河段	17.5	乌恰县	源头水	无	自然保护	自然保护区	I	无		
729	塔里木内流区	尼萨河	全河段	40.8	和田县	源头水	无	自然保护	自然保护区	I	无		
730	塔里木内流区	尼雅河	皮克拉浑木买力斯村至大麻扎	92.2	民丰县	分散饮用、工农业用水	无	饮用水水源	饮用水水源保护区	III	无		
731	塔里木内流区	尼雅河	源头至皮克拉浑木买力斯村	145.0	民丰县	饮用、农业用水	无	饮用水水源	饮用水水源保护区	II	一号闸口	建议	集中式地表饮用水水源地
732	塔里木内流区	农场干渠	全河段	14.7	皮山县	饮用、农业用水	无	饮用水水源	饮用水水源保护区	III	萨干	建议	集中式地下饮用水水源地
733	塔里木内流区	农垦五团场总干渠	全河段	31.7	温宿县	分散饮用、农业用水	无	饮用水水源	饮用水水源保护区	III	无		
734	塔里木内流区	奴尔河	全河段	15.8	策勒县	分散饮用	无	饮用水水源	饮用水水源保护区	II	无		
735	塔里木内流区	帕赫得拉克代里牙	全河段	23.9	策勒县	分散饮用、农业用水	无	饮用水水源	饮用水水源保护区	II	无		

序号	水系	水体名称	水域	长度/km	控制城镇	现状使用功能	现状水质	规划主导功能	功能区类型	水质目标	断面名称	断面级别	备注
736	塔里木内流区	帕斯热瓦提河	全河段	59.6	阿克陶县	源头水	无	自然保护	自然保护区	I	无		
737	塔里木内流区	帕夏拉依档	全河段	31.4	若羌县	分散饮用	无	饮用水水源	饮用水水源保护区	II	无		
738	塔里木内流区	帕夏力克	全河段	23.2	若羌县	源头水	无	自然保护	自然保护区	I	无		
739	塔里木内流区	排先巴扎渠	全河段	33.8	新和县	饮用、农业用水	无	饮用水水源	饮用水水源保护区	III	托特塔什	建议	集中式地下饮用水水源地
740	塔里木内流区	盼水河	全河段	50.5	民丰县	源头水	无	自然保护	自然保护区	I	无		
741	塔里木内流区	庞纳子达里亚河	全河段	54.0	和田县	源头水	无	自然保护	自然保护区	I	无		
742	塔里木内流区	炮斯台宁依奇	全河段	5.4	和田县	分散饮用	无	饮用水水源	饮用水水源保护区	II	无		
743	塔里木内流区	皮及达里亚	提尔卡尔地牧场至喀拉喀什河	19.7	和田县	分散饮用	无	饮用水水源	饮用水水源保护区	II	无		
744	塔里木内流区	皮及达里亚	源头至提尔卡尔地牧场	17.8	和田县	源头水	无	自然保护	自然保护区	I	无		
745	塔里木内流区	皮勒河	全河段	34.6	塔什库尔干县	源头水	无	自然保护	自然保护区	I	无		
746	塔里木内流区	皮什盖河	全河段	94.2	于田县	分散饮用、农业用水	无	饮用水水源	饮用水水源保护区	II	无		
747	塔里木内流区	皮斯岭河	全河段	30.6	塔什库尔干县	源头水	无	自然保护	自然保护区	I	无		

序号	水系	水体名称	水域	长度/km	控制城镇	现状使用功能	现状水质	规划主导功能	功能区类型	水质目标	断面名称	断面级别	备注
748	塔里木内流区	皮提勒克河	全河段	282.5	若羌县	源头水	无	自然保护	自然保护区	I	无		
749	塔里木内流区	皮下尼牙提	全河段	21.6	塔什库尔干县	源头水	无	自然保护	自然保护区	I	无		
750	塔里木内流区	皮夏河	乌恰克热至玉龙喀什河	44.6	和田县	分散饮用	无	饮用水水源	饮用水水源保护区	II	无		
751	塔里木内流区	皮夏河	源头至乌恰克热	18.3	和田县	源头水	无	自然保护	自然保护区	I	无		
752	塔里木内流区	普米干渠	全河段	30.4	库尔勒市	分散饮用、农业用水	无	饮用水水源	饮用水水源保护区	III	无		
753	塔里木内流区	普守达里亚	全河段	39.0	和田县	源头水	无	自然保护	自然保护区	I	无		
754	塔里木内流区	普斯干达里亚	全河段	15.2	皮山县	分散饮用	无	饮用水水源	饮用水水源保护区	II	无		
755	塔里木内流区	七区排碱渠	全河段	11.9	库车市	分散饮用、农业用水	无	饮用水水源	饮用水水源保护区	III	无		
756	塔里木内流区	七一大渠	全河段	45.4	叶城县	分散饮用、农业用水	无	饮用水水源	饮用水水源保护区	III	无		
757	塔里木内流区	齐齐尔哈纳克	全河段	18.3	阿合奇县	源头水	无	自然保护	自然保护区	I	无		
758	塔里木内流区	其迪托格若克吾斯塘	全河段	52.7	麦盖提县	分散饮用、农业用水	无	饮用水水源	饮用水水源保护区	III	无		
759	塔里木内流区	其木干代尔亚	全河段	21.7	阿克陶县	源头水	无	自然保护	自然保护区	I	无		
760	塔里木内流区	其其干萨依河	全河段	64.8	民丰县	分散饮用	无	饮用水水源	饮用水水源保护区	II	无		

序号	水系	水体名称	水域	长度/km	控制城镇	现状使用功能	现状水质	规划主导功能	功能区类型	水质目标	断面名称	断面级别	备注
761	塔里木内流区	其其力克吉勒尕河	全河段	29.3	塔什库尔干县	源头水	无	自然保护	自然保护区	I	无		
762	塔里木内流区	奇阿拉克	全河段	17.0	皮山县	源头水	无	自然保护	自然保护区	I	无		
763	塔里木内流区	奇干吐盖	全河段	12.8	拜城县	源头水	无	自然保护	自然保护区	I	无		
764	塔里木内流区	奇普恰普河	全河段	35.6	和田县	源头水	无	自然保护	自然保护区	I	无		
765	塔里木内流区	棋盘河	源头至出山口	36.7	叶城县	源头水	无	自然保护	自然保护区	I	无		
766	塔里木内流区	棋盘河	出山口至提孜那甫河汇合口	51.1	叶城县、莎车县	分散饮用、农业用水	无	饮用水水源	饮用水水源保护区	II	无		
767	塔里木内流区	恰地吉勒尕	全河段	37.4	叶城县	源头水	无	自然保护	自然保护区	I	无		
768	塔里木内流区	恰尔隆萨依河	全河段	68.6	阿克陶县	源头水	无	自然保护	自然保护区	I	无		
769	塔里木内流区	恰格日吾斯塘	全河段	30.9	阿克陶县	分散饮用、农业用水	无	饮用水水源	饮用水水源保护区	III	无		
770	塔里木内流区	恰哈河	源头至库其坎里克	39.6	策勒县	源头水	无	自然保护	自然保护区	I	无		
771	塔里木内流区	恰哈河	库其坎里克至终点	63.1	策勒县	分散饮用、农业用水	无	饮用水水源	饮用水水源保护区	II	无		
772	塔里木内流区	恰克马克河	巴音库鲁提至出山口	26.7	乌恰县	分散饮用、农业用水	III	饮用水水源	饮用水水源保护区	II	无		
773	塔里木内流区	恰克马克河	源头至巴音库鲁提	89.2	乌恰县	源头水	无	自然保护	自然保护区	I	无		

序号	水系	水体名称	水域	长度/km	控制城镇	现状使用功能	现状水质	规划主导功能	功能区类型	水质目标	断面名称	断面级别	备注
774	塔里木内流区	恰克马克河	出山口至小阿图什	18.6	乌恰县	分散饮用、农业用水	II	饮用水水源	饮用水水源保护区	II	大闸口	省控	
775	塔里木内流区	千顿萨依	全河段	11.5	且末县	源头水	无	自然保护	自然保护区	I	无		
776	塔里木内流区	千枝沟	全河段	23.1	且末县	源头水	无	自然保护	自然保护区	I	无		
777	塔里木内流区	前进水库放水渠	全河段	41.2	巴楚县	分散饮用、农业用水	无	饮用水水源	饮用水水源保护区	III	无		
778	塔里木内流区	乔鲁特乌兰乌苏	全河段	14.6	和静县	源头水	无	自然保护	自然保护区	I	无		
779	塔里木内流区	切热克其沟	全河段	15.8	阿克陶县	源头水	无	自然保护	自然保护区	I	无		
780	塔里木内流区	切特明铁盖	全河段	9.7	乌恰县	源头水	无	自然保护	自然保护区	I	无		
781	塔里木内流区	青年总干渠	全河段	29.9	伽师县	分散饮用、农业用水	无	饮用水水源	饮用水水源保护区	III	无		
782	塔里木内流区	清水河	源头至乌特艾肯汇合口	32.3	和静县、和硕县	源头水	无	自然保护	自然保护区	I	无		
783	塔里木内流区	清水河	出山口至博斯腾湖	37.2	和硕县	分散饮用、农业用水	无	饮用水水源	饮用水水源保护区	III	无		
784	塔里木内流区	清水河	乌特艾肯汇合口至出山口	13.5	和静县、和硕县	分散饮用	无	饮用水水源	饮用水水源保护区	II	无		
785	塔里木内流区	穷阿勒沙勒沟	全河段	14.4	塔什库尔干县	源头水	无	自然保护	自然保护区	I	无		
786	塔里木内流区	穷八杀拉克	全河段	22.9	皮山县	源头水	无	自然保护	自然保护区	I	无		

序号	水系	水体名称	水域	长度/km	控制城镇	现状使用功能	现状水质	规划主导功能	功能区类型	水质目标	断面名称	断面级别	备注
787	塔里木内流区	穷果勒河	全河段	32.4	拜城县	源头水	无	自然保护	自然保护区	I	无		
788	塔里木内流区	穷葡萄热克吉里阿	全河段	11.9	塔什库尔干县	源头水	无	自然保护	自然保护区	I	无		
789	塔里木内流区	穹阿孜尕拉沟	全河段	8.8	塔什库尔干县	源头水	无	自然保护	自然保护区	I	无		
790	塔里木内流区	穹库孜巴依能代尔亚斯	全河段	18.6	温宿县	源头水	无	自然保护	自然保护区	I	无		
791	塔里木内流区	琼果勒河	下游26.9 km处至黑孜河	30.6	拜城县	分散饮用、农业用水	无	饮用水水源	饮用水水源保护区	II	无		
792	塔里木内流区	琼果勒河	源头至下游26.9 km处	26.9	拜城县	源头水	无	自然保护	自然保护区	I	无		
793	塔里木内流区	琼喀讷什沟	全河段	16.5	阿克陶县	源头水	无	自然保护	自然保护区	I	无		
794	塔里木内流区	琼库尔恰克	全河段	13.3	阿合奇县	源头水	无	自然保护	自然保护区	I	无		
795	塔里木内流区	琼其干科勒	全河段	21.8	且末县	分散饮用	无	饮用水水源	饮用水水源保护区	II	无		
796	塔里木内流区	琼萨达特沟	全河段	16.6	乌恰县、阿克陶县	源头水	无	自然保护	自然保护区	I	无		
797	塔里木内流区	琼色日克苏河	全河段	20.8	拜城县	源头水	无	自然保护	自然保护区	I	无		
798	塔里木内流区	琼苏	全河段	14.4	阿图什市	源头水	无	自然保护	自然保护区	I	无		
799	塔里木内流区	琼台兰苏河	全河段	28.4	温宿县	源头水	无	自然保护	自然保护区	I	无		

序号	水系	水体名称	水域	长度/km	控制城镇	现状使用功能	现状水质	规划主导功能	功能区类型	水质目标	断面名称	断面级别	备注
800	塔里木内流区	琼托库依瑞克河	全河段	21.0	乌恰县	源头水	无	自然保护	自然保护区	I	无		
801	塔里木内流区	琼乌散库什河	克孜勒布拉克至托什干河	22.5	阿合奇县	分散饮用、农业用水	无	饮用水水源	饮用水水源保护区	II	无		
802	塔里木内流区	琼乌散库什河	源头至克孜勒布拉克	60.1	阿合奇县	源头水	无	自然保护	自然保护区	I	无		
803	塔里木内流区	秋库吐力	全河段	26.5	策勒县	分散饮用	无	饮用水水源	饮用水水源保护区	II	无		
804	塔里木内流区	屈满沟	全河段	21.8	塔什库尔干县	源头水	无	自然保护	自然保护区	I	无		
805	塔里木内流区	曲谷达克达里亚	全河段	22.4	皮山县	源头水	无	自然保护	自然保护区	I	无		
806	塔里木内流区	曲库萨依	全河段	25.9	且末县	分散饮用	无	饮用水水源	饮用水水源保护区	II	无		
807	塔里木内流区	曲曲沟	全河段	24.9	若羌县	源头水	无	自然保护	自然保护区	I	无		
808	塔里木内流区	曲日能代牙	全河段	19.3	和田县	源头水	无	自然保护	自然保护区	I	无		
809	塔里木内流区	泉水沟	全河段	72.7	和田县、策勒县	源头水	无	自然保护	自然保护区	I	无		
810	塔里木内流区	泉水河	全河段	12.3	若羌县	源头水	无	自然保护	自然保护区	I	无		
811	塔里木内流区	群波河	全河段	10.2	且末县	源头水	无	自然保护	自然保护区	I	无		
812	塔里木内流区	热斯卡木河	全河段	37.2	塔什库尔干县	源头水	无	自然保护	自然保护区	I	无		

序号	水系	水体名称	水域	长度/km	控制城镇	现状使用功能	现状水质	规划主导功能	功能区类型	水质目标	断面名称	断面级别	备注
813	塔里木内流区	日吉普	全河段	50.0	若羌县	源头水	无	自然保护	自然保护区	I	无		
814	塔里木内流区	若达勒孜河	全河段	27.2	塔什库尔干县	源头水	无	自然保护	自然保护区	I	无		
815	塔里木内流区	若羌河	源头至龙口	111.9	若羌县	分散饮用	无	饮用水水源	饮用水水源保护区	II	无		
816	塔里木内流区	若羌河	龙口至终点	52.3	若羌县	饮用、农业用水	无	饮用水水源	饮用水水源保护区	III	若羌水电站	建议	集中式地下饮用水水源地
817	塔里木内流区	仨尔龙代牙	源头至萨尔龙	16.4	策勒县	源头水	无	自然保护	自然保护区	I	无		
818	塔里木内流区	仨尔龙代牙	萨尔龙至终点	12.9	策勒县	分散饮用	无	饮用水水源	饮用水水源保护区	II	无		
819	塔里木内流区	萨恨图海河	全河段	33.4	和静县	源头水	无	自然保护	自然保护区	I	无		
820	塔里木内流区	萨喀勒	全河段	24.4	乌恰县	源头水	无	自然保护	自然保护区	I	无		
821	塔里木内流区	萨利吉勒干西河	全河段	81.6	和田县	源头水	无	自然保护	自然保护区	I	无		
822	塔里木内流区	萨木崇河	全河段	29.0	和田县	源头水	无	自然保护	自然保护区	I	无		
823	塔里木内流区	萨瓦亚尔地河	全河段	36.3	乌恰县	源头水	无	自然保护	自然保护区	I	无		
824	塔里木内流区	萨依艾肯	全河段	59.0	库车市	饮用、工农业用水	无	饮用水水源	饮用水水源保护区	III	无		

序号	水系	水体名称	水域	长度/km	控制城镇	现状使用功能	现状水质	规划主导功能	功能区类型	水质目标	断面名称	断面级别	备注
825	塔里木内流区	萨依巴克河	源头至亚其	19.4	策勒县	源头水	无	自然保护	自然保护区	I	无		
826	塔里木内流区	萨依巴克河	亚其至终点	14.9	策勒县	分散饮用	无	饮用水水源	饮用水水源保护区	II	无		
827	塔里木内流区	萨依汗苏阿姆别里	全河段	7.6	英吉沙县	分散饮用、农业用水	无	饮用水水源	饮用水水源保护区	III	无		
828	塔里木内流区	萨依勒克	全河段	10.3	轮台县	分散饮用、农业用水	无	饮用水水源	饮用水水源保护区	III	无		
829	塔里木内流区	塞日克布垄代牙	全河段	33.3	策勒县	源头水	无	自然保护	自然保护区	I	无		
830	塔里木内流区	赛布里马	全河段	17.2	若羌县	源头水	无	自然保护	自然保护区	I	无		
831	塔里木内流区	赛尔买	全河段	33.8	和静县	源头水	无	自然保护	自然保护区	I	无		
832	塔里木内流区	赛热开勒迪郭勒	全河段	42.3	和静县	源头水	无	自然保护	自然保护区	I	无		
833	塔里木内流区	赛仁乌散萨拉	全河段	22.6	和静县	源头水	无	自然保护	自然保护区	I	无		
834	塔里木内流区	赛日木河	全河段	63.0	和静县	源头水	无	自然保护	自然保护区	I	无		
835	塔里木内流区	赛苏沃达.萨依	全河段	15.6	若羌县	源头水	无	自然保护	自然保护区	I	无		
836	塔里木内流区	桑塔木吾斯塘	全河段	24.8	新和县	分散饮用、农业用水	无	饮用水水源	饮用水水源保护区	III	无		

序号	水系	水体名称	水域	长度/km	控制城镇	现状使用功能	现状水质	规划主导功能	功能区类型	水质目标	断面名称	断面级别	备注
837	塔里木内流区	桑吾斯塘	全河段	25.1	叶城县	饮用、农业用水	无	饮用水水源	饮用水水源保护区	III	托格腊克霍伊拉	建议	集中式地下饮用水水源地
838	塔里木内流区	桑株河	源头至出山口	49.8	皮山县	源头水	无	自然保护	自然保护区	I	无		
839	塔里木内流区	桑株河	出山口至木吉干渠渠首	50.2	皮山县	分散饮用、农业用水	无	饮用水水源	饮用水水源保护区	II	无		
840	塔里木内流区	色利跟得	全河段	21.7	阿克陶县	源头水	无	自然保护	自然保护区	I	无		
841	塔里木内流区	色日克阿塔吾斯塘	全河段	19.7	叶城县、泽普县	分散饮用、农业用水	无	饮用水水源	饮用水水源保护区	III	无		
842	塔里木内流区	色斯克亚河	全河段	97.0	若羌县	源头水	无	自然保护	自然保护区	I	无		
843	塔里木内流区	僧阿尔加尔	全河段	16.0	阿合奇县	源头水	无	自然保护	自然保护区	I	无		
844	塔里木内流区	沙格达利亚	全河段	39.9	洛浦县	分散饮用、农业用水	无	饮用水水源	饮用水水源保护区	II	无		
845	塔里木内流区	沙克斯干河	全河段	67.9	叶城县	源头水	无	自然保护	自然保护区	I	无		
846	塔里木内流区	沙拉塔拉	全河段	12.1	阿克陶县	源头水	无	自然保护	自然保护区	I	无		
847	塔里木内流区	沙隆格帕河	全河段	23.0	叶城县	源头水	无	自然保护	自然保护区	I	无		
848	塔里木内流区	沙特巴克兰沙河	全河段	19.6	皮山县	源头水	无	自然保护	自然保护区	I	无		

序号	水系	水体名称	水域	长度/km	控制城镇	现状使用功能	现状水质	规划主导功能	功能区类型	水质目标	断面名称	断面级别	备注
849	塔里木内流区	莎车县阿瓦提干渠	全河段	23.2	莎车县	分散饮用、农业用水	无	饮用水水源	饮用水水源保护区	III	无		
850	塔里木内流区	莎车县克洛瓦提干渠	全河段	75.2	莎车县	分散饮用、农业用水	无	饮用水水源	饮用水水源保护区	III	无		
851	塔里木内流区	莎车县沙依干渠	全河段	23.0	莎车县	分散饮用、农业用水	无	饮用水水源	饮用水水源保护区	III	无		
852	塔里木内流区	莎车县吾坦其力克干渠	全河段	19.9	莎车县	分散饮用、农业用水	无	饮用水水源	饮用水水源保护区	III	无		
853	塔里木内流区	莎车县匆甫干渠	全河段	58.9	莎车县	分散饮用、农业用水	无	饮用水水源	饮用水水源保护区	III	无		
854	塔里木内流区	莎车县孜尔恰克干渠	全河段	73.0	莎车县	分散饮用、农业用水	无	饮用水水源	饮用水水源保护区	III	无		
855	塔里木内流区	山节萨依	全河段	42.2	于田县	分散饮用	无	饮用水水源	饮用水水源保护区	II	无		
856	塔里木内流区	渗水沟	全河段	11.5	且末县	源头水	无	自然保护	自然保护区	I	无		
857	塔里木内流区	胜利大渠	全河段	20.8	皮山县	饮用、农业用水	II	饮用水水源	饮用水水源保护区	II	胜利干渠	国控	集中式地下饮用水水源地
858	塔里木内流区	胜利二渠	全河段	17.2	乌什县	分散饮用、农业用水	无	饮用水水源	饮用水水源保护区	III	无		
859	塔里木内流区	胜利河	全河段	65.0	和田县	源头水	无	自然保护	自然保护区	I	无		
860	塔里木内流区	胜利渠	全河段	105.4	阿克苏市	饮用、农业用水	无	饮用水水源	饮用水水源保护区	III	墩买里	建议	集中式地下饮用水水源地

序号	水系	水体名称	水域	长度/km	控制城镇	现状使用功能	现状水质	规划主导功能	功能区类型	水质目标	断面名称	断面级别	备注
861	塔里木内流区	胜利水库放水渠	全河段	67.2	阿拉尔市	分散饮用、农业用水	无	饮用水水源	饮用水水源保护区	III	无		
862	塔里木内流区	胜利五渠	全河段	28.5	阿克苏市	分散饮用、农业用水	无	饮用水水源	饮用水水源保护区	III	无		
863	塔里木内流区	适应河	全河段	17.5	和田县	源头水	无	自然保护	自然保护区	I	无		
864	塔里木内流区	守格提	全河段	28.6	和静县	源头水	无	自然保护	自然保护区	I	无		
865	塔里木内流区	斯格当丁勒别恰尔阿	全河段	12.5	乌恰县	源头水	无	自然保护	自然保护区	I	无		
866	塔里木内流区	斯勒卡孜塔阔	全河段	13.8	且末县	分散饮用	无	饮用水水源	饮用水水源保护区	II	无		
867	塔里木内流区	四区大渠	全河段	10.8	库车市	分散饮用、农业用水	无	饮用水水源	饮用水水源保护区	III	无		
868	塔里木内流区	苏阿木巴吾斯塘	全河段	18.3	疏勒县	分散饮用、农业用水	无	饮用水水源	饮用水水源保护区	III	无		
869	塔里木内流区	苏盖里克	全河段	68.3	若羌县	分散饮用	无	饮用水水源	饮用水水源保护区	II	无		
870	塔里木内流区	苏盖特	全河段	27.7	阿克陶县	源头水	无	自然保护	自然保护区	I	无		
871	塔里木内流区	苏盖提坎	全河段	27.7	且末县	源头水	无	自然保护	自然保护区	I	无		
872	塔里木内流区	苏克代牙	源头至吾胡来约勒	12.7	于田县	源头水	无	自然保护	自然保护区	I	无		
873	塔里木内流区	苏克代牙	吾胡来约勒至吐拉格买提	31.1	于田县	分散饮用	无	饮用水水源	饮用水水源保护区	II	无		

序号	水系	水体名称	水域	长度/km	控制城镇	现状使用功能	现状水质	规划主导功能	功能区类型	水质目标	断面名称	断面级别	备注
874	塔里木内流区	苏克代牙	吐拉格买提至克里雅河	33.2	于田县	分散饮用、农业用水	无	饮用水水源	饮用水水源保护区	Ⅲ	无		
875	塔里木内流区	苏库奴尔沟	下游 13.5 km 处至出山口	12.7	轮台县	分散饮用	无	饮用水水源	饮用水水源保护区	Ⅱ	无		
876	塔里木内流区	苏库奴尔沟	源头至下游 13.5 km 处	13.5	轮台县	源头水	无	自然保护	自然保护区	Ⅰ	无		
877	塔里木内流区	苏库奴尔沟	出山口至终点	12.3	轮台县	分散饮用、农业用水	无	饮用水水源	饮用水水源保护区	Ⅲ	无		
878	塔里木内流区	苏库恰克水库引水渠	全河段	44.4	莎车县	分散饮用、农业用水	无	饮用水水源	饮用水水源保护区	Ⅲ	无		
879	塔里木内流区	苏勒格帕河	全河段	99.5	叶城县	源头水	无	自然保护	自然保护区	Ⅰ	无		
880	塔里木内流区	苏勒库瓦提河左二支	全河段	16.8	塔什库尔干县	源头水	无	自然保护	自然保护区	Ⅰ	无		
881	塔里木内流区	苏勒库瓦提河左一支	全河段	16.7	叶城县	源头水	无	自然保护	自然保护区	Ⅰ	无		
882	塔里木内流区	苏力杰	全河段	37.0	和静县	源头水	无	自然保护	自然保护区	Ⅰ	无		
883	塔里木内流区	苏鲁果如木都沟	全河段	35.6	阿克陶县	源头水	无	自然保护	自然保护区	Ⅰ	无		
884	塔里木内流区	苏鲁克萨依沟	全河段	18.0	若羌县	分散饮用	无	饮用水水源	饮用水水源保护区	Ⅱ	无		
885	塔里木内流区	苏木勒克	全河段	15.7	皮山县	源头水	无	自然保护	自然保护区	Ⅰ	无		
886	塔里木内流区	苏约克河	全河段	74.3	乌恰县	源头水	无	自然保护	自然保护区	Ⅰ	无		

序号	水系	水体名称	水域	长度/km	控制城镇	现状使用功能	现状水质	规划主导功能	功能区类型	水质目标	断面名称	断面级别	备注
887	塔里木内流区	孙多勒果	全河段	18.2	乌恰县	源头水	无	自然保护	自然保护区	I	无		
888	塔里木内流区	索勒嘎廷郭勒	全河段	18.9	和静县	源头水	无	自然保护	自然保护区	I	无		
889	塔里木内流区	塔尔嘎拉克	全河段	15.6	乌恰县	源头水	无	自然保护	自然保护区	I	无		
890	塔里木内流区	塔尔干里代牙	全河段	32.7	且末县	源头水	无	自然保护	自然保护区	I	无		
891	塔里木内流区	塔尔特库里河	全河段	20.3	乌恰县	源头水	无	自然保护	自然保护区	I	无		
892	塔里木内流区	塔格敦巴什河	全河段	21.6	塔什库尔干县	源头水	无	自然保护	自然保护区	I	无		
893	塔里木内流区	塔格勒给特	全河段	10.7	和静县	源头水	无	自然保护	自然保护区	I	无		
894	塔里木内流区	塔合曼河	全河段	80.3	塔什库尔干县	源头水	无	自然保护	自然保护区	I	无		
895	塔里木内流区	塔机拉	全河段	22.2	皮山县	源头水	无	自然保护	自然保护区	I	无		
896	塔里木内流区	塔克敦巴什河	全河段	30.3	塔什库尔干县	源头水	无	自然保护	自然保护区	I	无		
897	塔里木内流区	塔克勒格特恩母奶布河	全河段	21.5	和静县	源头水	无	自然保护	自然保护区	I	无		
898	塔里木内流区	塔克塔库如木苏啊嗯	全河段	28.4	乌恰县	源头水	无	自然保护	自然保护区	I	无		
899	塔里木内流区	塔拉克勒格萨依	全河段	34.2	民丰县	分散饮用	无	饮用水水源	饮用水水源保护区	II	无		

序号	水系	水体名称	水域	长度/km	控制城镇	现状使用功能	现状水质	规划主导功能	功能区类型	水质目标	断面名称	断面级别	备注
900	塔里木内流区	塔勒的库勒吉里阿	全河段	14.1	塔什库尔干县	源头水	无	自然保护	自然保护区	I	无		
901	塔里木内流区	塔里木河	若羌县界至罗布庄	214.83	若羌县	农业用水	IV	景观娱乐	景观娱乐用水区	IV	无	无	
902	塔里木内流区	塔里木河	喀尔曲尕至轮台	163.4	沙雅、库车、尉犁、轮台县	农业用水	II	景观娱乐	景观娱乐用水区	II	喀尔曲尕；轮台	省控；国控	现状农业用水，不降低现状水质，高标准要求
903	塔里木内流区	塔里木河	沙雅至十四团	151.7	沙雅、库车、尉犁、轮台县	农业用水	III	景观娱乐	景观娱乐用水区	III	沙雅；十四团	省控；国控	现状农业用水，不降低现状水质，高标准要求
904	塔里木内流区	塔里木河	阿拉尔至阿克苏河、和田河交汇处	42.4	沙雅、库车、尉犁、轮台县	农业用水	II	景观娱乐	景观娱乐用水区	III	无		现状农业用水，不降低现状水质，高标准要求
905	塔里木内流区	塔里木河	十四团至阿拉尔	75.1	沙雅、库车、尉犁、轮台县	农业用水	II	景观娱乐	景观娱乐用水区	III	十四团	兵团	现状农业用水，不降低现状水质，高标准要求
906	塔里木内流区	塔里木河	渭干涸交汇处至沙雅	69.75	沙雅、库车、尉犁、轮台县	农业用水	III	景观娱乐	景观娱乐用水区	III	沙雅	省控	现状农业用水，不降低现状水质，高标准要求

序号	水系	水体名称	水域	长度/km	控制城镇	现状使用功能	现状水质	规划主导功能	功能区类型	水质目标	断面名称	断面级别	备注
907	塔里木内流区	塔里木河	轮台至渭干涸交汇处	156.15	沙雅、库车、尉犁、轮台县	农业用水	II	景观娱乐	景观娱乐用水区	II	轮台	国控	现状农业用水，不降低现状水质，高标准要求
908	塔里木内流区	塔里木河	尉犁至喀尔曲尕	158.3	沙雅、库车、尉犁、轮台县	农业用水	II	景观娱乐	景观娱乐用水区	II	尉犁；喀尔曲尕	国控；省控	现状农业用水，不降低现状水质，高标准要求
909	塔里木内流区	塔里木河	罗布庄至恰拉水库	207.3	沙雅、库车、尉犁、轮台县	农业用水	II	景观娱乐	景观娱乐用水区	II	尉犁、塔里木河入台特玛湖	国控	现状农业用水，不降低现状水质，高标准要求
910	塔里木内流区	塔里木南干渠	全河段	14.7	尉犁县	分散饮用、农业用水	无	饮用水水源	饮用水水源保护区	III	无		
911	塔里木内流区	塔木巴克吾斯塘	全河段	31.8	叶城县	分散饮用、农业用水	无	饮用水水源	饮用水水源保护区	III	无		
912	塔里木内流区	塔什艾肯	全河段	7.0	轮台县	源头水	无	自然保护	自然保护区	I	无		
913	塔里木内流区	塔什艾勒克	全河段	14.9	阿图什市	分散饮用	无	饮用水水源	饮用水水源保护区	II	无		
914	塔里木内流区	塔什达拉	全河段	33.1	皮山县	源头水	无	自然保护	自然保护区	I	无		
915	塔里木内流区	塔什库尔干河	全河段	197.2	塔什库尔干县、阿克陶县	源头水	II	自然保护	自然保护区	II	塔河汇合口	省控	

序号	水系	水体名称	水域	长度/km	控制城镇	现状使用功能	现状水质	规划主导功能	功能区类型	水质目标	断面名称	断面级别	备注
916	塔里木内流区	塔什库勒苏巴什	全河段	17.7	且末县	源头水	无	自然保护	自然保护区	I	无		
917	塔里木内流区	塔什力克渠	全河段	33.1	新和县	饮用、农业用水	无	饮用水水源	饮用水水源保护区	III	托特塔什	建议	集中式地下饮用水水源地
918	塔里木内流区	塔什萨依河	全河段	104.4	且末县	分散饮用	无	饮用水水源	饮用水水源保护区	II	无		
919	塔里木内流区	塔什玉依达里亚	全河段	23.2	乌恰县	源头水	无	自然保护	自然保护区	I	无		
920	塔里木内流区	塔特勒克布拉克河	全河段	118.0	若羌县	分散饮用	无	饮用水水源	饮用水水源保护区	II	无		
921	塔里木内流区	塔特勒克苏河	全河段	38.2	且末县	分散饮用	无	饮用水水源	饮用水水源保护区	II	无		
922	塔里木内流区	塔吐鲁沟	全河段	38.8	塔什库尔干县	源头水	无	自然保护	自然保护区	I	无		
923	塔里木内流区	塔西里克萨依	全河段	21.5	且末县	源头水	无	自然保护	自然保护区	I	无		
924	塔里木内流区	塔夏渠	全河段	23.1	库车市	饮用、农业用水	无	饮用水水源	饮用水水源保护区	III	希待勒	建议	集中式地下饮用水水源地
925	塔里木内流区	塔亚克厄肯	全河段	33.5	库车市、轮台县	源头水	无	自然保护	自然保护区	I	无		
926	塔里木内流区	台兰河	老龙口至终点	20.9	温宿县	饮用、农业用水	II	饮用水水源	饮用水水源保护区	II	台兰河闸门	省控	集中式地下饮用水水源地

序号	水系	水体名称	水域	长度/km	控制城镇	现状使用功能	现状水质	规划主导功能	功能区类型	水质目标	断面名称	断面级别	备注
927	塔里木内流区	台兰河	源头至老龙口	21.8	温宿县	分散饮用、农业用水	II	饮用水水源	饮用水水源保护区	II	无		
928	塔里木内流区	台勒维丘克河	源头至下游25.4 km处	25.4	拜城县	源头水	无	自然保护	自然保护区	I	无		
929	塔里木内流区	台勒维丘克河	下游25.4 km处至木扎尔特河	78.5	拜城县	饮用、农业用水	无	饮用水水源	饮用水水源保护区	II	吐孜贝希	建议	集中式地下饮用水水源地
930	塔里木内流区	提克苏萨依	全河段	18.8	且末县	分散饮用	无	饮用水水源	饮用水水源保护区	II	无		
931	塔里木内流区	提热艾力	全河段	36.5	叶城县	源头水	无	自然保护	自然保护区	I	无		
932	塔里木内流区	提维孜吾斯塘	全河段	34.5	英吉沙县	分散饮用、农业用水	无	饮用水水源	饮用水水源保护区	III	无		
933	塔里木内流区	提约奴哈	全河段	20.4	策勒县	源头水	无	自然保护	自然保护区	I	无		
934	塔里木内流区	提孜那甫河	源头至古萨斯汇合口	33.0	叶城县	源头水		自然保护	自然保护区	I	无		
935	塔里木内流区	提孜那甫河	喀赞其至终点	168.0	叶城县、泽普县、莎车县、麦盖提县	分散饮用、工农业用水	I	饮用水水源	饮用水水源保护区	II	无		
936	塔里木内流区	提孜那甫河	古萨斯汇合口至喀赞其	70.6	叶城县	分散饮用	II	饮用水水源	饮用水水源保护区	II	玉孜门勒克；萨依巴格	省控；国控	
937	塔里木内流区	天浒河	全河段	47.1	且末县	源头水	无	自然保护	自然保护区	I	无		

序号	水系	水体名称	水域	长度/km	控制城镇	现状使用功能	现状水质	规划主导功能	功能区类型	水质目标	断面名称	断面级别	备注
938	塔里木内流区	天南河	全河段	27.1	和田县	源头水	无	自然保护	自然保护区	I	无		
939	塔里木内流区	铁板河	全河段	34.5	若羌县	农业用水	无	景观娱乐	景观娱乐用水区	IV	无		现状农业用水，不降低现状水质，高标准要求
940	塔里木内流区	铁格尔曼苏啊嗯	全河段	14.5	乌恰县	源头水	无	自然保护	自然保护区	I	无		
941	塔里木内流区	铁格尔曼苏河	全河段	12.0	乌恰县	源头水	无	自然保护	自然保护区	I	无		
942	塔里木内流区	铁克沙衣代牙	全河段	18.6	于田县	源头水	无	自然保护	自然保护区	I	无		
943	塔里木内流区	铁克塔什	全河段	17.5	乌恰县	源头水	无	自然保护	自然保护区	I	无		
944	塔里木内流区	铁列克达里亚	源头至下游20.7 km处	20.7	拜城县	源头水	无	自然保护	自然保护区	I	无		
945	塔里木内流区	铁列克达里亚	下游20.7 km处至卡木斯浪河	17.4	拜城县	分散饮用	无	饮用水水源	饮用水水源保护区	II	无		
946	塔里木内流区	铁列克河	全河段	21.7	阿合奇县	分散饮用	无	饮用水水源	饮用水水源保护区	II	无		
947	塔里木内流区	铁热木河	全河段	29.8	岳普湖县	分散饮用、工农业用水	无	饮用水水源	饮用水水源保护区	III	无		
948	塔里木内流区	图噜噶尔特河	全河段	20.7	乌恰县	源头水	无	自然保护	自然保护区	I	无		
949	塔里木内流区	土田克伯日科孜	全河段	13.8	阿克陶县	源头水	无	自然保护	自然保护区	I	无		

序号	水系	水体名称	水域	长度/km	控制城镇	现状使用功能	现状水质	规划主导功能	功能区类型	水质目标	断面名称	断面级别	备注
950	塔里木内流区	土外堤牙依拉克	全河段	19.9	皮山县	源头水	无	自然保护	自然保护区	I	无		
951	塔里木内流区	土孜鲁克	全河段	15.4	轮台县	分散饮用	无	饮用水水源	饮用水水源保护区	II	无		
952	塔里木内流区	吐迪买特	全河段	16.1	若羌县	源头水	无	自然保护	自然保护区	I	无		
953	塔里木内流区	吐尔得库勒沟	全河段	24.6	塔什库尔干县	源头水	无	自然保护	自然保护区	I	无		
954	塔里木内流区	吐尔力克河	下游16.8 km处至出山口	25.6	轮台县	分散饮用、农业用水	无	饮用水水源	饮用水水源保护区	II	无		
955	塔里木内流区	吐尔力克河	源头至下游16.8 km处	16.8	轮台县	源头水	无	自然保护	自然保护区	I	无		
956	塔里木内流区	吐格曼塔什萨依河	全河段	80.9	若羌县	分散饮用	无	饮用水水源	饮用水水源保护区	II	无		
957	塔里木内流区	吐兰胡加河	全河段	85.7	民丰县	分散饮用	无	饮用水水源	饮用水水源保护区	II	无		
958	塔里木内流区	吐曼河	全河段	53.2	伽师县	工农业用水	II	工业用水	工业用水区	II	吐曼河上、中、下游	省控	
959	塔里木内流区	吐米亚河	全河段	89.4	于田县	分散饮用	无	饮用水水源	饮用水水源保护区	II	无		
960	塔里木内流区	吐努克苏	全河段	13.6	乌恰县	源头水	无	自然保护	自然保护区	I	无		
961	塔里木内流区	吐日苏河	全河段	63.5	皮山县	源头水	无	自然保护	自然保护区	I	无		

序号	水系	水体名称	水域	长度/km	控制城镇	现状使用功能	现状水质	规划主导功能	功能区类型	水质目标	断面名称	断面级别	备注
962	塔里木内流区	吐吾勒郭勒	全河段	14.7	和静县	源头水	无	自然保护	自然保护区	I	无		
963	塔里木内流区	吐孜布拉克河	全河段	74.0	若羌县	分散饮用	无	饮用水水源	饮用水水源保护区	II	无		
964	塔里木内流区	吐孜良达里亚	全河段	12.7	皮山县	源头水	无	自然保护	自然保护区	I	无		
965	塔里木内流区	湍流河	全河段	25.8	且末县	源头水	无	自然保护	自然保护区	I	无		
966	塔里木内流区	团结渠	全河段	20.1	阿克苏市	分散饮用、农业用水	无	饮用水水源	饮用水水源保护区	III	无		
967	塔里木内流区	托格拉克吾斯塘	全河段	17.2	阿图什市	分散饮用、农业用水		饮用水水源	饮用水水源保护区	III	无		
968	塔里木内流区	托格热萨依	全河段	30.3	若羌县	源头水	无	自然保护	自然保护区	I	无		
969	塔里木内流区	托给勒厄斯当	全河段	33.8	拜城县	分散饮用、农业用水	无	饮用水水源	饮用水水源保护区	II	无		
970	塔里木内流区	托古求儿河	全河段	47.3	乌恰县	源头水	无	自然保护	自然保护区	I	无		
971	塔里木内流区	托呼秋苏	全河段	63.3	乌恰县	源头水	无	自然保护	自然保护区	I	无		
972	塔里木内流区	托克沙洼	全河段	10.3	乌恰县	源头水	无	自然保护	自然保护区	I	无		
973	塔里木内流区	托拉特郭勒	全河段	14.8	和静县	分散饮用	无	饮用水水源	饮用水水源保护区	II	无		
974	塔里木内流区	托满河	全河段	39.5	皮山县	源头水	无	自然保护	自然保护区	I	无		

序号	水系	水体名称	水域	长度/km	控制城镇	现状使用功能	现状水质	规划主导功能	功能区类型	水质目标	断面名称	断面级别	备注
975	塔里木内流区	托木尔苏河	全河段	37.2	温宿县	源头水	无	自然保护	自然保护区	I	无		
976	塔里木内流区	托其里萨依	全河段	32.5	且末县	分散饮用	无	饮用水水源	饮用水水源保护区	II	无		
977	塔里木内流区	托什干河	加尔玉托克至巴什阿克马水源地	159.9	阿合奇县、乌什县	饮用、工农业用水	II	饮用水水源	饮用水水源保护区	II	哈拉布拉克；沙里桂兰克	国控；省控	集中式地下、地表饮用水水源地
978	塔里木内流区	托什干河	入境至加尔玉托克	74.9	阿合奇县	源头水		自然保护	自然保护区	I	无		
979	塔里木内流区	托什干河	巴什阿克马水源地至终点	173.3	乌什县、阿克苏市	饮用、工农业用水	II	饮用水水源	饮用水水源保护区	II	阿热力、龙口	国控	集中式地下饮用水水源地
980	塔里木内流区	托斯都	全河段	13.0	和静县	源头水	无	自然保护	自然保护区	I	无		
981	塔里木内流区	托特块尔	源头至出山口	14.5	皮山县	源头水	无	自然保护	自然保护区	I	无		
982	塔里木内流区	托特块尔	出山口至亚尔依格勒村	27.6	皮山县	分散饮用、农业用水	无	饮用水水源	饮用水水源保护区	II	无		
983	塔里木内流区	托云萨依河	全河段	27.2	乌恰县	源头水	无	自然保护	自然保护区	I	无		
984	塔里木内流区	瓦恰河	全河段	64.9	塔什库尔干县	源头水	无	自然保护	自然保护区	I	无		
985	塔里木内流区	瓦石峡河	塔尔阿格孜至终点	49.9	若羌县	分散饮用、农业用水	无	饮用水水源	饮用水水源保护区	III	无		
986	塔里木内流区	瓦石峡河	源头至塔尔阿格孜	80.7	若羌县	分散饮用	无	饮用水水源	饮用水水源保护区	II	无		

序号	水系	水体名称	水域	长度/km	控制城镇	现状使用功能	现状水质	规划主导功能	功能区类型	水质目标	断面名称	断面级别	备注
987	塔里木内流区	微波河	全河段	40.9	且末县	源头水	无	自然保护	自然保护区	I	无		
988	塔里木内流区	渭干河	全河段	159.9	沙雅县、新和县、拜城县	饮用、工农业用水	II	饮用水水源	饮用水水源保护区	II	千佛洞站	国控	集中式地下饮用水水源地
989	塔里木内流区	窝依牙依拉克能萨依	全河段	42.9	且末县	分散饮用	无	饮用水水源	饮用水水源保护区	II	无		
990	塔里木内流区	沃克拉克其	全河段	65.8	轮台县	分散饮用、农业用水	无	饮用水水源	饮用水水源保护区	III	无		
991	塔里木内流区	沃依厄肯	全河段	11.8	轮台县	分散饮用、农业用水	无	饮用水水源	饮用水水源保护区	III	无		
992	塔里木内流区	乌尔多克冰河	全河段	25.4	塔什库尔干县	源头水	无	自然保护	自然保护区	I	无		
993	塔里木内流区	乌尔托明铁盖	全河段	18.5	乌恰县	源头水	无	自然保护	自然保护区	I	无		
994	塔里木内流区	乌辉萨拉	全河段	11.0	和静县	源头水	无	自然保护	自然保护区	I	无		
995	塔里木内流区	乌久鲁克吾斯塘	全河段	13.5	阿克陶县	分散饮用、农业用水	无	饮用水水源	饮用水水源保护区	III	无		
996	塔里木内流区	乌拉斯台河	全河段	19.2	和静县	分散饮用	无	饮用水水源	饮用水水源保护区	II	无		
997	塔里木内流区	乌拉斯台河	全河段	11.9	和静县	分散饮用	无	饮用水水源	饮用水水源保护区	II	无		
998	塔里木内流区	乌拉斯台河	全河段	33.1	和静县	饮用、农业用水	无	饮用水水源	饮用水水源保护区	III	乌拉斯台农场四连	建议	集中式地下饮用水水源地

序号	水系	水体名称	水域	长度/km	控制城镇	现状使用功能	现状水质	规划主导功能	功能区类型	水质目标	断面名称	断面级别	备注
999	塔里木内流区	乌拉英可尔	全河段	21.1	于田县	源头水	无	自然保护	自然保护区	I	无		
1000	塔里木内流区	乌兰莫仁郭勒	全河段	26.4	和静县	源头水	无	自然保护	自然保护区	I	无		
1001	塔里木内流区	乌兰乌苏	全河段	32.0	和静县	源头水	无	自然保护	自然保护区	I	无		
1002	塔里木内流区	乌鲁克河	依格尼希提至终点	67.8	叶城县	分散饮用、农业用水	无	饮用水水源	饮用水水源保护区	II	无		
1003	塔里木内流区	乌鲁克河	源头至依格尼希提	67.6	叶城县	源头水	无	自然保护	自然保护区	I	无		
1004	塔里木内流区	乌鲁克萨依河	源头至阿克其格	25.8	策勒县	源头水	无	自然保护	自然保护区	I	无		
1005	塔里木内流区	乌鲁克萨依河	阿克其格至终点	51.0	策勒县	分散饮用、农业用水	无	饮用水水源	饮用水水源保护区	II	无		
1006	塔里木内流区	乌鲁克苏河	全河段	173.7	且末县	源头水	无	自然保护	自然保护区	I	无		
1007	塔里木内流区	乌鲁克亚艾肯河	全河段	65.6	温宿县、阿克苏市	分散饮用、农业用水	无	饮用水水源	饮用水水源保护区	III	无		
1008	塔里木内流区	乌鲁克亚依拉克苏河	全河段	20.0	乌什县	源头水	无	自然保护	自然保护区	I	无		
1009	塔里木内流区	乌恰萨依	全河段	15.3	库车市	饮用、工农业用水	无	饮用水水源	饮用水水源保护区	III	托努格那阿斯	建议	集中式地下饮用水水源地
1010	塔里木内流区	乌如克河	源头至乔若	64.1	乌恰县	源头水	无	自然保护	自然保护区	I	无		

序号	水系	水体名称	水域	长度/km	控制城镇	现状使用功能	现状水质	规划主导功能	功能区类型	水质目标	断面名称	断面级别	备注
1011	塔里木内流区	乌如克河	乔若至终点	28.1	乌恰县	分散饮用、农业用水	无	饮用水水源	饮用水水源保护区	II	无		
1012	塔里木内流区	乌什克贝希	全河段	39.4	库车市	源头水	无	自然保护	自然保护区	I	无		
1013	塔里木内流区	乌什塔拉干渠	出山口至终点	15.5	和硕县	分散饮用、农业用水	无	饮用水水源	饮用水水源保护区	III	无		
1014	塔里木内流区	乌什塔拉干渠	乌什塔拉水库至出山口	7.9	和硕县	分散饮用	无	饮用水水源	饮用水水源保护区	II	无		
1015	塔里木内流区	乌什塔拉河	全河段	42.7	和静县	源头水	无	自然保护	自然保护区	I	无		
1016	塔里木内流区	乌什塔拉河	全河段	11.9	和静县	分散饮用	无	饮用水水源	饮用水水源保护区	II	无		
1017	塔里木内流区	乌苏图郭勒	全河段	22.9	和静县	源头水	无	自然保护	自然保护区	I	无		
1018	塔里木内流区	乌坦拉克代里亚	依什曼来至玉龙代里亚	17.4	策勒县	分散饮用	无	饮用水水源	饮用水水源保护区	II	无		
1019	塔里木内流区	乌坦拉克代里亚	源头至依什曼来	14.3	策勒县	源头水	无	自然保护	自然保护区	I	无		
1020	塔里木内流区	乌特艾肯	全河段	21.4	和静县	源头水	无	自然保护	自然保护区	I	无		
1021	塔里木内流区	乌特郭楞	全河段	11.0	和静县	源头水	无	自然保护	自然保护区	I	无		
1022	塔里木内流区	乌图萨依	全河段	9.5	且末县	源头水	无	自然保护	自然保护区	I	无		
1023	塔里木内流区	乌吐克代牙	全河段	24.8	策勒县	源头水	无	自然保护	自然保护区	I	无		

序号	水系	水体名称	水域	长度/km	控制城镇	现状使用功能	现状水质	规划主导功能	功能区类型	水质目标	断面名称	断面级别	备注
1024	塔里木内流区	乌溪沙河	全河段	34.9	且末县	源头水	无	自然保护	自然保护区	I	无		
1025	塔里木内流区	乌夏巴什干渠	全河段	13.2	叶城县	分散饮用、农业用水	无	饮用水水源	饮用水水源保护区	III	无		
1026	塔里木内流区	乌尊科勒	全河段	14.0	民丰县	源头水	无	自然保护	自然保护区	I	无		
1027	塔里木内流区	无音沟	全河段	24.8	且末县	源头水	无	自然保护	自然保护区	I	无		
1028	塔里木内流区	吾达其艾肯	全河段	15.5	且末县	分散饮用	无	饮用水水源	饮用水水源保护区	II	无		
1029	塔里木内流区	吾尔也克渠	全河段	36.7	库车市	饮用、工农业用水	无	饮用水水源	饮用水水源保护区	III	托努格那阿斯	建议	集中式地下饮用水水源地
1030	塔里木内流区	吾特肯	全河段	19.4	和静县	源头水	无	自然保护	自然保护区	I	无		
1031	塔里木内流区	勿土里格达利亚	全河段	51.4	洛浦县	分散饮用、农业用水	无	饮用水水源	饮用水水源保护区	II	无		
1032	塔里木内流区	西岸大渠	全河段	39.3	莎车县	分散饮用、农业用水	无	饮用水水源	饮用水水源保护区	III	无		
1033	塔里木内流区	西岔沟	全河段	13.8	和田县	源头水	无	自然保护	自然保护区	I	无		
1034	塔里木内流区	西大渠	全河段	43.9	疏附县	分散饮用、农业用水	无	饮用水水源	饮用水水源保护区	III	无		
1035	塔里木内流区	西给阿尤	全河段	13.2	和静县	源头水	无	自然保护	自然保护区	I	无		

序号	水系	水体名称	水域	长度/km	控制城镇	现状使用功能	现状水质	规划主导功能	功能区类型	水质目标	断面名称	断面级别	备注
1036	塔里木内流区	西克尔库勒吾斯塘	全河段	31.8	伽师县	分散饮用、农业用水	无	饮用水水源	饮用水水源保护区	Ⅲ	无		
1037	塔里木内流区	西克尔库勒吾斯塘	全河段	17.5	伽师县	分散饮用、农业用水	无	饮用水水源	饮用水水源保护区	Ⅲ	无		
1038	塔里木内流区	西日芒来代牙	全河段	21.7	且末县	源头水	无	自然保护	自然保护区	Ⅰ	无		
1039	塔里木内流区	西瓦萨依	全河段	16.5	且末县	分散饮用	无	饮用水水源	饮用水水源保护区	Ⅱ	无		
1040	塔里木内流区	希尔布力萨依	全河段	9.2	塔什库尔干县	源头水	无	自然保护	自然保护区	Ⅰ	无		
1041	塔里木内流区	希热芒崖	全河段	11.5	若羌县	源头水	无	自然保护	自然保护区	Ⅰ	无		
1042	塔里木内流区	洗拉来代依渠	全河段	21.3	拜城县	分散饮用、农业用水	无	饮用水水源	饮用水水源保护区	Ⅱ	无		
1043	塔里木内流区	细流河	全河段	20.7	且末县	源头水	无	自然保护	自然保护区	Ⅰ	无		
1044	塔里木内流区	峡口河	全河段	34.2	且末县	源头水	无	自然保护	自然保护区	Ⅰ	无		
1045	塔里木内流区	峡口河东岔	全河段	20.1	且末县	源头水	无	自然保护	自然保护区	Ⅰ	无		
1046	塔里木内流区	峡口河西岔	全河段	33.1	且末县	源头水	无	自然保护	自然保护区	Ⅰ	无		
1047	塔里木内流区	下马里克	全河段	40.8	民丰县	分散饮用	无	饮用水水源	饮用水水源保护区	Ⅱ	无		
1048	塔里木内流区	夏马尔瓦合吾斯塘	全河段	18.5	皮山县	分散饮用、农业用水	无	饮用水水源	饮用水水源保护区	Ⅱ	无		

序号	水系	水体名称	水域	长度/km	控制城镇	现状使用功能	现状水质	规划主导功能	功能区类型	水质目标	断面名称	断面级别	备注
1049	塔里木内流区	夏马勒瓦格提孜纳普河	全河段	23.6	叶城县	分散饮用、农业用水	无	饮用水水源	饮用水水源保护区	III	无		
1050	塔里木内流区	夏特	全河段	13.4	乌恰县	源头水	无	自然保护	自然保护区	I	无		
1051	塔里木内流区	夏资和提	全河段	13.2	和静县	分散饮用	无	饮用水水源	饮用水水源保护区	II	无		
1052	塔里木内流区	线狭沟	全河段	39.3	且末县	源头水	无	自然保护	自然保护区	I	无		
1053	塔里木内流区	肖尔艾列克	全河段	25.6	沙雅县	分散饮用、农业用水	无	饮用水水源	饮用水水源保护区	III	无		
1054	塔里木内流区	肖塔总干渠	全河段	22.0	叶城县	分散饮用、农业用水	无	饮用水水源	饮用水水源保护区	III	无		
1055	塔里木内流区	肖依布拉克河	全河段	31.1	塔什库尔干县	源头水	无	自然保护	自然保护区	I	无		
1056	塔里木内流区	硝尔达里亚	全河段	13.4	伽师县	分散饮用、农业用水	无	饮用水水源	饮用水水源保护区	III	无		
1057	塔里木内流区	硝亚	全河段	52.7	温宿县	分散饮用、农业用水	无	饮用水水源	饮用水水源保护区	III	无		
1058	塔里木内流区	小拐杖沟	全河段	12.8	若羌县	源头水	无	自然保护	自然保护区	I	无		
1059	塔里木内流区	小尤都斯渠	全河段	23.4	新和县	饮用、农业用水	无	饮用水水源	饮用水水源保护区	III	托特塔什	建议	集中式地下饮用水水源地
1060	塔里木内流区	小扎克斯台	全河段	22.0	和静县	源头水	无	自然保护	自然保护区	I	无		

序号	水系	水体名称	水域	长度/km	控制城镇	现状使用功能	现状水质	规划主导功能	功能区类型	水质目标	断面名称	断面级别	备注
1061	塔里木内流区	协海吾斯塘	全河段	118.6	巴楚县	饮用、农业用水	无	饮用水水源	饮用水水源保护区	III	水源地	建议	集中式地表饮用水水源地
1062	塔里木内流区	辛滚沟	全河段	50.2	塔什库尔干县	源头水、饮用	无	自然保护	自然保护区	I	水源地	建议	集中式地表饮用水水源地
1063	塔里木内流区	新加勒万河	全河段	43.1	和田县	源头水	无	自然保护	自然保护区	I	无		
1064	塔里木内流区	秀水河	全河段	17.2	且末县	源头水	无	自然保护	自然保护区	I	无		
1065	塔里木内流区	虚木浪吾斯塘	出山口至终点	59.3	叶城县	分散饮用、农业用水	无	饮用水水源	饮用水水源保护区	II	无		
1066	塔里木内流区	虚木浪吾斯塘	源头至出山口	19.5	皮山县、叶城县	源头水	无	自然保护	自然保护区	I	无		
1067	塔里木内流区	许许达腊	全河段	31.2	叶城县	源头水	无	自然保护	自然保护区	I	无		
1068	塔里木内流区	雪水河	全河段	6.6	且末县	源头水	无	自然保护	自然保护区	I	无		
1069	塔里木内流区	雪头河	全河段	18.3	且末县	源头水	无	自然保护	自然保护区	I	无		
1070	塔里木内流区	牙格迪那	下游19.0 km处至迪那河	22.9	轮台县	分散饮用	无	饮用水水源	饮用水水源保护区	II	无		
1071	塔里木内流区	牙格迪那	源头至下游19.0 km处	19.0	轮台县	源头水	无	自然保护	自然保护区	I	无		

序号	水系	水体名称	水域	长度/km	控制城镇	现状使用功能	现状水质	规划主导功能	功能区类型	水质目标	断面名称	断面级别	备注
1072	塔里木内流区	牙哈吉勒嘎	全河段	25.5	库车市	饮用、农业用水	无	饮用水水源	饮用水水源保护区	III	麻扎巴格	建议	集中式地下饮用水水源地
1073	塔里木内流区	牙斯拉吾斯塘	全河段	20.6	伽师县	分散饮用、农业用水	无	饮用水水源	饮用水水源保护区	III	无		
1074	塔里木内流区	牙通古孜河	全河段	118.3	民丰县	分散饮用	无	饮用水水源	饮用水水源保护区	III	无		
1075	塔里木内流区	牙娃石吉勒尕沟	全河段	9.5	塔什库尔干县	源头水	无	自然保护	自然保护区	I	无		
1076	塔里木内流区	雅克.拉克萨依	全河段	28.2	若羌县	源头水	无	自然保护	自然保护区	I	无		
1077	塔里木内流区	亚里达亚曼亚	全河段	4.9	疏附县	分散饮用、工农业用水	无	饮用水水源	饮用水水源保护区	III	无		
1078	塔里木内流区	亚马台	全河段	31.7	和静县	源头水	无	自然保护	自然保护区	I	无		
1079	塔里木内流区	亚西侥	全河段	13.3	塔什库尔干县	源头水	无	自然保护	自然保护区	I	无		
1080	塔里木内流区	亚希达吾斯塘	全河段	24.7	轮台县	分散饮用、农业用水	无	饮用水水源	饮用水水源保护区	III	无		
1081	塔里木内流区	扬瓦克达里亚	全河段	15.2	皮山县	源头水	无	自然保护	自然保护区	I	无		
1082	塔里木内流区	阳霞河	源头至下游42.5 km处	42.5	轮台县	源头水	无	自然保护	自然保护区	I	无		
1083	塔里木内流区	阳霞河	下游42.5 km处至出山口	16.5	轮台县	分散饮用	无	饮用水水源	饮用水水源保护区	II	无		

序号	水系	水体名称	水域	长度/km	控制城镇	现状使用功能	现状水质	规划主导功能	功能区类型	水质目标	断面名称	断面级别	备注
1084	塔里木内流区	阳霞河	出山口至终点	13.1	轮台县	饮用、农业用水	无	饮用水水源	饮用水水源保护区	Ⅲ	养化队	建议	集中式地下饮用水水源地
1085	塔里木内流区	尧勒萨依	全河段	43.7	且末县	分散饮用	无	饮用水水源	饮用水水源保护区	Ⅱ	无		
1086	塔里木内流区	也地克朗河	全河段	6.7	乌什县	源头水	无	自然保护	自然保护区	Ⅰ	无		
1087	塔里木内流区	也尔赫特河	全河段	16.5	塔什库尔干县	源头水	无	自然保护	自然保护区	Ⅰ	无		
1088	塔里木内流区	也勒干吾斯塘	全河段	13.7	阿克陶县	分散饮用、农业用水	无	饮用水水源	饮用水水源保护区	Ⅲ	无		
1089	塔里木内流区	野云沟河	源头至下游24.0 km处	24.0	轮台县	源头水	无	自然保护	自然保护区	Ⅰ	无		
1090	塔里木内流区	野云沟河	下游24.0 km处至出山口	13.5	轮台县	分散饮用	无	饮用水水源	饮用水水源保护区	Ⅱ	无		
1091	塔里木内流区	叶尔羌河	源头至阿尔塔什	639.1	叶城县、塔什库尔干县、阿克陶县	源头水	Ⅰ	自然保护	自然保护区	Ⅰ	无		
1092	塔里木内流区	叶尔羌河	巴楚县巴格托格热克渠水源地至塔河汇合口	557.2	巴楚县、阿瓦提县、阿拉尔市	饮用、工农业用水	Ⅱ、Ⅲ	饮用水水源	饮用水水源保护区	Ⅲ	水源地	建议	集中式地表饮用水水源地

序号	水系	水体名称	水域	长度/km	控制城镇	现状使用功能	现状水质	规划主导功能	功能区类型	水质目标	断面名称	断面级别	备注
1093	塔里木内流区	叶尔羌河	依干其渡口至卡群	78.7	莎车县、泽普县、麦盖提县、巴楚县	饮用、工农业用水	II	饮用水水源	饮用水水源保护区	II	卡群、依干其渡口	国控	集中式地表饮用水水源地
1094	塔里木内流区	叶尔羌河	阿瓦提镇至依干其渡口	99.8	莎车县、泽普县、麦盖提县、巴楚县	饮用、工农业用水	II	饮用水水源	饮用水水源保护区	II	依干其渡口、阿瓦提镇	国控	集中式地表饮用水水源地
1095	塔里木内流区	叶尔羌河	卡群至叶尔羌河	57.0	莎车县、泽普县、麦盖提县、巴楚县	饮用、工农业用水	II	饮用水水源	饮用水水源保护区	II	卡群	国控	集中式地表饮用水水源地
1096	塔里木内流区	叶尔羌河	协海吾斯塘与叶尔羌河交汇处至阿瓦提镇	28.1	莎车县、泽普县、麦盖提县、巴楚县	饮用、工农业用水	II	饮用水水源	饮用水水源保护区	II	阿瓦提镇	国控	集中式地表饮用水水源地
1097	塔里木内流区	叶亦克河	全河段	92.7	民丰县	分散饮用	无	饮用水水源	饮用水水源保护区	II	无		
1098	塔里木内流区	伊克扎克斯台	全河段	30.1	和静县	源头水	无	自然保护	自然保护区	I	无		
1099	塔里木内流区	衣山干河	全河段	24.9	且末县	分散饮用	无	饮用水水源	饮用水水源保护区	II	无		
1100	塔里木内流区	依干其艾肯河	全河段	104.0	温宿县、阿克苏市、阿拉尔市	分散饮用、农业用水	无	饮用水水源	饮用水水源保护区	III	无		

序号	水系	水体名称	水域	长度/km	控制城镇	现状使用功能	现状水质	规划主导功能	功能区类型	水质目标	断面名称	断面级别	备注
1101	塔里木内流区	依格孜牙喀河	源头至库依干托卡依	61.6	阿克陶县	源头水	无	自然保护	自然保护区	I	无		
1102	塔里木内流区	依格孜牙喀河	出山口至终点	13.8	英吉沙县	分散饮用、农业用水	无	饮用水水源	饮用水水源保护区	III	无		
1103	塔里木内流区	依格孜牙喀河	库依干托卡依至出山口	13.5	阿克陶县	分散饮用	无	饮用水水源	饮用水水源保护区	II	无		
1104	塔里木内流区	依开布鲁斯台	全河段	25.5	和静县	源头水	无	自然保护	自然保护区	I	无		
1105	塔里木内流区	依克赛布胡土	全河段	26.7	和静县	源头水	无	自然保护	自然保护区	I	无		
1106	塔里木内流区	依克赛河	全河段	104.9	和静县	源头水	无	自然保护	自然保护区	I	无		
1107	塔里木内流区	依买克萨依	全河段	21.5	且末县	分散饮用	无	饮用水水源	饮用水水源保护区	II	无		
1108	塔里木内流区	依萨滚勒尤	全河段	23.1	且末县	分散饮用	无	饮用水水源	饮用水水源保护区	II	无		
1109	塔里木内流区	依什塔力古苏河	全河段	8.9	温宿县	源头水	无	自然保护	自然保护区	I	无		
1110	塔里木内流区	依特巴克渠	全河段	18.0	沙雅县	饮用、农业用水	无	饮用水水源	饮用水水源保护区	III	亚赫布拉克	建议	集中式地下饮用水水源地
1111	塔里木内流区	依协克帕提河	全河段	41.4	若羌县	源头水	无	自然保护	自然保护区	I	无		
1112	塔里木内流区	音根	全河段	19.2	阿图什市	源头水	无	自然保护	自然保护区	I	无		
1113	塔里木内流区	音苏盖提河	全河段	191.4	塔什库尔干县	源头水	无	自然保护	自然保护区	I	无		

序号	水系	水体名称	水域	长度/km	控制城镇	现状使用功能	现状水质	规划主导功能	功能区类型	水质目标	断面名称	断面级别	备注
1114	塔里木内流区	引洪干渠	全河段	12.2	墨玉县	分散饮用、农业用水	无	饮用水水源	饮用水水源保护区	III	无		
1115	塔里木内流区	英阿特河	源头至出山口	21.7	乌什县	源头水	无	自然保护	自然保护区	I	无		
1116	塔里木内流区	英阿特河	出山口至终点	13.4	乌什县	分散饮用、农业用水	无	饮用水水源	饮用水水源保护区	II	无		
1117	塔里木内流区	英阿瓦特吾斯塘	全河段	26.9	莎车县	分散饮用、农业用水	无	饮用水水源	饮用水水源保护区	III	无		
1118	塔里木内流区	英达里亚河	全河段	98.8	库车市	饮用、农业用水	无	饮用水水源	饮用水水源保护区	III	博斯坦克其克	建议	集中式地下饮用水水源地
1119	塔里木内流区	英盖孜河	全河段	43.4	疏附县	饮用、工农业用水	无	饮用水水源	饮用水水源保护区	III	无		
1120	塔里木内流区	英吉其卡尔瓦特吾斯塘	全河段	34.3	莎车县	分散饮用、农业用水	无	饮用水水源	饮用水水源保护区	III	无		
1121	塔里木内流区	英其克厄肯	全河段	13.3	疏附县	分散饮用、农业用水	无	饮用水水源	饮用水水源保护区	III	无		
1122	塔里木内流区	英牙	全河段	29.3	叶城县	分散饮用、农业用水	无	饮用水水源	饮用水水源保护区	III	无		
1123	塔里木内流区	英沿河	全河段	29.4	温宿县	源头水	无	自然保护	自然保护区	I	无		
1124	塔里木内流区	庸格里克	全河段	20.2	若羌县	源头水	无	自然保护	自然保护区	I	无		
1125	塔里木内流区	尤勒滚布拉克	全河段	17.5	轮台县	分散饮用	无	饮用水水源	饮用水水源保护区	II	无		
1126	塔里木内流区	尤努斯萨依	全河段	52.3	且末县	分散饮用	无	饮用水水源	饮用水水源保护区	II	无		

序号	水系	水体名称	水域	长度/km	控制城镇	现状使用功能	现状水质	规划主导功能	功能区类型	水质目标	断面名称	断面级别	备注
1127	塔里木内流区	于里克吉阿沟	全河段	27.4	塔什库尔干县	源头水	无	自然保护	自然保护区	I	无		
1128	塔里木内流区	玉达其	全河段	28.5	拜城县	分散饮用、农业用水	无	饮用水水源	饮用水水源保护区	II	无		
1129	塔里木内流区	玉浪河	全河段	41.1	若羌县	源头水	无	自然保护	自然保护区	I	无		
1130	塔里木内流区	玉龙代里亚	源头至玉龙	10.0	策勒县	源头水	无	自然保护	自然保护区	I	无		
1131	塔里木内流区	玉龙代里亚	玉龙至乌鲁克萨依河	35.9	策勒县	分散饮用、农业用水	无	饮用水水源	饮用水水源保护区	II	无		
1132	塔里木内流区	玉龙喀什河	源头至巴溪克纳克代牙汇合口	309.3	策勒县、和田县	源头水	无	自然保护	自然保护区	I	无		
1133	塔里木内流区	玉龙喀什河	出山口至和田河	188.8	和田县、和田市	饮用、农业用水	II	饮用水水源	饮用水水源保护区	II	玉河大桥	国控	集中式地下饮用水水源地
1134	塔里木内流区	玉龙喀什河	巴溪克纳克代牙汇合口至出山口	92.2	和田县、和田市	饮用、农业用水	II	饮用水水源	饮用水水源保护区	II	通古斯拉克、玉河渠首	省控	集中式地表饮用水水源地
1135	塔里木内流区	玉龙坎代里亚	源头至乌坦勒克	16.3	策勒县	源头水	无	自然保护	自然保护区	I	无		
1136	塔里木内流区	玉龙坎代里亚	乌坦勒克至玉龙代里亚	14.5	策勒县	分散饮用	无	饮用水水源	饮用水水源保护区	II	无		
1137	塔里木内流区	玉奇塔什苏啊嗯	全河段	21.8	乌恰县	源头水	无	自然保护	自然保护区	I	无		

序号	水系	水体名称	水域	长度/km	控制城镇	现状使用功能	现状水质	规划主导功能	功能区类型	水质目标	断面名称	断面级别	备注
1138	塔里木内流区	月牙河	全河段	88.9	若羌县	源头水	无	自然保护	自然保护区	I	无		
1139	塔里木内流区	岳普湖县河	全河段	62.9	疏勒县、岳普湖县	分散饮用、工农业用水	无	饮用水水源	饮用水水源保护区	III	无		
1140	塔里木内流区	跃进大渠	全河段	55.5	巴楚县、麦盖提县	分散饮用、农业用水	无	饮用水水源	饮用水水源保护区	III	无		
1141	塔里木内流区	再衣勒克河	全河段	30.2	策勒县	源头水	无	自然保护	自然保护区	I	无		
1142	塔里木内流区	赞坎河	全河段	38.7	塔什库尔干县	源头水	无	自然保护	自然保护区	I	无		
1143	塔里木内流区	扎格斯台河	全河段	88.3	和静县	源头水	无	自然保护	自然保护区	I	无		
1144	塔里木内流区	扎瓦干渠	全河段	31.8	墨玉县	分散饮用、农业用水	无	饮用水水源	饮用水水源保护区	III	无		
1145	塔里木内流区	战斗渠	全河段	74.1	策勒县	分散饮用、农业用水	无	饮用水水源	饮用水水源保护区	II	无		
1146	塔里木内流区	章代牙	布藏至布藏河	38.9	策勒县	分散饮用	无	饮用水水源	饮用水水源保护区	II	无		
1147	塔里木内流区	章代牙	源头至布藏	15.5	策勒县	源头水	无	自然保护	自然保护区	I	无		
1148	塔里木内流区	长狭沟	全河段	11.4	若羌县	源头水	无	自然保护	自然保护区	I	无		
1149	塔里木内流区	臻丹河	源头至出山口	3.7	乌什县	源头水	无	自然保护	自然保护区	I	无		
1150	塔里木内流区	臻丹河	出山口至终点	12.6	乌什县	分散饮用、农业用水	无	饮用水水源	饮用水水源保护区	II	无		

序号	水系	水体名称	水域	长度/km	控制城镇	现状使用功能	现状水质	规划主导功能	功能区类型	水质目标	断面名称	断面级别	备注
1151	塔里木内流区	中干渠	全河段	22.5	库车市	饮用、工农业用水	无	饮用水水源	饮用水水源保护区	III	欧勒咖斯	建议	集中式地下饮用水水源地
1152	塔里木内流区	中依里里克	全河段	23.9	和静县	源头水	无	自然保护	自然保护区	I	无		
1153	塔里木内流区	卓尤勒干苏河	全河段	42.1	乌恰县	源头水	无	自然保护	自然保护区	I	无		
1154	塔里木内流区	孜开什厄肯	全河段	16.0	轮台县	分散饮用、农业用水	无	饮用水水源	饮用水水源保护区	III	无		
1155	中亚内流区	阿不都拉干渠	全河段	11.9	塔城市	农业用水	无	景观娱乐	景观娱乐用水区	III	无		现状农业用水，不降低现状水质，高标准要求
1156	中亚内流区	阿不都拉河	源头至下游22.9 km处	22.9	塔城市	源头水、分散饮用	无	自然保护	自然保护区	I	无		
1157	中亚内流区	阿不都拉河	阿不杜拉村至额敏河	70.2	塔城市、裕民县	分散饮用、农业用水	无	饮用水水源	饮用水水源保护区	III	无		
1158	中亚内流区	阿不都拉河	下游22.9 km处至阿不杜拉村	12.8	塔城市	分散饮用	无	饮用水水源	饮用水水源保护区	II	无		
1159	中亚内流区	阿登布拉克	全河段	17.2	昭苏县	源头水	无	自然保护	自然保护区	I	无		
1160	中亚内流区	阿尔得落威君	全河段	17.9	和静县	源头水	无	自然保护	自然保护区	I	无		
1161	中亚内流区	阿尔善河	全河段	23.2	尼勒克县	源头水	无	自然保护	自然保护区	I	无		
1162	中亚内流区	阿尔斯兰河	源头至下游14.8 km处	14.8	尼勒克县	源头水	无	自然保护	自然保护区	I	无		

序号	水系	水体名称	水域	长度/km	控制城镇	现状使用功能	现状水质	规划主导功能	功能区类型	水质目标	断面名称	断面级别	备注
1163	中亚内流区	阿尔斯兰河	下游 14.8 km 处至喀什河	13.9	尼勒克县	分散饮用、农业用水	无	饮用水水源	饮用水水源保护区	II	无		
1164	中亚内流区	阿尔夏沟	全河段	35.5	和静县	源头水	无	自然保护	自然保护区	I	无		
1165	中亚内流区	阿孜什莫德纳巴	全河段	16.9	托里县	分散饮用	无	饮用水水源	饮用水水源保护区	II	无		
1166	中亚内流区	阿古晋	源头至下游 17.4 km 处	17.4	霍城县	源头水	无	自然保护	自然保护区	I	无		
1167	中亚内流区	阿古晋	下游 17.4 km 处至萨尔布拉克河	4.5	霍城县	分散饮用、农业用水	无	饮用水水源	饮用水水源保护区	II	无		
1168	中亚内流区	阿合别里斗干渠	全河段	26.5	托里县	农业用水	无	景观娱乐	景观娱乐用水区	III	无		现状农业用水，不降低现状水质，高标准要求
1169	中亚内流区	阿克布罕河	全河段	27.8	尼勒克县	源头水	无	自然保护	自然保护区	I	无		
1170	中亚内流区	阿克布拉克	源头至出山口	6.4	额敏县	分散饮用	无	饮用水水源	饮用水水源保护区	II	无		
1171	中亚内流区	阿克布拉克	出山口至阿克苏水库	8.2	额敏县	分散饮用、农业用水	无	饮用水水源	饮用水水源保护区	III	无		
1172	中亚内流区	阿克布拉克	下游 8.3 km 处至大吉尔格朗河	21.9	新源县	分散饮用、农业用水	无	饮用水水源	饮用水水源保护区	II	无		
1173	中亚内流区	阿克布拉克	源头至下游 8.3 km 处	8.3	新源县	源头水、分散饮用	无	自然保护	自然保护区	I	无		
1174	中亚内流区	阿克仁	全河段	27.2	新源县	源头水	无	自然保护	自然保护区	I	无		

序号	水系	水体名称	水域	长度/km	控制城镇	现状使用功能	现状水质	规划主导功能	功能区类型	水质目标	断面名称	断面级别	备注
1175	中亚内流区	阿克苏河	源头至下游8.6 km处	8.6	额敏县	源头水、分散饮用	无	自然保护	自然保护区	I	无		
1176	中亚内流区	阿克苏河	出山口至额敏河	72.1	额敏县	分散饮用、农业用水	无	饮用水水源	饮用水水源保护区	III	无		
1177	中亚内流区	阿克苏河	源头至下游24.1 km处	24.1	昭苏县	源头水	无	自然保护	自然保护区	I	无		
1178	中亚内流区	阿克苏河	下游24.1 km处至与特克斯河交汇处	48.8	昭苏县	分散饮用、农业用水	无	饮用水水源	饮用水水源保护区	II	无		
1179	中亚内流区	阿克苏河	下游8.6 km处至出山口	7.6	额敏县	分散饮用	无	饮用水水源	饮用水水源保护区	II	无		
1180	中亚内流区	阿克苏南干渠	全河段	14.7	额敏县	农业用水	无	景观娱乐	景观娱乐用水区	III	无		现状农业用水，不降低现状水质，高标准要求
1181	中亚内流区	阿克铁热克	源头至出山口	8.7	托里县	分散饮用、农业用水	无	饮用水水源	饮用水水源保护区	II	无		
1182	中亚内流区	阿克铁热克	出山口至喀腊苏河	8.9	托里县	分散饮用、农业用水	无	饮用水水源	饮用水水源保护区	III	无		
1183	中亚内流区	阿克窝赞	全河段	19.2	特克斯县	源头水	无	自然保护	自然保护区	I	无		
1184	中亚内流区	阿克乌增	全河段	14.2	尼勒克县	源头水	无	自然保护	自然保护区	I	无		
1185	中亚内流区	阿克乌增	全河段	26.4	新源县	源头水	无	自然保护	自然保护区	I	无		
1186	中亚内流区	阿克牙孜河	源头至斯木塔斯	93.4	昭苏县	源头水	无	自然保护	自然保护区	I	无		
1187	中亚内流区	阿克牙孜河	斯木塔斯至特克斯河	27.3	昭苏县	分散饮用	无	饮用水水源	饮用水水源保护区	II	无		

序号	水系	水体名称	水域	长度/km	控制城镇	现状使用功能	现状水质	规划主导功能	功能区类型	水质目标	断面名称	断面级别	备注
1188	中亚内流区	阿勒玛勒河	源头至下游11.9 km处	11.9	察布查尔县	源头水	无	自然保护	自然保护区	I	无		
1189	中亚内流区	阿勒玛勒河	下游11.9 km处至出山口	4.2	察布查尔县	分散饮用、农业用水	无	饮用水水源	饮用水水源保护区	II	无		
1190	中亚内流区	阿勒玛勒河	出山口至终点	17.6	察布查尔县	分散饮用、农业用水	无	饮用水水源	饮用水水源保护区	III	无		
1191	中亚内流区	阿勒佩斯乌侠克	全河段	35.1	特克斯县	源头水	无	自然保护	自然保护区	I	无		
1192	中亚内流区	阿勒腾也木勒河	源头至出山口	5.9	托里县	分散饮用	无	饮用水水源	饮用水水源保护区	II	无		
1193	中亚内流区	阿勒腾也木勒河	出山口至终点	23.1	裕民县、托里县	分散饮用、农业用水	无	饮用水水源	饮用水水源保护区	III	无		
1194	中亚内流区	阿热斯坦河	全河段	37.5	尼勒克县	源头水	无	自然保护	自然保护区	I	无		
1195	中亚内流区	阿西勒河	全河段	12.4	裕民县	分散饮用	无	饮用水水源	饮用水水源保护区	II	无		
1196	中亚内流区	阿依尕依	全河段	10.9	霍城县	源头水	无	自然保护	自然保护区	I	无		
1197	中亚内流区	艾尔则特萨拉	全河段	21.6	特克斯县	源头水	无	自然保护	自然保护区	I	无		
1198	中亚内流区	爱地日可日	全河段	11.9	额敏县	分散饮用	无	饮用水水源	饮用水水源保护区	II	无		
1199	中亚内流区	奥勒塔喀木斯特	全河段	7.4	塔城市	分散饮用	无	饮用水水源	饮用水水源保护区	II	无		
1200	中亚内流区	巴尔尕依提河	源头至下游32.4 km处	32.4	尼勒克县	源头水	无	自然保护	自然保护区	I	无		

序号	水系	水体名称	水域	长度/km	控制城镇	现状使用功能	现状水质	规划主导功能	功能区类型	水质目标	断面名称	断面级别	备注
1201	中亚内流区	巴尔尕依提河	下游32.4 km处至吉林台一级库区	10.4	尼勒克县	分散饮用、农业用水	无	饮用水水源	饮用水水源保护区	II	无		
1202	中亚内流区	巴尔图萨拉	全河段	12.2	和静县	源头水	无	自然保护	自然保护区	I	无		
1203	中亚内流区	巴勒克苏河	全河段	67.8	昭苏县	分散饮用、农业用水	无	饮用水水源	饮用水水源保护区	II	无		
1204	中亚内流区	巴彦郭勒河	源头至下游8 km处	8.0	尼勒克县	源头水	无	自然保护	自然保护区	I	无		
1205	中亚内流区	巴彦郭勒河	下游8 km处至喀什河	10.9	尼勒克县	分散饮用、农业用水	无	饮用水水源	饮用水水源保护区	II	无		
1206	中亚内流区	巴衣地尚	源头至下游11.9 km处	11.9	霍城县	源头水	无	自然保护	自然保护区	I	无		
1207	中亚内流区	巴衣地尚	下游11.9 km处至萨尔布拉克河	11.0	霍城县	分散饮用、农业用水	无	饮用水水源	饮用水水源保护区	II	无		
1208	中亚内流区	巴依木札河	全河段	18.8	额敏县	源头水、分散饮用	无	自然保护	自然保护区	I	无		
1209	中亚内流区	巴依腾舍河	源头至出山口	13.6	托里县	分散饮用	无	饮用水水源	饮用水水源保护区	II	无		
1210	中亚内流区	巴依腾舍河	出山口至莫鲁纳娃	14.0	托里县	分散饮用、农业用水	无	饮用水水源	饮用水水源保护区	III	无		
1211	中亚内流区	北大渠	全河段	40.0	尼勒克县	分散饮用、农业用水	无	饮用水水源	饮用水水源保护区	III	无		
1212	中亚内流区	北支干渠（伊宁市）	全河段	7.9	伊宁市	分散饮用、农业用水	无	饮用水水源	饮用水水源保护区	II	无		

序号	水系	水体名称	水域	长度/km	控制城镇	现状使用功能	现状水质	规划主导功能	功能区类型	水质目标	断面名称	断面级别	备注
1213	中亚内流区	北支干渠(伊宁县)	全河段	23.5	伊宁县	分散饮用、农业用水	无	饮用水水源	饮用水水源保护区	II	无		
1214	中亚内流区	彼克利河	源头至出山口	9.9	裕民县	源头水、分散饮用	无	自然保护	自然保护区	I	无		
1215	中亚内流区	彼克利河	出山口至边境线	16.2	裕民县	分散饮用	无	饮用水水源	饮用水水源保护区	II	无		
1216	中亚内流区	别鲁其尔河	源头至下游10.3 km处	10.3	额敏县	源头水、分散饮用	无	自然保护	自然保护区	I	无		
1217	中亚内流区	别鲁其尔河	卡热瓦斯村至萨尔也木勒河	19.7	额敏县	分散饮用、农业用水	无	饮用水水源	饮用水水源保护区	III	无		
1218	中亚内流区	别鲁其尔河	下游10.3 km处至卡热瓦斯村	7.7	额敏县	分散饮用	无	饮用水水源	饮用水水源保护区	II	无		
1219	中亚内流区	波洛果拉	全河段	15.6	尼勒克县	源头水	无	自然保护	自然保护区	I	无		
1220	中亚内流区	伯依布谢河	源头至出山口	5.4	裕民县	分散饮用	无	饮用水水源	饮用水水源保护区	II	无		
1221	中亚内流区	伯依布谢河	出山口至终点	23.8	裕民县	分散饮用、农业用水	无	饮用水水源	饮用水水源保护区	III	无		
1222	中亚内流区	博尔博松河	源头至下游37.0 km处	37.0	尼勒克县	源头水	无	自然保护	自然保护区	I	无		
1223	中亚内流区	博尔博松河	下游37.0 km处至喀什河	34.0	尼勒克县、伊宁县	饮用、农业用水	无	饮用水水源	饮用水水源保护区	II	托海	建议	集中式地表饮用水水源地
1224	中亚内流区	博图	全河段	25.8	新源县	源头水	无	自然保护	自然保护区	I	无		
1225	中亚内流区	布尔滚尔河	源头至布尔干村	32.0	裕民县	源头水、分散饮用	无	自然保护	自然保护区	I	无		

序号	水系	水体名称	水域	长度/km	控制城镇	现状使用功能	现状水质	规划主导功能	功能区类型	水质目标	断面名称	断面级别	备注
1226	中亚内流区	布尔滚尔河	布尔干村至塔斯提河	4.3	裕民县	分散饮用	无	饮用水水源	饮用水水源保护区	II	无		
1227	中亚内流区	布力开河	源头至下游13.3 km处	13.1	伊宁县	源头水	无	自然保护	自然保护区	I	无		
1228	中亚内流区	布力开河	下游13.3 km处至大人民渠	35.5	伊宁县	分散饮用、农业用水	无	饮用水水源	饮用水水源保护区	II	无		
1229	中亚内流区	查干赛依	全河段	15.8	特克斯县	源头水	无	自然保护	自然保护区	I	无		
1230	中亚内流区	察布查尔渠	全河段	84.5	察布查尔县	分散饮用、农业用水	无	饮用水水源	饮用水水源保护区	III	无		
1231	中亚内流区	察汗萨拉	全河段	24.0	特克斯县	源头水	无	自然保护	自然保护区	I	无		
1232	中亚内流区	察汗托海河	源头至克什玛布拉克村	20.6	裕民县	分散饮用	无	饮用水水源	饮用水水源保护区	II	无		
1233	中亚内流区	察汗托海河	克什玛布拉克村至边境线	22.2	裕民县	分散饮用、农业用水	无	饮用水水源	饮用水水源保护区	III	无		
1234	中亚内流区	察南渠	全河段	70.9	察布查尔县	分散饮用、农业用水	无	饮用水水源	饮用水水源保护区	III	无		
1235	中亚内流区	达柯斯台	全河段	17.5	尼勒克县	饮用、农业用水	无	饮用水水源	饮用水水源保护区	II	巴依图马	建议	集中式地下饮用水水源地
1236	中亚内流区	达乌落公	全河段	15.4	和静县	源头水	无	自然保护	自然保护区	I	无		
1237	中亚内流区	达因苏河	全河段	20.1	额敏县	源头水、分散饮用	无	自然保护	自然保护区	I	无		
1238	中亚内流区	大白代	源头至下游22.2 km处	22.2	昭苏县	源头水	无	自然保护	自然保护区	I	无		
1239	中亚内流区	大白代	下游22.2 km处至阿克牙孜河	2.5	昭苏县	分散饮用、农业用水	无	饮用水水源	饮用水水源保护区	II	无		

序号	水系	水体名称	水域	长度/km	控制城镇	现状使用功能	现状水质	规划主导功能	功能区类型	水质目标	断面名称	断面级别	备注
1240	中亚内流区	大洪那海河	灯塔沟水源地至特克斯河	25.7	昭苏县	分散饮用、农业用水	无	饮用水水源	饮用水水源保护区	II	无		
1241	中亚内流区	大洪那海河	源头至灯塔沟水源地	22.0	昭苏县	源头水、饮用	无	自然保护	自然保护区	I	昭苏煤矿	建议	集中式地表饮用水水源地
1242	中亚内流区	大吉尔格朗河	源头至库尔德宁河汇合口	76.8	新源县	源头水	无	自然保护	自然保护区	I	无		
1243	中亚内流区	大吉尔格朗河	库尔德宁河汇合口至入特克斯河	35.8	新源县	饮用、农业用水	无	饮用水水源	饮用水水源保护区	II	新源马场	建议	集中式地表饮用水水源地
1244	中亚内流区	大卡拉干沟	源头至下游15.1 km处	15.1	昭苏县	源头水	无	自然保护	自然保护区	I	无		
1245	中亚内流区	大卡拉干沟	下游15.1 km处至特克斯河	35.5	昭苏县	分散饮用、农业用水	无	饮用水水源	饮用水水源保护区	II	无		
1246	中亚内流区	大莫因台	源头至下游24.0 km处	24.0	昭苏县	源头水	无	自然保护	自然保护区	I	无		
1247	中亚内流区	大莫因台	下游24.0 km处至特克斯河	13.3	昭苏县	分散饮用、农业用水	无	饮用水水源	饮用水水源保护区	II	无		
1248	中亚内流区	大人民渠	全河段	39.1	伊宁县	分散饮用、农业用水	无	饮用水水源	饮用水水源保护区	II	无		
1249	中亚内流区	大西沟	源头至下游32.6 km处	32.6	霍城县	源头水	无	自然保护	自然保护区	I	无		
1250	中亚内流区	大西沟	下游32.6 km处至三道河子	12.0	霍城县	饮用、农业用水	无	饮用水水源	饮用水水源保护区	II	大西沟电站	建议	集中式地表饮用水水源地

序号	水系	水体名称	水域	长度/km	控制城镇	现状使用功能	现状水质	规划主导功能	功能区类型	水质目标	断面名称	断面级别	备注
1251	中亚内流区	东都果尔萨衣河	全河段	39.1	昭苏县	源头水	无	自然保护	自然保护区	I	无		
1252	中亚内流区	东方红渠	全河段	8.4	尼勒克县	分散饮用、农业用水	无	饮用水水源	饮用水水源保护区	III	无		
1253	中亚内流区	东干渠（裕民县）	全河段	11.0	裕民县	农业用水	无	景观娱乐	景观娱乐用水区	III	无		现状农业用水，不降低现状水质，高标准要求
1254	中亚内流区	多拉特河	出山口至边境线	12.8	裕民县	分散饮用	无	饮用水水源	饮用水水源保护区	II	无		
1255	中亚内流区	多拉特河	源头至出山口	8.4	裕民县	源头水、分散饮用	无	自然保护	自然保护区	I	无		
1256	中亚内流区	额力盖巴依萨依	全河段	19.6	尼勒克县	源头水	无	自然保护	自然保护区	I	无		
1257	中亚内流区	额敏河	额敏河至乌雪特河交汇处	35.99	额敏县、塔城市、裕民县	饮用、工业用水	III	饮用水水源	饮用水水源保护区	III	巴士拜大桥	国控	集中式地下饮用水水源地
1258	中亚内流区	额敏河	交汇处至额敏河上游	115.26	额敏县、塔城市、裕民县	饮用、工业用水	II	饮用水水源	饮用水水源保护区	III	二支河交汇口	省控	集中式地下饮用水水源地
1259	中亚内流区	尔博图	全河段	21.3	新源县	源头水	无	自然保护	自然保护区	I	无		
1260	中亚内流区	巩乃斯河	源头至且特买日汇合口	74.4	和静县	源头水	无	自然保护	自然保护区	I	无		
1261	中亚内流区	巩乃斯河	12 连至伊犁河	56.2	尼勒克县、新源县	分散饮用、农业用水	II	饮用水水源	饮用水水源保护区	II	种羊场大桥	国控	

序号	水系	水体名称	水域	长度/km	控制城镇	现状使用功能	现状水质	规划主导功能	功能区类型	水质目标	断面名称	断面级别	备注
1262	中亚内流区	巩乃斯河	则克台河汇合口至12连	52.2	新源县	渔业、工业用水	无	渔业用水	渔业用水区	III	无		现状工业用水，不降低现状水质，高标准要求
1263	中亚内流区	巩乃斯河	特买日汇合口至则克台河汇合口	97.6	新源县	饮用	II	饮用水水源	饮用水水源保护区	II	阿热勒托别	省控	集中式地下、地表饮用水水源地
1264	中亚内流区	古鲁文阿尔兹特	全河段	20.2	和静县	源头水	无	自然保护	自然保护区	I	无		
1265	中亚内流区	哈拉布拉河	源头至出山口	16.7	裕民县	源头水、分散饮用	无	自然保护	自然保护区	I	无		
1266	中亚内流区	哈拉布拉河	出山口至东干渠流出口	15.2	裕民县	饮用	无	饮用水水源	饮用水水源保护区	II	哈拉布拉水文站	建议	集中式地表饮用水水源地
1267	中亚内流区	哈拉布拉河	东干渠流出口至终点	19.8	裕民县	分散饮用、农业用水	无	饮用水水源	饮用水水源保护区	III	无		
1268	中亚内流区	哈拉哈依苏沟	全河段	22.8	新源县	分散饮用、农业用水	无	饮用水水源	饮用水水源保护区	II	无		
1269	中亚内流区	哈拉萨依	全河段	8.3	昭苏县	源头水	无	自然保护	自然保护区	I	无		
1270	中亚内流区	哈拉斯依尔	全河段	9.7	特克斯县	源头水	无	自然保护	自然保护区	I	无		
1271	中亚内流区	哈桑河	全河段	26.3	昭苏县	分散饮用、农业用水	无	饮用水水源	饮用水水源保护区	II	无		
1272	中亚内流区	哈希克塔尔	全河段	21.1	特克斯县	源头水	无	自然保护	自然保护区	I	无		
1273	中亚内流区	合同萨拉	全河段	36.5	和静县	源头水	无	自然保护	自然保护区	I	无		
1274	中亚内流区	黑山头渠	全河段	7.1	伊宁县	分散饮用、农业用水	无	饮用水水源	饮用水水源保护区	III	无		

序号	水系	水体名称	水域	长度/km	控制城镇	现状使用功能	现状水质	规划主导功能	功能区类型	水质目标	断面名称	断面级别	备注
1275	中亚内流区	黑水沟	全河段	53.1	霍城县	饮用	无	饮用水水源	饮用水水源保护区	II	县自来水厂	建议	集中式地下饮用水水源地
1276	中亚内流区	黑水河	全河段	30.6	霍城县	源头水、饮用	无	自然保护	自然保护区	I	芦草沟乡蜂场	建议	集中式地表饮用水水源地
1277	中亚内流区	红旗沟	全河段	40.2	昭苏县	分散饮用、农业用水	无	饮用水水源	饮用水水源保护区	II	无		
1278	中亚内流区	红旗渠	全河段	25.6	察布查尔县	饮用、农业用水	无	饮用水水源	饮用水水源保护区	III	色日巴格	建议	集中式地下饮用水水源地
1279	中亚内流区	霍尔果斯河	源头至口岸	55.1	霍城县	源头水、分散饮用	II	自然保护	自然保护区	II	中哈会晤处	省控	
1280	中亚内流区	霍尔果斯河	霍尔果斯至伊犁河	61.0	霍城县	渔业、农业用水	II	渔业用水	渔业用水区	II	63团边防连	兵团	现状农业用水，不降低现状水质，高标准要求
1281	中亚内流区	霍尔果斯河	口岸至霍尔果斯	24.5	霍城县	饮用、农业用水	无	饮用水水源	饮用水水源保护区	II	无		集中式地表饮用水水源地
1282	中亚内流区	吉尔格郎	全河段	42.7	新源县	源头水	无	自然保护	自然保护区	I	无		
1283	中亚内流区	吉尔格朗沟	伊宁林场至伊犁河	40.8	伊宁县	饮用、农业用水	无	饮用水水源	饮用水水源保护区	II	吉尔格郎	建议	集中式地表饮用水水源地
1284	中亚内流区	吉尔格朗沟	源头至伊宁林场	39.7	伊宁县	源头水、分散饮用	无	自然保护	自然保护区	I	无		

序号	水系	水体名称	水域	长度/km	控制城镇	现状使用功能	现状水质	规划主导功能	功能区类型	水质目标	断面名称	断面级别	备注
1285	中亚内流区	加勒布拉克苏	源头至出山口	4.0	额敏县	分散饮用	无	饮用水水源	饮用水水源保护区	II	无		
1286	中亚内流区	加勒布拉克苏	出山口至喀拉也木勒河	15.5	额敏县	分散饮用、农业用水	无	饮用水水源	饮用水水源保护区	III	无		
1287	中亚内流区	加勒帕克莫因台	源头至下游6.1 km处	6.1	特克斯县	源头水	无	自然保护	自然保护区	I	无		
1288	中亚内流区	加勒帕克莫因台	下游6.1 km处至特克斯河	10.2	特克斯县	分散饮用、农业用水	无	饮用水水源	饮用水水源保护区	II	无		
1289	中亚内流区	加仑库尔渠	全河段	11.2	尼勒克县	分散饮用、农业用水	无	饮用水水源	饮用水水源保护区	II	无		
1290	中亚内流区	加曼铁列克特河	源头至阿克图约克村	22.9	裕民县	源头水、分散饮用	无	自然保护	自然保护区	I	无		
1291	中亚内流区	加曼铁列克特河	阿克图约克村至边境线	11.9	裕民县	分散饮用	无	饮用水水源	饮用水水源保护区	II	无		
1292	中亚内流区	加仁托汗渠	全河段	2.5	尼勒克县	分散饮用、农业用水	无	饮用水水源	饮用水水源保护区	II	无		
1293	中亚内流区	加乌尔塔木河	全河段	11.2	塔城市	饮用、农业用水	无	饮用水水源	饮用水水源保护区	III	喀拉墩村	建议	集中式地下饮用水水源地
1294	中亚内流区	江格斯河	全河段	26.0	裕民县	分散饮用	无	饮用水水源	饮用水水源保护区	II	无		
1295	中亚内流区	金细根苏	全河段	17.1	昭苏县	分散饮用、农业用水	无	饮用水水源	饮用水水源保护区	II	无		
1296	中亚内流区	井溪克苏	源头至井什克苏村	9.7	托里县	分散饮用、农业用水	无	饮用水水源	饮用水水源保护区	II	无		

序号	水系	水体名称	水域	长度/km	控制城镇	现状使用功能	现状水质	规划主导功能	功能区类型	水质目标	断面名称	断面级别	备注
1297	中亚内流区	井溪克苏	井什克苏村至乌雪特河	11.8	托里县	分散饮用、农业用水	无	饮用水水源	饮用水水源保护区	III	无		
1298	中亚内流区	喀布其格河	源头至下游16 km处	16.0	尼勒克县	源头水	无	自然保护	自然保护区	I	无		
1299	中亚内流区	喀布其格河	下游16 km处至喀什河	14.0	尼勒克县	分散饮用、农业用水	无	饮用水水源	饮用水水源保护区	II	无		
1300	中亚内流区	喀拉巴戈河	源头至下游12.4 km处	12.4	尼勒克县	源头水	无	自然保护	自然保护区	I	无		
1301	中亚内流区	喀拉巴戈河	下游12.4 km处至喀什河	10.6	尼勒克县	分散饮用、农业用水	无	饮用水水源	饮用水水源保护区	II	无		
1302	中亚内流区	喀拉巴斯苏	全河段	8.1	额敏县	源头水、分散饮用	无	自然保护	自然保护区	I	无		
1303	中亚内流区	喀拉巴斯苏	全河段	13.3	额敏县	分散饮用	无	饮用水水源	饮用水水源保护区	II	无		
1304	中亚内流区	喀拉尕依萨依	全河段	22.9	特克斯县	源头水	无	自然保护	自然保护区	I	无		
1305	中亚内流区	喀拉干德河	全河段	37.9	巩留县	分散饮用、农业用水	无	饮用水水源	饮用水水源保护区	II	无		
1306	中亚内流区	喀拉克塔特河	源头至朱家庄	21.6	塔城市	分散饮用	无	饮用水水源	饮用水水源保护区	II	无		
1307	中亚内流区	喀拉克塔特河	朱家庄至终点	6.0	塔城市	分散饮用、农业用水	无	饮用水水源	饮用水水源保护区	III	无		
1308	中亚内流区	喀拉萨依河	源头至出山口	5.0	额敏县	分散饮用	无	饮用水水源	饮用水水源保护区	II	无		
1309	中亚内流区	喀拉萨依河	出山口至阿克苏河	14.7	额敏县	分散饮用、农业用水	无	饮用水水源	饮用水水源保护区	III	无		

序号	水系	水体名称	水域	长度/km	控制城镇	现状使用功能	现状水质	规划主导功能	功能区类型	水质目标	断面名称	断面级别	备注
1310	中亚内流区	喀拉苏	源头至下游10.6 km处	10.6	特克斯县	源头水、分散饮用	无	自然保护	自然保护区	I	无		
1311	中亚内流区	喀拉苏	全河段	36.8	霍城县	分散饮用、农业用水	无	饮用水水源	饮用水水源保护区	II	无		
1312	中亚内流区	喀拉苏	下游10.6 km处至乔拉克铁列克	6.2	特克斯县	分散饮用、农业用水	无	饮用水水源	饮用水水源保护区	II	无		
1313	中亚内流区	喀拉托别北干渠	全河段	4.8	尼勒克县	分散饮用、农业用水	无	饮用水水源	饮用水水源保护区	III	无		
1314	中亚内流区	喀拉托别南干渠	全河段	25.5	尼勒克县	分散饮用、农业用水	无	饮用水水源	饮用水水源保护区	III	无		
1315	中亚内流区	喀拉也木勒北干渠	全河段	19.6	额敏县	分散饮用、农业用水	无	饮用水水源	饮用水水源保护区	III	无		
1316	中亚内流区	喀拉也木勒河	全河段	43.4	额敏县	分散饮用、农业用水	无	饮用水水源	饮用水水源保护区	III	无		
1317	中亚内流区	喀腊布腊	全河段	7.5	裕民县	源头水、分散饮用	无	自然保护	自然保护区	I	无		
1318	中亚内流区	喀腊苏	全河段	17.5	额敏县、托里县	分散饮用、农业用水	无	饮用水水源	饮用水水源保护区	III	无		
1319	中亚内流区	喀普舍克	源头至出山口	11.3	托里县	分散饮用	无	饮用水水源	饮用水水源保护区	II	无		
1320	中亚内流区	喀普舍克	出山口至终点	10.9	托里县	饮用、农业用水	无	饮用水水源	饮用水水源保护区	III	三水厂	建议	集中式地下饮用水水源地
1321	中亚内流区	喀什河	源头至吐布根查干河汇合口	134.1	尼勒克县	源头水	无	自然保护	自然保护区	I	无		

序号	水系	水体名称	水域	长度/km	控制城镇	现状使用功能	现状水质	规划主导功能	功能区类型	水质目标	断面名称	断面级别	备注
1322	中亚内流区	喀什河	吐布根查干河汇合口至雅马渡大桥	166.3	尼勒克县、伊宁县	饮用、工业用水	I	饮用水水源	饮用水水源保护区	II	种蜂场；喀什河大桥	省控；国控	集中式地下、地表饮用水水源地
1323	中亚内流区	喀英得河	全河段	18.7	裕民县	分散饮用、农业用水	无	饮用水水源	饮用水水源保护区	III	无		
1324	中亚内流区	喀赞其河	源头至下游11.9 km 处	11.9	伊宁县	源头水	无	自然保护	自然保护区	I	无		
1325	中亚内流区	喀赞其河	下游 11.9 km 处至大人民渠	25.3	伊宁县	分散饮用、农业用水	无	饮用水水源	饮用水水源保护区	II	无		
1326	中亚内流区	卡布阿他禄苏河	源头至下游11.3 km 处	11.3	额敏县	源头水、分散饮用	无	自然保护	自然保护区	I	无		
1327	中亚内流区	卡布阿他禄苏河	出山口至终点	7.1	额敏县	分散饮用、农业用水	无	饮用水水源	饮用水水源保护区	III	无		
1328	中亚内流区	卡布阿他禄苏河	下游 11.3 km 处至出山口	5.3	额敏县	分散饮用	无	饮用水水源	饮用水水源保护区	II	无		
1329	中亚内流区	卡汗赛	源头至下游8.6 km 处	8.6	特克斯县	源头水	无	自然保护	自然保护区	I	无		
1330	中亚内流区	卡汗赛	下游 8.6 km 处至特克斯河	11.5	特克斯县	分散饮用、农业用水	无	饮用水水源	饮用水水源保护区	II	无		
1331	中亚内流区	卡拉克大克河	全河段	47.3	塔城市	分散饮用、农业用水	无	饮用水水源	饮用水水源保护区	III	无		
1332	中亚内流区	卡拉苏河	源头至加满台	5.1	昭苏县	源头水	无	自然保护	自然保护区	I	无		
1333	中亚内流区	卡拉苏河	下游 7.0 km 处至特克斯河	34.3	昭苏县	分散饮用、农业用水	无	饮用水水源	饮用水水源保护区	II	无		
1334	中亚内流区	卡拉苏河	加满台至与阿克苏河	38.1	昭苏县	分散饮用、农业用水	无	饮用水水源	饮用水水源保护区	II	无		

序号	水系	水体名称	水域	长度/km	控制城镇	现状使用功能	现状水质	规划主导功能	功能区类型	水质目标	断面名称	断面级别	备注
1335	中亚内流区	卡拉苏河	源头至下游7.0 km处	7.0	昭苏县	源头水	无	自然保护	自然保护区	I	无		
1336	中亚内流区	卡浪古尔河	别勒塔木村至叶尔盖提河	46.4	塔城市	分散饮用、农业用水	无	饮用水水源	饮用水水源保护区	III	无		
1337	中亚内流区	卡浪古尔河	源头至下游25.5 km处	25.5	塔城市	源头水、分散饮用	II	自然保护	自然保护区	II	克孜贝提	省控	
1338	中亚内流区	卡浪古尔河	下游25.5 km处至别勒塔木村	14.6	塔城市	分散饮用	II	饮用水水源	饮用水水源保护区	II	甫克	省控	
1339	中亚内流区	卡朴停苏萨依河	全河段	31.9	昭苏县	源头水	无	自然保护	自然保护区	I	无		
1340	中亚内流区	开别业克萨依	源头至下游6.3 km处	6.3	霍城县	源头水	无	自然保护	自然保护区	I	无		
1341	中亚内流区	开别业克萨依	下游6.3 km处至终点	5.8	霍城县	分散饮用、农业用水	无	饮用水水源	饮用水水源保护区	II	无		
1342	中亚内流区	开英布拉克	全河段	11.9	尼勒克县	源头水	无	自然保护	自然保护区	I	无		
1343	中亚内流区	康卡尔	全河段	36.5	特克斯县	源头水	无	自然保护	自然保护区	I	无		
1344	中亚内流区	康苏沟	源头至昭管处林管站	16.6	昭苏县	源头水	无	自然保护	自然保护区	I	无		
1345	中亚内流区	康苏沟	昭管处林管站至特克斯河	27.2	昭苏县	分散饮用、农业用水	无	饮用水水源	饮用水水源保护区	II	无		
1346	中亚内流区	科布尔特萨依河	全河段	43.0	昭苏县	源头水	无	自然保护	自然保护区	I	无		
1347	中亚内流区	科克浩特浩尔蒙古乡北	全河段	10.7	尼勒克县	分散饮用、农业用水	无	饮用水水源	饮用水水源保护区	III	无		
1348	中亚内流区	科克浩特浩尔蒙古乡南	全河段	15.3	尼勒克县	分散饮用、农业用水	无	饮用水水源	饮用水水源保护区	III	无		

序号	水系	水体名称	水域	长度/km	控制城镇	现状使用功能	现状水质	规划主导功能	功能区类型	水质目标	断面名称	断面级别	备注
1349	中亚内流区	科克浩特浩尔蒙古乡总	全河段	2.3	尼勒克县	分散饮用、农业用水	无	饮用水水源	饮用水水源保护区	Ⅲ	无		
1350	中亚内流区	科勒克	全河段	28.1	新源县	源头水	无	自然保护	自然保护区	Ⅰ	无		
1351	中亚内流区	克额阿沙萨依河	全河段	11.1	昭苏县	源头水	无	自然保护	自然保护区	Ⅰ	无		
1352	中亚内流区	克尔哈达	源头至下游9.4 km处	9.4	托里县	源头水、分散饮用	无	自然保护	自然保护区	Ⅰ	无		
1353	中亚内流区	克尔哈达	下游9.4 km处至库普河	8.8	托里县	分散饮用、农业用水	无	饮用水水源	饮用水水源保护区	Ⅱ	无		
1354	中亚内流区	克吉尔拜河	全河段	47.1	塔城市	分散饮用、农业用水	无	饮用水水源	饮用水水源保护区	Ⅲ	无		
1355	中亚内流区	克拉布尔沙特且	源头至下游16.8 km处	16.8	霍城县	源头水	无	自然保护	自然保护区	Ⅰ	无		
1356	中亚内流区	克拉布尔沙特且	下游16.8 km处至萨尔布拉克河	26.8	霍城县	饮用、农业用水	无	饮用水水源	饮用水水源保护区	Ⅱ	别斯铁热克	建议	集中式地下饮用水水源地
1357	中亚内流区	克令渠	全河段	15.0	尼勒克县	分散饮用、农业用水	无	饮用水水源	饮用水水源保护区	Ⅲ	无		
1358	中亚内流区	克铁廷	全河段	13.6	尼勒克县	源头水	无	自然保护	自然保护区	Ⅰ	无		
1359	中亚内流区	克西克阿勒玛勒	全河段	6.3	额敏县	分散饮用	无	饮用水水源	饮用水水源保护区	Ⅱ	无		
1360	中亚内流区	克峡希	全河段	31.3	伊宁县	源头水	无	自然保护	自然保护区	Ⅰ	无		
1361	中亚内流区	克孜勃布拉克	源头至下游8.3 km处	8.3	伊宁县	源头水	无	自然保护	自然保护区	Ⅰ	无		
1362	中亚内流区	克孜勃布拉克	下游8.3 km处至终点	19.1	伊宁县	分散饮用、农业用水	无	饮用水水源	饮用水水源保护区	Ⅱ	无		

序号	水系	水体名称	水域	长度/km	控制城镇	现状使用功能	现状水质	规划主导功能	功能区类型	水质目标	断面名称	断面级别	备注
1363	中亚内流区	克孜勒库拉	全河段	25.5	伊宁县	源头水	无	自然保护	自然保护区	I	无		
1364	中亚内流区	肯盖尔艾克陶	全河段	11.2	和静县	源头水	无	自然保护	自然保护区	I	无		
1365	中亚内流区	库尔布拉克河	全河段	24.1	昭苏县	分散饮用、农业用水	无	饮用水水源	饮用水水源保护区	II	无		
1366	中亚内流区	库尔代河	源头至下游45.0 km处	45.0	特克斯县	源头水	无	自然保护	自然保护区	I	无		
1367	中亚内流区	库尔代河	下游45.0 km处至库克苏河	21.7	特克斯县	分散饮用、农业用水	无	饮用水水源	饮用水水源保护区	II	无		
1368	中亚内流区	库尔德宁河	全河段	42.7	巩留县	源头水	无	自然保护	自然保护区	I	无		
1369	中亚内流区	库吉拜河	库吉拜水库至出山口	6.4	塔城市	分散饮用	无	饮用水水源	饮用水水源保护区	II	无		
1370	中亚内流区	库吉拜河	出山口至额敏河	54.4	塔城市	分散饮用、农业用水	无	饮用水水源	饮用水水源保护区	III	无		
1371	中亚内流区	库吉拜河	源头至库吉拜水库	6.9	塔城市	源头水、分散饮用	无	自然保护	自然保护区	I	无		
1372	中亚内流区	库克苏河	下游10.6 km处至特克斯河	46.6	特克斯县	分散饮用、农业用水	无	饮用水水源	饮用水水源保护区	II	无		
1373	中亚内流区	库克苏河	源头至下游10.6 km处	88.9	特克斯县	源头水	无	自然保护	自然保护区	I	无		
1374	中亚内流区	库克吾孜思	全河段	24.9	特克斯县	源头水	无	自然保护	自然保护区	I	无		
1375	中亚内流区	库鲁尔	全河段	30.5	特克斯县	源头水	无	自然保护	自然保护区	I	无		
1376	中亚内流区	库鲁木苏河	源头至下游14.3 km处	14.3	额敏县	源头水、分散饮用	无	自然保护	自然保护区	I	无		
1377	中亚内流区	库鲁木苏河	出山口至玛拉苏河	17.6	额敏县	分散饮用、农业用水	无	饮用水水源	饮用水水源保护区	III	无		

序号	水系	水体名称	水域	长度/km	控制城镇	现状使用功能	现状水质	规划主导功能	功能区类型	水质目标	断面名称	断面级别	备注
1378	中亚内流区	库鲁木苏河	下游 14.3 km 处至出山口	5.5	额敏县	分散饮用	无	饮用水水源	饮用水水源保护区	II	无		
1379	中亚内流区	库鲁斯台	源头至下游 5.7 km 处	5.7	伊宁县	源头水	无	自然保护	自然保护区	I	无		
1380	中亚内流区	库鲁斯台	下游 5.7 km 处至大人民渠	29.9	伊宁县	分散饮用、农业用水	无	饮用水水源	饮用水水源保护区	II	无		
1381	中亚内流区	库普河	全河段	25.4	托里县	分散饮用、农业用水	无	饮用水水源	饮用水水源保护区	III	无		
1382	中亚内流区	库斯都苏河	下游 8.8 km 处至爱地日可日河汇入口	11.4	额敏县	分散饮用	无	饮用水水源	饮用水水源保护区	II	无		
1383	中亚内流区	库斯都苏河	爱地日可日河汇入口至萨尔也木勒河	13.3	额敏县	分散饮用、农业用水	无	饮用水水源	饮用水水源保护区	III	无		
1384	中亚内流区	库斯都苏河	源头至下游 8.8 km 处	6.8	额敏县	源头水、分散饮用	无	自然保护	自然保护区	I	无		
1385	中亚内流区	库哲尔塔依	源头至拜克托别村	15.2	托里县	分散饮用	无	饮用水水源	饮用水水源保护区	II	无		
1386	中亚内流区	库哲尔塔依	拜克托别村至终点	3.0	托里县	分散饮用、农业用水	无	饮用水水源	饮用水水源保护区	III	无		
1387	中亚内流区	快奎乌松	全河段	48.3	和静县、特克斯县	源头水	无	自然保护	自然保护区	I	无		
1388	中亚内流区	阔布沟	源头至下游 15.9 km 处	15.9	特克斯县	源头水	无	自然保护	自然保护区	I	无		
1389	中亚内流区	阔布沟	下游 15.9 km 处至阔布河	21.2	特克斯县	分散饮用、农业用水	无	饮用水水源	饮用水水源保护区	II	无		

序号	水系	水体名称	水域	长度/km	控制城镇	现状使用功能	现状水质	规划主导功能	功能区类型	水质目标	断面名称	断面级别	备注
1390	中亚内流区	阔布河	全河段	50.7	昭苏县、特克斯县	分散饮用、农业用水	无	饮用水水源	饮用水水源保护区	II	无		
1391	中亚内流区	阔尔库	全河段	22.1	尼勒克县	源头水	无	自然保护	自然保护区	I	无		
1392	中亚内流区	阔尔萨衣河	全河段	47.7	昭苏县	源头水	无	自然保护	自然保护区	I	无		
1393	中亚内流区	阔克铁热克河	源头至阔克铁热克	16.2	特克斯县	源头水	无	自然保护	自然保护区	I	无		
1394	中亚内流区	阔克铁热克河	科克铁热克至特克斯河	17.5	特克斯县	分散饮用、农业用水	无	饮用水水源	饮用水水源保护区	II	无		
1395	中亚内流区	阔日勒拜河	源头至库尔拜水库	3.1	塔城市	分散饮用	无	饮用水水源	饮用水水源保护区	II	无		
1396	中亚内流区	阔日勒拜河	库尔拜水库至阿不都拉干渠	3.8	塔城市	分散饮用、农业用水	无	饮用水水源	饮用水水源保护区	III	无		
1397	中亚内流区	浪古特河	源头至浪古特水库	14.6	托里县	分散饮用	无	饮用水水源	饮用水水源保护区	II	无		
1398	中亚内流区	浪古特河	浪古特水库至终点	12.3	托里县	分散饮用、农业用水	无	饮用水水源	饮用水水源保护区	III	无		
1399	中亚内流区	马力萨克恰皮	全河段	13.5	特克斯县	源头水	无	自然保护	自然保护区	I	无		
1400	中亚内流区	马依拉恩	全河段	11.7	托里县	分散饮用、农业用水	无	饮用水水源	饮用水水源保护区	III	无		
1401	中亚内流区	玛拉苏河	前进牧场至其兰	12.2	额敏县	分散饮用	无	饮用水水源	饮用水水源保护区	II	无		
1402	中亚内流区	玛拉苏河	其兰至乌雪特河	33.9	额敏县	分散饮用、农业用水	无	饮用水水源	饮用水水源保护区	III	无		
1403	中亚内流区	玛拉苏河	源头至前进牧场	27.4	额敏县	源头水、分散饮用	无	自然保护	自然保护区	I	无		

序号	水系	水体名称	水域	长度/km	控制城镇	现状使用功能	现状水质	规划主导功能	功能区类型	水质目标	断面名称	断面级别	备注
1404	中亚内流区	玛热勒苏河	全河段	12.7	额敏县	源头水、分散饮用	无	自然保护	自然保护区	I	无		
1405	中亚内流区	玛依拖干	全河段	11.3	新源县	分散饮用、农业用水	无	饮用水水源	饮用水水源保护区	II	无		
1406	中亚内流区	麦海因河	源头至下游17.7 km处	17.7	额敏县	源头水、分散饮用	无	自然保护	自然保护区	I	无		
1407	中亚内流区	麦海因河	河西村至终点	18.6	额敏县	分散饮用、农业用水	无	饮用水水源	饮用水水源保护区	III	无		
1408	中亚内流区	麦海因河	下游17.7 km处至河西村	7.9	额敏县	分散饮用	无	饮用水水源	饮用水水源保护区	II	无		
1409	中亚内流区	蒙古勒	源头至下游13.2 km处	13.2	托里县	源头水、分散饮用	无	自然保护	自然保护区	I	无		
1410	中亚内流区	蒙古勒	下游13.2 km处至库普河	7.0	托里县	分散饮用、农业用水	无	饮用水水源	饮用水水源保护区	II	无		
1411	中亚内流区	孟克德萨依河	全河段	28.4	尼勒克县	源头水	无	自然保护	自然保护区	I	无		
1412	中亚内流区	模合尔模东河	源头至河流6.0 km处	6.0	昭苏县	源头水	无	自然保护	自然保护区	I	无		
1413	中亚内流区	模合尔模东河	河流6.0 km处至与木扎特河	30.5	昭苏县	分散饮用、农业用水	无	饮用水水源	饮用水水源保护区	II	无		
1414	中亚内流区	莫合大渠	全河段	35.4	霍城县	饮用、农业用水	无	饮用水水源	饮用水水源保护区	II	水管理处	建议	集中式地下饮用水水源地
1415	中亚内流区	莫河尔阿拉斯坦郭楞	全河段	9.1	和静县	源头水	无	自然保护	自然保护区	I	无		

序号	水系	水体名称	水域	长度/km	控制城镇	现状使用功能	现状水质	规划主导功能	功能区类型	水质目标	断面名称	断面级别	备注
1416	中亚内流区	莫乎尔河	源头至下游18.5 km处	18.5	巩留县	源头水	无	自然保护	自然保护区	I	无		
1417	中亚内流区	莫乎尔河	下游18.5 km处至大吉尔格朗河	18.0	巩留县	分散饮用、农业用水	无	饮用水水源	饮用水水源保护区	II	无		
1418	中亚内流区	莫鲁纳娃	源头至阿尕什莫德纳巴汇合口	12.9	托里县	分散饮用、农业用水	无	饮用水水源	饮用水水源保护区	II	无		
1419	中亚内流区	莫鲁纳娃	阿尕什莫德纳巴汇合口至乌雪特河	25.0	托里县	分散饮用、农业用水	无	饮用水水源	饮用水水源保护区	III	无		
1420	中亚内流区	木勒河	全河段	6.8	额敏县	分散饮用、农业用水	无	饮用水水源	饮用水水源保护区	III	无		
1421	中亚内流区	木扎特河	74团至特克斯河	44.4	昭苏县	分散饮用、农业用水	无	饮用水水源	饮用水水源保护区	II	无		
1422	中亚内流区	木扎特河	源头至74团	6.8	昭苏县	源头水、分散饮用	无	自然保护	自然保护区	I	无		
1423	中亚内流区	木孜得阿依日克河	全河段	10.0	塔城市	源头水、分散饮用	无	自然保护	自然保护区	I	无		
1424	中亚内流区	木孜萨依	全河段	11.6	昭苏县	源头水	无	自然保护	自然保护区	I	无		
1425	中亚内流区	纳仁哈木尔	全河段	13.7	昭苏县	源头水	无	自然保护	自然保护区	I	无		
1426	中亚内流区	脑盖吐萨依	源头至下游5.9 km处	5.9	伊宁县	源头水	无	自然保护	自然保护区	I	无		
1427	中亚内流区	脑盖吐萨依	下游5.9 km处至皮里其沟	23.6	伊宁县	分散饮用、农业用水	无	饮用水水源	饮用水水源保护区	II	无		

序号	水系	水体名称	水域	长度/km	控制城镇	现状使用功能	现状水质	规划主导功能	功能区类型	水质目标	断面名称	断面级别	备注
1428	中亚内流区	尼勒克东干渠	全河段	16.2	尼勒克县	分散饮用、农业用水	无	饮用水水源	饮用水水源保护区	III	无		
1429	中亚内流区	尼勒克河	源头至下游28.5 km处	28.5	尼勒克县	源头水	无	自然保护	自然保护区	I	无		
1430	中亚内流区	尼勒克河	下游28.5 km处至喀什河	21.1	尼勒克县	饮用、农业用水	无	饮用水水源	饮用水水源保护区	II	蒙古庄	建议	集中式地下饮用水水源地
1431	中亚内流区	尼勒克西干渠	全河段	8.7	尼勒克县	分散饮用、农业用水	无	饮用水水源	饮用水水源保护区	III	无		
1432	中亚内流区	尼勒克县战备北干渠	全河段	8.6	尼勒克县	分散饮用、农业用水	无	饮用水水源	饮用水水源保护区	III	无		
1433	中亚内流区	尼勒克县战备南干渠	全河段	12.2	尼勒克县	分散饮用、农业用水	无	饮用水水源	饮用水水源保护区	III	无		
1434	中亚内流区	皮尔卡斯坎	源头至新肯巴克村	20.8	塔城市	分散饮用	无	饮用水水源	饮用水水源保护区	II	无		
1435	中亚内流区	皮尔卡斯坎	新肯巴克村至叶尔盖提河	12.3	塔城市	分散饮用、农业用水	无	饮用水水源	饮用水水源保护区	III	无		
1436	中亚内流区	皮里其沟	克峡希汇合口至伊犁河	48.6	伊宁县	饮用、工农业用水	II	饮用水水源	饮用水水源保护区	II	巴彦岱村	省控	集中式地下饮用水水源地
1437	中亚内流区	皮里其沟	源头至克峡希汇合口	20.5	伊宁县	源头水、分散饮用	无	自然保护	自然保护区	I	无		
1438	中亚内流区	齐力克苏	全河段	14.9	裕民县	源头水、分散饮用	无	自然保护	自然保护区	I	无		
1439	中亚内流区	其本德	源头至下游3.6 km处	3.6	额敏县	源头水、分散饮用	无	自然保护	自然保护区	I	无		

序号	水系	水体名称	水域	长度/km	控制城镇	现状使用功能	现状水质	规划主导功能	功能区类型	水质目标	断面名称	断面级别	备注
1440	中亚内流区	其本德	出山口至库斯都苏河	14.4	额敏县	分散饮用、农业用水	无	饮用水水源	饮用水水源保护区	III	无		
1441	中亚内流区	其本德	下游 3.6 km 处至出山口	3.5	额敏县	分散饮用	无	饮用水水源	饮用水水源保护区	II	无		
1442	中亚内流区	其布特尔	全河段	44.4	特克斯县	源头水	无	自然保护	自然保护区	I	无		
1443	中亚内流区	契尔格河	源头至柯孜勒库拉二支部	22.0	伊宁县	源头水	无	自然保护	自然保护区	I	无		
1444	中亚内流区	契尔格河	柯孜勒库拉二支部至博尔博松河	5.3	伊宁县	分散饮用	无	饮用水水源	饮用水水源保护区	II	无		
1445	中亚内流区	恰普河	源头至克桑	73.3	新源县	源头水	无	自然保护	自然保护区	I	无		
1446	中亚内流区	恰普河	克桑至巩乃斯河	54.6	新源县	饮用、农业用水	无	饮用水水源	饮用水水源保护区	II	新源县城南界、恰合普	建议	集中式地表饮用水水源地
1447	中亚内流区	恰奇河	源头至下游 17.1 km 处	17.1	尼勒克县	源头水	无	自然保护	自然保护区	I	无		
1448	中亚内流区	恰奇河	下游 17.1 km 处至喀什河	5.8	尼勒克县	分散饮用、农业用水	无	饮用水水源	饮用水水源保护区	II	无		
1449	中亚内流区	恰特尔塔尔	全河段	25.7	伊宁县	源头水	无	自然保护	自然保护区	I	无		
1450	中亚内流区	恰西河	源头至恰西林场	18.7	巩留县	源头水	无	自然保护	自然保护区	I	无		
1451	中亚内流区	恰西河	恰西林场至小吉尔格郎河	11.3	巩留县	分散饮用、农业用水	无	饮用水水源	饮用水水源保护区	II	无		
1452	中亚内流区	乔库尔河	全河段	61.3	察布查尔县	分散饮用、农业用水	无	饮用水水源	饮用水水源保护区	III	无		

序号	水系	水体名称	水域	长度/km	控制城镇	现状使用功能	现状水质	规划主导功能	功能区类型	水质目标	断面名称	断面级别	备注
1453	中亚内流区	乔拉克铁列克	源头至下游25.0 km处	25.0	特克斯县	源头水	无	自然保护	自然保护区	I	无		
1454	中亚内流区	乔拉克铁列克	下游25.0 km处至特克斯河	29.6	特克斯县	分散饮用、农业用水	无	饮用水水源	饮用水水源保护区	II	无		
1455	中亚内流区	切德克河	源头至下游35.6 km处	35.6	霍城县	源头水	无	自然保护	自然保护区	I	无		
1456	中亚内流区	切德克河	下游35.6 km处至三道河子	13.3	霍城县	饮用、农业用水	无	饮用水水源	饮用水水源保护区	II	无		集中式地表饮用水水源地
1457	中亚内流区	切尔阔拉河	全河段	29.2	裕民县	农业用水	无	景观娱乐	景观娱乐用水区	III	无		现状农业用水，不降低现状水质，高标准要求
1458	中亚内流区	切格尔河	源头至江格斯河汇合口	23.1	裕民县	分散饮用	无	饮用水水源	饮用水水源保护区	II	无		
1459	中亚内流区	切格尔河	江格斯河汇合口至终点	19.8	裕民县	农业用水	无	景观娱乐	景观娱乐用水区	III	无		现状农业用水，不降低现状水质，高标准要求
1460	中亚内流区	切克斯沙衣	全河段	4.9	额敏县	源头水、分散饮用	无	自然保护	自然保护区	I	无		
1461	中亚内流区	切特阿克苏干渠	全河段	20.9	霍城县	饮用、农业用水	无	饮用水水源	饮用水水源保护区	II	大西沟电站	建议	集中式地表饮用水水源地
1462	中亚内流区	切特喀木斯特河	源头至卡拉奇塔特村	20.3	塔城市	分散饮用	无	饮用水水源	饮用水水源保护区	II	无		

序号	水系	水体名称	水域	长度/km	控制城镇	现状使用功能	现状水质	规划主导功能	功能区类型	水质目标	断面名称	断面级别	备注
1463	中亚内流区	切特喀木斯特河	卡拉奇塔特村至卡拉克大克河	4.4	塔城市	分散饮用、农业用水	无	饮用水水源	饮用水水源保护区	III	无		
1464	中亚内流区	且特买日	全河段	25.7	新源县	源头水	无	自然保护	自然保护区	I	无		
1465	中亚内流区	琼阿希	全河段	22.0	伊宁县	源头水	无	自然保护	自然保护区	I	无		
1466	中亚内流区	琼库克吾孜思	全河段	14.8	特克斯县	源头水	无	自然保护	自然保护区	I	无		
1467	中亚内流区	丘尔丘特河	源头至丘尔丘特村	22.5	裕民县	源头水、分散饮用	无	自然保护	自然保护区	I	无		
1468	中亚内流区	丘尔丘特河	丘尔丘特村至边境线	8.6	裕民县	分散饮用	无	饮用水水源	饮用水水源保护区	II	无		
1469	中亚内流区	曲勒齐特	全河段	20.2	裕民县	源头水、分散饮用	无	自然保护	自然保护区	I	无		
1470	中亚内流区	曲鲁海河	源头至下游14.8 km处	14.8	伊宁县	源头水	无	自然保护	自然保护区	I	无		
1471	中亚内流区	曲鲁海河	下游14.8 km处至大人民渠	21.9	伊宁县	分散饮用、农业用水	无	饮用水水源	饮用水水源保护区	II	无		
1472	中亚内流区	确拉阿尔旦苏河	源头至下游14.0 km处	14.0	额敏县	源头水、分散饮用	无	自然保护	自然保护区	I	无		
1473	中亚内流区	确拉阿尔旦苏河	畜牧队至终点	11.2	额敏县	分散饮用、农业用水	无	饮用水水源	饮用水水源保护区	III	无		
1474	中亚内流区	确拉阿尔旦苏河	下游14.0 km处至畜牧队	7.2	额敏县	分散饮用	无	饮用水水源	饮用水水源保护区	II	无		
1475	中亚内流区	人民渠	全河段	44.1	伊宁市、伊宁县、霍城县	饮用、农业用水	无	饮用水水源	饮用水水源保护区	II	铁厂沟三队	建议	集中式地下饮用水水源地

序号	水系	水体名称	水域	长度/km	控制城镇	现状使用功能	现状水质	规划主导功能	功能区类型	水质目标	断面名称	断面级别	备注
1476	中亚内流区	萨尔布拉克河	源头至下游35.6 km处	35.6	霍城县	源头水、分散饮用	II	自然保护	自然保护区	II	惠远镇	省控	
1477	中亚内流区	萨尔布拉克河	下游35.6 km处至伊犁河	56.7	霍城县	饮用、工业用水饮用	II	饮用水水源	饮用水水源保护区	II	惠远镇	省控	集中式地表饮用水水源地
1478	中亚内流区	萨尔迪萨依	源头至下游17.1 km处	17.1	尼勒克县	源头水	无	自然保护	自然保护区	I	无		
1479	中亚内流区	萨尔迪萨依	下游17.1 km处至喀什河	19.1	尼勒克县	分散饮用、农业用水	无	饮用水水源	饮用水水源保护区	II	无		
1480	中亚内流区	萨尔阔布河	源头至下游11.0 km处	11.0	昭苏县	源头水	无	自然保护	自然保护区	I	无		
1481	中亚内流区	萨尔阔布河	下游11.0 km处至特克斯河	17.6	昭苏县	分散饮用、农业用水	无	饮用水水源	饮用水水源保护区	II	无		
1482	中亚内流区	萨尔也木勒河	一六五团至额敏水库	40.2	额敏县	分散饮用、农业用水	无	饮用水水源	饮用水水源保护区	III	无		
1483	中亚内流区	萨尔也木勒河	源头至新立村	26.3	额敏县	源头水、分散饮用	无	自然保护	自然保护区	I	无		
1484	中亚内流区	萨尔也木勒河	新立村至一六五团	9.9	额敏县	分散饮用、农业用水	无	饮用水水源	饮用水水源保护区	II	无		
1485	中亚内流区	萨依亨	全河段	36.4	昭苏县	源头水	无	自然保护	自然保护区	I	无		
1486	中亚内流区	萨孜河	全河段	7.1	塔城市	饮用、农业用水	无	饮用水水源	饮用水水源保护区	III	塔城市北	建议	集中式地下饮用水水源地
1487	中亚内流区	赛肯都鲁	全河段	25.5	尼勒克县	源头水	无	自然保护	自然保护区	I	无		
1488	中亚内流区	三道河子	出山口至64团场	22.8	霍城县	分散饮用、农业用水	无	饮用水水源	饮用水水源保护区	II	无		

序号	水系	水体名称	水域	长度/km	控制城镇	现状使用功能	现状水质	规划主导功能	功能区类型	水质目标	断面名称	断面级别	备注
1489	中亚内流区	三道河子	64 团至伊犁河	33.9	霍城县	渔业、工农业用水	II	渔业用水	渔业用水区	III	石头桥	兵团	现状农业用水，不降低现状水质，高标准要求
1490	中亚内流区	沙尔不顺河	全河段	26.8	巩留县	分散饮用、农业用水	无	饮用水水源	饮用水水源保护区	II	无		
1491	中亚内流区	沙哈里克斯坎河	全河段	20.1	昭苏县	源头水	无	自然保护	自然保护区	I	无		
1492	中亚内流区	沙河北干渠	全河段	35.8	额敏县	分散饮用、农业用水	无	饮用水水源	饮用水水源保护区	III	无		
1493	中亚内流区	沙勒哈拉玛	源头至出山口	13.3	裕民县	源头水、分散饮用	无	自然保护	自然保护区	I	无		
1494	中亚内流区	沙勒哈拉玛	出山口至察汗托海河	5.6	裕民县	分散饮用	无	饮用水水源	饮用水水源保护区	II	无		
1495	中亚内流区	沙仁托汗渠	全河段	7.0	尼勒克县	分散饮用、农业用水	无	饮用水水源	饮用水水源保护区	III	无		
1496	中亚内流区	胜利渠	全河段	11.6	尼勒克县	分散饮用、农业用水	无	饮用水水源	饮用水水源保护区	III	无		
1497	中亚内流区	师范河	全河段	21.1	塔城市	饮用、农业用水	无	饮用水水源	饮用水水源保护区	III	喀拉墩村东	建议	集中式地下饮用水水源地
1498	中亚内流区	斯板库勒	全河段	13.3	裕民县	分散饮用、农业用水	无	饮用水水源	饮用水水源保护区	III	无		
1499	中亚内流区	苏阿勒马特	源头至下游12.5 km处	12.5	伊宁县	源头水	无	自然保护	自然保护区	I	无		

序号	水系	水体名称	水域	长度/km	控制城镇	现状使用功能	现状水质	规划主导功能	功能区类型	水质目标	断面名称	断面级别	备注
1500	中亚内流区	苏阿勒马特	下游12.5 km处至人民渠	30.9	伊宁市、伊宁县	饮用、农业用水	无	饮用水水源	饮用水水源保护区	II	苏勒阿勒玛塔、工矿厂农机连	建议	集中式地下饮用水水源地
1501	中亚内流区	苏布台沟渠	全河段	9.2	尼勒克县	分散饮用	无	饮用水水源	饮用水水源保护区	II	无		
1502	中亚内流区	苏布台河	全河段	26.2	尼勒克县	分散饮用	无	饮用水水源	饮用水水源保护区	II	无		
1503	中亚内流区	苏木拜河	全河段	25.7	昭苏县	分散饮用、农业用水	无	饮用水水源	饮用水水源保护区	II	无		
1504	中亚内流区	苏窝克拖阿衣河	源头至下游9.9 km处	9.9	昭苏县	源头水	无	自然保护	自然保护区	I	无		
1505	中亚内流区	苏窝克拖阿衣河	下游9.9 km处至特克斯河	23.4	昭苏县	分散饮用、农业用水	无	饮用水水源	饮用水水源保护区	II	无		
1506	中亚内流区	苏云河	源头至出山口	11.6	裕民县	源头水、分散饮用	无	自然保护	自然保护区	I	无		
1507	中亚内流区	苏云河	出山口至边境线	10.0	裕民县	分散饮用	无	饮用水水源	饮用水水源保护区	II	无		
1508	中亚内流区	索孜木吐布拉克	全河段	17.8	尼勒克县	分散饮用、农业用水	无	饮用水水源	饮用水水源保护区	III	无		
1509	中亚内流区	塔尔塔夏	源头至下游4.7 km处	4.7	新源县	源头水	无	自然保护	自然保护区	I	无		
1510	中亚内流区	塔尔塔夏	下游4.7 km处至巩乃斯河	18.2	新源县	分散饮用、农业用水	无	饮用水水源	饮用水水源保护区	II	无		
1511	中亚内流区	塔勒德	源头至下游8.9 km处	8.9	伊宁县	源头水	无	自然保护	自然保护区	I	无		

序号	水系	水体名称	水域	长度/km	控制城镇	现状使用功能	现状水质	规划主导功能	功能区类型	水质目标	断面名称	断面级别	备注
1512	中亚内流区	塔勒德	下游 8.9 km 处至博尔博松河	10.4	伊宁县	分散饮用	无	饮用水水源	饮用水水源保护区	II	无		
1513	中亚内流区	塔勒德沟	全河段	23.7	新源县	饮用、农业用水	无	饮用水水源	饮用水水源保护区	II	塔勒德镇	建议	集中式地表饮用水水源地
1514	中亚内流区	塔勒恒布拉克	源头至吐普克尔村	10.4	额敏县	分散饮用	无	饮用水水源	饮用水水源保护区	II	无		
1515	中亚内流区	塔勒恒布拉克	吐普克尔村至阿克布拉克	5.4	额敏县	分散饮用、农业用水	无	饮用水水源	饮用水水源保护区	III	无		
1516	中亚内流区	塔力木吉尔格朗河	全河段	32.0	特克斯县	源头水	无	自然保护	自然保护区	I	无		
1517	中亚内流区	塔斯布拉克河	源头至下游 12.0 km 处	12.0	昭苏县	源头水	无	自然保护	自然保护区	I	无		
1518	中亚内流区	塔斯布拉克河	下游 12.0 km 处至阔布河	23.4	昭苏县	分散饮用、农业用水	无	饮用水水源	饮用水水源保护区	II	无		
1519	中亚内流区	塔斯提河	源头至英姿村	51.2	裕民县、托里县	源头水、分散饮用	I	自然保护	自然保护区	II	无		
1520	中亚内流区	塔斯提河	英姿村至边境	11.8	裕民县	分散饮用	II	饮用水水源	饮用水水源保护区	II	塔斯提桥	国控	
1521	中亚内流区	套加哈乌拉斯台	全河段	9.5	尼勒克县	分散饮用、农业用水	无	饮用水水源	饮用水水源保护区	II	无		
1522	中亚内流区	套加哈乌拉斯台西干渠	全河段	9.6	尼勒克县	分散饮用、农业用水	无	饮用水水源	饮用水水源保护区	II	无		
1523	中亚内流区	套苏布台沟渠	全河段	11.1	尼勒克县	分散饮用	无	饮用水水源	饮用水水源保护区	II	无		

序号	水系	水体名称	水域	长度/km	控制城镇	现状使用功能	现状水质	规划主导功能	功能区类型	水质目标	断面名称	断面级别	备注
1524	中亚内流区	特东干渠	全河段	31.7	昭苏县	分散饮用、农业用水	无	饮用水水源	饮用水水源保护区	II	无		
1525	中亚内流区	特克斯河	蒙布拉克至伊犁河	72.4	巩留县、新源县、特克斯县	饮用、工业用水	I	饮用水水源	饮用水水源保护区	II	龙口大桥	国控	集中式地表饮用水水源地
1526	中亚内流区	特克斯河	入境至蒙布拉克	194.6	特克斯县、昭苏县	饮用、农业用水	II	饮用水水源	饮用水水源保护区	II	昭苏解放桥、科布大桥	国控	集中式地下饮用水水源地
1527	中亚内流区	提格尔萨依	全河段	32.2	特克斯县	源头水	无	自然保护	自然保护区	I	无		
1528	中亚内流区	天铁克木拉苏河	源头至特东干渠	7.6	昭苏县	源头水	无	自然保护	自然保护区	I	无		
1529	中亚内流区	天铁克木拉苏河	特东干渠至特克斯河	33.5	昭苏县	分散饮用、农业用水	无	饮用水水源	饮用水水源保护区	II	无		
1530	中亚内流区	铁列克特河	全河段	19.6	裕民县	分散饮用	无	饮用水水源	饮用水水源保护区	II	无		
1531	中亚内流区	铁列克提河	全河段	23.2	裕民县	分散饮用	无	饮用水水源	饮用水水源保护区	II	无		
1532	中亚内流区	铁米尔勒克沟	全河段	21.4	尼勒克县	分散饮用、农业用水	无	饮用水水源	饮用水水源保护区	II	无		
1533	中亚内流区	铁木里克沟	全河段	15.2	新源县、尼勒克县	分散饮用、农业用水	无	饮用水水源	饮用水水源保护区	II	无		
1534	中亚内流区	铁热克苏	源头至出山口	4.7	额敏县	分散饮用	无	饮用水水源	饮用水水源保护区	II	无		
1535	中亚内流区	铁热克苏	出山口至喀腊苏河	14.3	额敏县	分散饮用、农业用水	无	饮用水水源	饮用水水源保护区	III	无		

序号	水系	水体名称	水域	长度/km	控制城镇	现状使用功能	现状水质	规划主导功能	功能区类型	水质目标	断面名称	断面级别	备注
1536	中亚内流区	铁热克特河	全河段	15.5	塔城市	分散饮用、农业用水	无	饮用水水源	饮用水水源保护区	II	无		
1537	中亚内流区	铁斯巴汗河	源头至加玛特村	9.9	托里县	分散饮用	无	饮用水水源	饮用水水源保护区	II	无		
1538	中亚内流区	铁斯巴汗河	加玛特村至终点	28.5	托里县	分散饮用	无	饮用水水源	饮用水水源保护区	III	无		
1539	中亚内流区	头道河	全河段	40.7	霍城县	饮用	无	饮用水水源	饮用水水源保护区	II	二道海子	建议	集中式地下饮用水水源地
1540	中亚内流区	吐布根查干河	全河段	17.2	尼勒克县	源头水	无	自然保护	自然保护区	I	无		
1541	中亚内流区	吐尔干布拉克	下游 6.2 km 处至特克斯河	25.7	昭苏县	分散饮用、农业用水	无	饮用水水源	饮用水水源保护区	II	无		
1542	中亚内流区	吐尔干布拉克	源头至下游 6.2 km 处	6.2	昭苏县	源头水	无	自然保护	自然保护区	I	无		
1543	中亚内流区	吐尔根布拉克	源头至下游 3.7 km 处	3.7	昭苏县	源头水	无	自然保护	自然保护区	I	无		
1544	中亚内流区	吐尔根布拉克	下游 3.7 km 处至特克斯河	27.0	昭苏县	分散饮用、农业用水	无	饮用水水源	饮用水水源保护区	II	无		
1545	中亚内流区	吐尔根河	全河段	32.9	新源县	分散饮用、农业用水	无	饮用水水源	饮用水水源保护区	II	无		
1546	中亚内流区	团结渠	全河段	65.7	新源县	分散饮用、农业用水	无	饮用水水源	饮用水水源保护区	III	无		
1547	中亚内流区	团结渠	全河段	24.9	伊宁县	分散饮用、农业用水	无	饮用水水源	饮用水水源保护区	III	无		

序号	水系	水体名称	水域	长度/km	控制城镇	现状使用功能	现状水质	规划主导功能	功能区类型	水质目标	断面名称	断面级别	备注
1548	中亚内流区	团结渠南支渠	全河段	26.8	巩留县	分散饮用、农业用水	无	饮用水水源	饮用水水源保护区	III	无		
1549	中亚内流区	托布尔戈阿依日克河	全河段	14.6	塔城市	源头水、分散饮用	无	自然保护	自然保护区	I	无		
1550	中亚内流区	瓦克渠	全河段	4.0	尼勒克县	分散饮用、农业用水	无	饮用水水源	饮用水水源保护区	III	无		
1551	中亚内流区	万德尔河	全河段	15.8	裕民县	分散饮用、农业用水	无	饮用水水源	饮用水水源保护区	III	无		
1552	中亚内流区	旺江隆沃赞乃	全河段	36.0	和静县	源头水	无	自然保护	自然保护区	I	无		
1553	中亚内流区	我尔他衣乃克	全河段	4.3	额敏县	源头水、分散饮用	无	自然保护	自然保护区	I	无		
1554	中亚内流区	乌尔他衣河	全河段	33.6	昭苏县	源头水	无	自然保护	自然保护区	I	无		
1555	中亚内流区	乌拉斯台沟	下游 9.2 km 处至巩乃斯河	9.3	新源县	饮用	无	饮用水水源	饮用水水源保护区	II	乌拉斯台沟	建议	集中式地表饮用水水源地
1556	中亚内流区	乌拉斯台沟	源头至下游 9.2 km 处	9.2	新源县	源头水、饮用	无	自然保护	自然保护区	I	无		
1557	中亚内流区	乌拉斯台河	源头至下游 19.6 km 处	19.6	塔城市	源头水、分散饮用	II	自然保护	自然保护区	II	三水厂	省控	
1558	中亚内流区	乌拉斯台河	乌拉斯台至叶尔盖提河	11.1	塔城市	分散饮用、农业用水	II	饮用水水源	饮用水水源保护区	III	预制厂	省控	
1559	中亚内流区	乌拉斯台河	源头至下游 9.8 km 处	9.8	尼勒克县	源头水	无	自然保护	自然保护区	I	无		
1560	中亚内流区	乌拉斯台河	下游 9.8 km 处至喀什河	12.2	尼勒克县	分散饮用、农业用水	无	饮用水水源	饮用水水源保护区	II	无		

序号	水系	水体名称	水域	长度/km	控制城镇	现状使用功能	现状水质	规划主导功能	功能区类型	水质目标	断面名称	断面级别	备注
1561	中亚内流区	乌拉斯台河	下游 19.6 km 处至乌拉斯台	17.4	塔城市	分散饮用	II	饮用水水源	饮用水水源保护区	II	哈拉苏桥	省控	
1562	中亚内流区	乌雪特河	源头至出山口	11.0	托里县	分散饮用、农业用水	无	饮用水水源	饮用水水源保护区	II	无		
1563	中亚内流区	乌雪特河	出山口至额敏河	113.4	托里县、额敏县、塔城市、裕民县	分散饮用、农业用水	无	饮用水水源	饮用水水源保护区	III	无		
1564	中亚内流区	乌玉尔台河	源头至下游 11.8 km 处	11.8	昭苏县	源头水	无	自然保护	自然保护区	I	无		
1565	中亚内流区	乌玉尔台河	下游 11.8 km 处至特克斯河	41.3	昭苏县	分散饮用、农业用水	无	饮用水水源	饮用水水源保护区	II	无		
1566	中亚内流区	乌宗布拉克	全河段	23.4	裕民县、托里县	分散饮用	无	饮用水水源	饮用水水源保护区	II	无		
1567	中亚内流区	乌宗布拉克	全河段	20.0	额敏县	分散饮用、农业用水	无	饮用水水源	饮用水水源保护区	III	无		
1568	中亚内流区	吾尔塔木斯河	全河段	21.8	昭苏县	分散饮用、农业用水	无	饮用水水源	饮用水水源保护区	II	无		
1569	中亚内流区	五七渠	全河段	5.9	尼勒克县	分散饮用、农业用水	无	饮用水水源	饮用水水源保护区	III	无		
1570	中亚内流区	西干渠	全河段	12.5	裕民县	农业用水	无	景观娱乐	景观娱乐用水区	III	无		现状农业用水，不降低现状水质，高标准要求
1571	中亚内流区	西干渠	全河段	29.0	察布查尔县	农业用水	无	景观娱乐	景观娱乐用水区	IV	无		

序号	水系	水体名称	水域	长度/km	控制城镇	现状使用功能	现状水质	规划主导功能	功能区类型	水质目标	断面名称	断面级别	备注
1572	中亚内流区	锡伯特河	源头至下游10.6 km	10.6	额敏县	源头水、分散饮用	无	自然保护	自然保护区	I	无		
1573	中亚内流区	锡伯特河	一六六团八连至终点	13.1	额敏县	分散饮用、农业用水	无	饮用水水源	饮用水水源保护区	III	无		
1574	中亚内流区	锡伯特河	下游10.6 km至一六六团八连	6.5	额敏县	分散饮用	无	饮用水水源	饮用水水源保护区	II	无		
1575	中亚内流区	锡伯图河	源头至下游23.6 km处	23.6	塔城市、额敏县	源头水、分散饮用	无	自然保护	自然保护区	I	无		
1576	中亚内流区	锡伯图河	出山口至终点	34.2	额敏县、塔城市	分散饮用、农业用水	无	饮用水水源	饮用水水源保护区	III	无		
1577	中亚内流区	锡伯图河	下游23.6 km处至出山口	7.0	额敏县、塔城市	分散饮用	无	饮用水水源	饮用水水源保护区	II	无		
1578	中亚内流区	夏尔也木勒河	源头至喀拉也木勒林场	22.2	额敏县	源头水、分散饮用	无	自然保护	自然保护区	I	无		
1579	中亚内流区	夏尔也木勒河	喀拉也木勒林场至喀拉也木勒乡	10.4	额敏县	分散饮用	无	饮用水水源	饮用水水源保护区	II	无		
1580	中亚内流区	夏塔河	源头至夏特	49.7	昭苏县	源头水	无	自然保护	自然保护区	I	无		
1581	中亚内流区	夏塔河	夏特至特克斯河	30.8	昭苏县	分散饮用、农业用水	无	饮用水水源	饮用水水源保护区	II	无		
1582	中亚内流区	肖尔布拉克沟	全河段	21.9	新源县	分散饮用、农业用水	无	饮用水水源	饮用水水源保护区	III	无		
1583	中亚内流区	小白代	源头至下游16.2 km处	16.2	昭苏县	源头水	无	自然保护	自然保护区	I	无		
1584	中亚内流区	小白代	下游16.2 km处至阿克牙孜河	5.3	昭苏县	分散饮用、农业用水	无	饮用水水源	饮用水水源保护区	II	无		

序号	水系	水体名称	水域	长度/km	控制城镇	现状使用功能	现状水质	规划主导功能	功能区类型	水质目标	断面名称	断面级别	备注
1585	中亚内流区	小洪那海河	源头至下游25.0 km处	25.0	昭苏县	源头水	无	自然保护	自然保护区	I	无		
1586	中亚内流区	小洪那海河	下游25.0 km处至特克斯河	35.8	昭苏县	分散饮用、农业用水	无	饮用水水源	饮用水水源保护区	II	无		
1587	中亚内流区	小吉尔格郎河	全河段	24.2	巩留县	分散饮用、农业用水	无	饮用水水源	饮用水水源保护区	II	无		
1588	中亚内流区	小卡拉干沟	源头至下游6.1 km处	6.1	昭苏县	源头水	无	自然保护	自然保护区	I	无		
1589	中亚内流区	小卡拉干沟	下游6.1 km处至乌玉尔台河	43.8	昭苏县	分散饮用、农业用水	无	饮用水水源	饮用水水源保护区	II	无		
1590	中亚内流区	小莫因台	源头至下游13.0 km处	13.0	昭苏县	源头水	无	自然保护	自然保护区	I	无		
1591	中亚内流区	小莫因台	下游9.9 km处至特克斯河	11.8	昭苏县	分散饮用、农业用水	无	饮用水水源	饮用水水源保护区	II	无		
1592	中亚内流区	小人民渠	全河段	19.4	伊宁县	饮用	无	饮用水水源	饮用水水源保护区	II	吉尔格郎	建议	集中式地表饮用水水源地
1593	中亚内流区	小西沟	源头至下游20.0 km处	20.0	霍城县	源头水	无	自然保护	自然保护区	I	无		
1594	中亚内流区	小西沟	下游20.0 km处至伊犁河	71.2	霍城县	分散饮用、农业用水	无	饮用水水源	饮用水水源保护区	II	无		
1595	中亚内流区	新西干渠	全河段	22.4	新源县	分散饮用、农业用水	无	饮用水水源	饮用水水源保护区	III	无		
1596	中亚内流区	修贵图河	全河段	10.7	额敏县	源头水、分散饮用	无	自然保护	自然保护区	I	无		

序号	水系	水体名称	水域	长度/km	控制城镇	现状使用功能	现状水质	规划主导功能	功能区类型	水质目标	断面名称	断面级别	备注
1597	中亚内流区	也尔莫顿渠	全河段	14.2	尼勒克县	分散饮用、农业用水	无	饮用水水源	饮用水水源保护区	II	无		
1598	中亚内流区	叶尔盖提河	全河段	63.5	塔城市、裕民县	饮用、农业用水	无	饮用水水源	饮用水水源保护区	III	塔城市西	建议	集中式地下饮用水水源地
1599	中亚内流区	伊布拉音库尔萨依	全河段	16.1	伊宁县	源头水、分散饮用	无	自然保护	自然保护区	I	无		
1600	中亚内流区	伊犁河	伊宁市东界至出境口	101.7	伊宁市、霍城县	渔业、工农业用水	II	渔业用水	渔业用水区	II	伊犁河大桥、英牙尔乡；慧远大畜队	国控；省控	现状工农业用水，不降低现状水质，高标准要求
1601	中亚内流区	伊犁河	巩乃斯种羊场（特巩交汇处）至伊宁市东界	122.3	伊宁县、巩留县、察布查尔县	分散饮用、农业用水	II	饮用水水源	饮用水水源保护区	II	雅马渡大桥	国控	
1602	中亚内流区	依生布古河	全河段	24.7	尼勒克县	源头水	无	自然保护	自然保护区	I	无		
1603	中亚内流区	与勒肯喀拉苏河	源头至下游14.4 km处	14.4	察布查尔县	源头水	无	自然保护	自然保护区	I	无		
1604	中亚内流区	与勒肯喀拉苏河	下游14.4 km处至伊犁河	49.6	察布查尔县	分散饮用、农业用水	无	饮用水水源	饮用水水源保护区	II	无		
1605	中亚内流区	玉什卡依奇	下游2.4 km处至终点	13.7	额敏县	分散饮用	无	饮用水水源	饮用水水源保护区	II	无		
1606	中亚内流区	玉什卡依奇	源头至下游2.4 km处	2.4	额敏县	源头水、分散饮用	无	自然保护	自然保护区	I	无		

序号	水系	水体名称	水域	长度/km	控制城镇	现状使用功能	现状水质	规划主导功能	功能区类型	水质目标	断面名称	断面级别	备注
1607	中亚内流区	跃进大渠	全河段	50.3	新源县	饮用	无	饮用水水源	饮用水水源保护区	III	龙口大桥	建议	集中式地下饮用水水源地
1608	中亚内流区	则克台河	全河段	19.6	新源县	分散饮用、农业用水	无	饮用水水源	饮用水水源保护区	II	无		
1609	中亚内流区	扎拉斯拜克萨依	全河段	10.1	尼勒克县	源头水	无	自然保护	自然保护区	I	无		
1610	中亚内流区	札曼塔木	全河段	20.1	托里县	分散饮用、农业用水	无	饮用水水源	饮用水水源保护区	III	无		
1611	中亚内流区	寨口河	源头至下游16.1 km处	16.1	尼勒克县	源头水	无	自然保护	自然保护区	I	无		
1612	中亚内流区	寨口河	下游16.1 km处至与喀什河交汇处	15.9	尼勒克县	分散饮用、农业用水	无	饮用水水源	饮用水水源保护区	II	无		
1613	准噶尔内流区	阿波希台	全河段	16.3	昌吉市	源头水	无	自然保护	自然保护区	I	无		
1614	准噶尔内流区	阿冬萨拉	全河段	30.7	乌苏市	源头水	无	自然保护	自然保护区	I	无		
1615	准噶尔内流区	阿额乌尊	全河段	12.1	乌苏市	源头水	无	自然保护	自然保护区	I	无		
1616	准噶尔内流区	阿尔达	全河段	37.4	福海县	分散饮用、农业用水	无	饮用水水源	饮用水水源保护区	III	无		
1617	准噶尔内流区	阿尔恰特	全河段	36	沙湾县	源头水	II	自然保护	自然保护区	II	阿热勒托别	省控	
1618	准噶尔内流区	阿尔夏特乌苏	源头至阿尔夏特	13.1	温泉县	源头水	无	自然保护	自然保护区	I	无		

序号	水系	水体名称	水域	长度/km	控制城镇	现状使用功能	现状水质	规划主导功能	功能区类型	水质目标	断面名称	断面级别	备注
1619	准噶尔内流区	阿尔夏特乌苏	出山口至终点	13.4	温泉县	分散饮用、农业用水	无	饮用水水源	饮用水水源保护区	III	无		
1620	准噶尔内流区	阿尔夏特乌苏	阿尔夏特至出山口	6.2	温泉县	分散饮用、农业用水	无	饮用水水源	饮用水水源保护区	II	无		
1621	准噶尔内流区	阿合峡特	下游 5.5 km 处至终点	5.7	精河县	分散饮用	无	饮用水水源	饮用水水源保护区	II	无		
1622	准噶尔内流区	阿合峡特	源头至下游 5.5 km 处	5.5	精河县	源头水	无	自然保护	自然保护区	I	无		
1623	准噶尔内流区	阿克达斯	全河段	31	沙湾县	源头水	无	自然保护	自然保护区	I	无		
1624	准噶尔内流区	阿克苏沟	源头至阿克苏	17.1	乌鲁木齐县	源头水	无	自然保护	自然保护区	I	无		
1625	准噶尔内流区	阿克苏沟	阿克苏至白杨河	32.2	乌鲁木齐县	分散饮用、农业用水	无	饮用水水源	饮用水水源保护区	II	无		
1626	准噶尔内流区	阿拉沟	全河段	87.5	和静县、乌鲁木齐县	分散饮用	I	饮用水水源	饮用水水源保护区	II	烽火台、水电站	省控	
1627	准噶尔内流区	阿拉沟渠	全河段	46.3	乌鲁木齐县	饮用、农业用水	无	饮用水水源	饮用水水源保护区	II	台特尔	建议	集中式地下饮用水水源地
1628	准噶尔内流区	阿拉希公京	全河段	23.1	和静县	分散饮用	无	饮用水水源	饮用水水源保护区	II	无		
1629	准噶尔内流区	阿勒坦特布什河	全河段	6.2	博乐市	源头水	无	自然保护	自然保护区	I	无		
1630	准噶尔内流区	阿勒腾萨拉	全河段	11.3	乌苏市	源头水	无	自然保护	自然保护区	I	无		

序号	水系	水体名称	水域	长度/km	控制城镇	现状使用功能	现状水质	规划主导功能	功能区类型	水质目标	断面名称	断面级别	备注
1631	准噶尔内流区	阿勒腾萨拉	全河段	18.6	乌苏市	源头水	无	自然保护	自然保护区	I	无		
1632	准噶尔内流区	阿恰尔	下游15.0 km处至出山口	27.2	精河县	分散饮用	无	饮用水水源	饮用水水源保护区	II	无		
1633	准噶尔内流区	阿恰尔	出山口至312国道	22.8	精河县	分散饮用、农业用水	无	饮用水水源	饮用水水源保护区	III	无		
1634	准噶尔内流区	阿恰尔	源头至下游15.0 km处	15	精河县	源头水	无	自然保护	自然保护区	I	无		
1635	准噶尔内流区	阿恰尔干渠	全河段	4.8	精河县	农业用水	无	景观娱乐	景观娱乐用水区	III	无		现状农业用水，不降低现状水质，高标准要求
1636	准噶尔内流区	阿什力乌增	全河段	15	昌吉市	源头水	无	自然保护	自然保护区	I	无		
1637	准噶尔内流区	阿西特苏	全河段	14.8	精河县	分散饮用、农业用水	无	饮用水水源	饮用水水源保护区	III	无		
1638	准噶尔内流区	阿秀果勒	全河段	22.8	乌苏市	源头水	无	自然保护	自然保护区	I	无		
1639	准噶尔内流区	艾力克吐鲁克	源头至下游10.3 km处	10.3	温泉县	源头水	无	自然保护	自然保护区	I	无		
1640	准噶尔内流区	艾力克吐鲁克	下游10.3 km处至博尔塔拉河	6	温泉县	分散饮用、农业用水	无	饮用水水源	饮用水水源保护区	II	无		
1641	准噶尔内流区	艾维尔沟	全河段	69.8	乌鲁木齐县	分散饮用	I	饮用水水源	饮用水水源保护区	II	无		
1642	准噶尔内流区	奥尔塔乌尊	全河段	23	乌苏市	源头水	无	自然保护	自然保护区	I	无		

序号	水系	水体名称	水域	长度/km	控制城镇	现状使用功能	现状水质	规划主导功能	功能区类型	水质目标	断面名称	断面级别	备注
1643	准噶尔内流区	奥勒木吉	全河段	32.53	巴里坤县	分散饮用、农业用水	无	饮用水源	饮用水水源保护区	II	无		
1644	准噶尔内流区	八道沟	源头至下游7.34 km处	7.35	伊州区	源头水	无	自然保护	自然保护区	I	无		
1645	准噶尔内流区	八道沟	下游7.34 km处至终点	26.17	伊州区	分散饮用、农业用水	无	饮用水水源	饮用水水源保护区	II	无		
1646	准噶尔内流区	巴音沟河	源头至巴音沟牧场	54.7	乌苏市	源头水	无	自然保护	自然保护区	I	无		
1647	准噶尔内流区	巴音沟河	巴音沟牧场至博尔通古牧场水工连	36	沙湾县、乌苏市	饮用、农业用水	无	饮用水水源	饮用水水源保护区	II	博尔通古牧场水工连	建议	集中式地表饮用水水源地
1648	准噶尔内流区	巴音沟河	博尔通古牧场水工连至终点	45.6	沙湾县	农业用水	II	景观娱乐	景观娱乐用水区	II	安集海水库人口	国控	现状农业用水，不降低现状水质，高标准要求
1649	准噶尔内流区	巴音郭勒	全河段	15.4	和布克赛尔蒙古自治县	源头水	无	自然保护	自然保护区	I	无		
1650	准噶尔内流区	巴音赛	全河段	4.4	温泉县	分散饮用、农业用水	无	饮用水水源	饮用水水源保护区	II	无		
1651	准噶尔内流区	白沟	源头至下游9.1 km处	9.1	沙湾县	源头水	无	自然保护	自然保护区	I	无		
1652	准噶尔内流区	白沟	下游9.1 km处至金沟河	3.1	沙湾县	分散饮用、农业用水	无	饮用水水源	饮用水水源保护区	II	无		
1653	准噶尔内流区	白克明渠	全河段	19.1	和布克赛尔蒙古自治县	饮用	II	饮用水水源	饮用水水源保护区	II	白杨河水库出口	建议	集中式地表饮用水水源地

序号	水系	水体名称	水域	长度/km	控制城镇	现状使用功能	现状水质	规划主导功能	功能区类型	水质目标	断面名称	断面级别	备注
1654	准噶尔内流区	白仙萨拉河	全河段	19.7	和布克赛尔蒙古自治县	分散饮用、农业用水	I	饮用水水源	饮用水水源保护区	III	无		
1655	准噶尔内流区	白杨沟	全河段	38.5	呼图壁县	源头水	无	自然保护	自然保护区	I	无		
1656	准噶尔内流区	白杨沟	源头至出山口	7.49	伊州区	源头水	无	自然保护	自然保护区	I	无		
1657	准噶尔内流区	白杨沟	出山口处至渠首	8.20	伊州区	分散饮用、农业用水	无	饮用水水源	饮用水水源保护区	II	无		
1658	准噶尔内流区	白杨河	源头至泉子街乡牧场三队	19.5	吉木萨尔县、奇台县	源头水	无	自然保护	自然保护区	I	无		
1659	准噶尔内流区	白杨河	源头至三岔子沟	19.2	阜康市	源头水	无	自然保护	自然保护区	I	无		
1660	准噶尔内流区	白杨河	泉子街乡牧场三队至白杨河村	14.6	吉木萨尔县、奇台县	饮用、农业用水	无	饮用水水源	饮用水水源保护区	II	东湾镇	建议	集中式地表饮用水水源地
1661	准噶尔内流区	白杨河	三岔子沟至白杨河口	17.3	阜康市	饮用、农业用水	无	饮用水水源	饮用水水源保护区	II	水力发电站	建议	集中式地表饮用水水源地
1662	准噶尔内流区	白杨河	全河段	95.5	乌鲁木齐县、托克逊县	饮用、农业用水	I	饮用水水源	饮用水水源保护区	II	河东乡大桥、水电站	省控	集中式地下饮用水水源地
1663	准噶尔内流区	白杨河	白杨河村至东二畦水库	25	吉木萨尔县	分散饮用、农业用水	无	饮用水水源	饮用水水源保护区	III	无		
1664	准噶尔内流区	白杨河	白杨河口至西沙坝	10.1	阜康市	分散饮用、农业用水	无	饮用水水源	饮用水水源保护区	III	无		

序号	水系	水体名称	水域	长度/km	控制城镇	现状使用功能	现状水质	规划主导功能	功能区类型	水质目标	断面名称	断面级别	备注
1665	准噶尔内流区	白杨河	源头至乌图乌散河汇入口	12.8	和布克赛尔蒙古自治县	源头水		自然保护	自然保护区	I	无		
1666	准噶尔内流区	白杨河	白杨河水库至至终点	49.3	和布克赛尔蒙古自治县、克拉玛依市	饮用、工农业用水	II	饮用水水源	饮用水水源保护区	II	乌尔禾；库克塞桥	省控；国控	集中式地表饮用水水源地
1667	准噶尔内流区	白杨河	乌图乌散河汇入口至白杨河水库	73.6	和布克赛尔蒙古自治县、克拉玛依市	饮用、工农业用水	I	饮用水水源	饮用水水源保护区	II	水库进口	省控	集中式地表饮用水水源地
1668	准噶尔内流区	白杨河（木垒县）	全河段	17.2	木垒县	源头水	无	自然保护	自然保护区	I	无		
1669	准噶尔内流区	白杨河水渠	全河段	53.7	克拉玛依市	饮用	无	饮用水水源	饮用水水源保护区	II	白碱滩水库	建议	集中式地表饮用水水源地
1670	准噶尔内流区	白杨树沟	源头至河流11.2 km处	13.1	乌鲁木齐县	源头水	无	自然保护	自然保护区	I	无		
1671	准噶尔内流区	白杨树沟	河流11.2 km处至终点	32.5	乌鲁木齐县	饮用、农业用水	无	饮用水水源	饮用水水源保护区	II	柴窝堡林场	建议	集中式地表饮用水水源地
1672	准噶尔内流区	拜辛德郭勒	全河段	24.7	沙湾县	源头水	无	自然保护	自然保护区	I	无		
1673	准噶尔内流区	板房沟	源头至下游17.46 km处	17.46	巴里坤县	源头水	无	自然保护	自然保护区	I	无		
1674	准噶尔内流区	板房沟	下游17.46 km处至终点	5.68	巴里坤县	分散饮用、农业用水	无	饮用水水源	饮用水水源保护区	II	无		

序号	水系	水体名称	水域	长度/km	控制城镇	现状使用功能	现状水质	规划主导功能	功能区类型	水质目标	断面名称	断面级别	备注
1675	准噶尔内流区	半截沟	源头至下游2.66 km处	2.66	巴里坤县	源头水	无	自然保护	自然保护区	I	无		
1676	准噶尔内流区	半截沟	下游2.66 km处至头道沟	7.75	巴里坤县	分散饮用、农业用水	无	饮用水水源	饮用水水源保护区	II	无		
1677	准噶尔内流区	包尔阔腊	全河段	26.1	沙湾县	源头水	无	自然保护	自然保护区	I	无		
1678	准噶尔内流区	保尔德渠	全河段	10.3	博乐市	分散饮用、农业用水	无	饮用水水源	饮用水水源保护区	III	无		
1679	准噶尔内流区	保尔德苏河	源头至下游30.2 km处	30.2	博乐市	源头水	无	自然保护	自然保护区	I	无		
1680	准噶尔内流区	保尔德苏河	下游30.2 km处至终点	1.9	博乐市	分散饮用、农业用水	无	饮用水水源	饮用水水源保护区	II	无		
1681	准噶尔内流区	北干渠	全河段	15.8	巴里坤县	分散饮用、农业用水	无	饮用水水源	饮用水源保护区	II	无		
1682	准噶尔内流区	北五岔总干渠	全河段	53.7	玛纳斯县	农业用水	无	景观娱乐	景观娱乐用水区	III	无		现状农业用水，不降低现状水质，高标准要求
1683	准噶尔内流区	碧流河	源头至河流23.3 km处	23.3	奇台县	源头水	无	自然保护	自然保护区	I	无		
1684	准噶尔内流区	碧流河	河流23.3 km处至碧流河乡牧场	1.3	奇台县	分散饮用、农业用水	无	饮用水水源	饮用水水源保护区	II	无		
1685	准噶尔内流区	碧流河	碧流河乡牧场至陈家庄子	22	奇台县	分散饮用、农业用水	无	饮用水水源	饮用水水源保护区	III	无		
1686	准噶尔内流区	博北二干渠	全河段	17.4	温泉县	分散饮用、农业用水	无	饮用水水源	饮用水水源保护区	III	无		

序号	水系	水体名称	水域	长度/km	控制城镇	现状使用功能	现状水质	规划主导功能	功能区类型	水质目标	断面名称	断面级别	备注
1687	准噶尔内流区	博尔塔拉河	源头至卡赞	17.9	温泉县	源头水	无	自然保护	自然保护区	I	无		
1688	准噶尔内流区	博尔塔拉河	七一水库至艾比湖	104.9	博乐市	农业用水	III	景观娱乐	景观娱乐用水区	III	三干渠水、博河中桥、90团四连大桥	省控；国控	现状农业用水，不降低现状水质，高标准要求
1689	准噶尔内流区	博尔塔拉河	温泉水文站至七一水库	88.6	博乐市	饮用	III	饮用水水源	饮用水水源保护区	III	温泉水文站、青乡和大桥电站	省控	集中式地下饮用水水源地
1690	准噶尔内流区	博尔塔拉河	卡赞至温泉水文站	72.6	温泉县	分散饮用、农业用水	II	饮用水水源	饮用水水源保护区	II	温泉水文站	省控	
1691	准噶尔内流区	博斯坦河	源头至博斯坦水库以南 2 km	17.9	木垒县	源头水	无	自然保护	自然保护区	I	无		
1692	准噶尔内流区	博斯坦河	博斯坦水库以南 2 km 至出山口	13.6	木垒县	分散饮用、农业用水	无	饮用水水源	饮用水水源保护区	II	无		
1693	准噶尔内流区	博斯坦河	出山口至终点	6.9	木垒县	分散饮用、农业用水	无	饮用水水源	饮用水水源保护区	III	无		
1694	准噶尔内流区	布尔嘎斯特	全河段	16.1	温泉县	源头水	无	自然保护	自然保护区	I	无		
1695	准噶尔内流区	布尔根河	全河段	61.3	青河县	饮用、珍稀水生动物用水	II	渔业用水	渔业用水区	II	塔克什肯	省控	集中式地表饮用水水源地
1696	准噶尔内流区	布尔呼斯台萨依	全河段	13.8	和静县	源头水	无	自然保护	自然保护区	I	无		

序号	水系	水体名称	水域	长度/km	控制城镇	现状使用功能	现状水质	规划主导功能	功能区类型	水质目标	断面名称	断面级别	备注
1697	准噶尔内流区	布尔克斯台	全河段	17.9	托里县	分散饮用、农业用水	无	饮用水水源	饮用水水源保护区	III	无		
1698	准噶尔内流区	布尔克斯台河	下游13.6 km处至布尔合斯太牧业三队	12	吉木乃县、和布克赛尔蒙古自治县	分散饮用、农业用水	无	饮用水水源	饮用水水源保护区	II	无		
1699	准噶尔内流区	布尔克斯台河	源头至下游13.6 km处	13.6	吉木乃县、和布克赛尔蒙古自治县	分散饮用、农业用水	无	自然保护	自然保护区	I	无		
1700	准噶尔内流区	布尔克斯台河	布尔合斯太牧业三队至终点	13.7	吉木乃县、和布克赛尔蒙古自治县	分散饮用、农业用水	无	饮用水水源	饮用水水源保护区	III	无		
1701	准噶尔内流区	布尔阔台河	源头至河流16.8 km处	20	额敏县	源头水	无	自然保护	自然保护区	I	无		
1702	准噶尔内流区	布尔阔台河	河流16.8 km处至出山口	15.6	额敏县	分散饮用、农业用水	无	饮用水水源	饮用水水源保护区	II	无		
1703	准噶尔内流区	布尔阔台河	出山口至终点	11.6	额敏县	分散饮用、农业用水	无	饮用水水源	饮用水水源保护区	III	无		
1704	准噶尔内流区	布腊特	全河段	33.4	额敏县	源头水	无	自然保护	自然保护区	I	无		
1705	准噶尔内流区	布林河	全河段	32.3	和布克赛尔蒙古自治县	分散饮用、农业用水	I	饮用水水源	饮用水水源保护区	III	无		
1706	准噶尔内流区	布鲁合斯台	全河段	14.5	和静县	源头水	无	自然保护	自然保护区	I	无		

序号	水系	水体名称	水域	长度/km	控制城镇	现状使用功能	现状水质	规划主导功能	功能区类型	水质目标	断面名称	断面级别	备注
1707	准噶尔内流区	布吐哈马仁乌苏	全河段	11.1	博乐市	源头水	无	自然保护	自然保护区	I	无		
1708	准噶尔内流区	查干郭勒	源头至下游18.0 km处	18	博乐市	源头水	无	自然保护	自然保护区	I	无		
1709	准噶尔内流区	查干郭勒	下游18.0 km处至赛里木湖	3.8	博乐市	分散饮用、农业用水	无	饮用水水源	饮用水水源保护区	II	无		
1710	准噶尔内流区	查干郭勒河	江巴塔斯至青格里河	57.5	青河县	分散饮用、农业用水	无	饮用水水源	饮用水水源保护区	II	无		
1711	准噶尔内流区	查干郭勒河	源头至江巴塔斯	38.3	青河县	源头水、分散饮用	无	自然保护	自然保护区	I	无		
1712	准噶尔内流区	查干哈尔尕	新沟至乌尔塔克萨雷河	21.2	温泉县	分散饮用、农业用水	无	饮用水水源	饮用水水源保护区	II	无		
1713	准噶尔内流区	查干哈尔尕	源头至新沟	4.3	博乐市	源头水	无	自然保护	自然保护区	I	无		
1714	准噶尔内流区	查干萨依	源头至下游5.7 km处	5.7	温泉县	源头水	无	自然保护	自然保护区	I	无		
1715	准噶尔内流区	查干萨依	下游5.7 km处至查克特	9.5	温泉县	分散饮用、农业用水	无	饮用水水源	饮用水水源保护区	II	无		
1716	准噶尔内流区	查干衣尔克	源头至下游9.7 km处	9.6	温泉县	源头水	无	自然保护	自然保护区	I	无		
1717	准噶尔内流区	查干衣尔克	出山口至终点	3	温泉县	分散饮用、农业用水	无	饮用水水源	饮用水水源保护区	III	无		
1718	准噶尔内流区	查干衣尔克	下游9.7 km处至出山口	8.5	温泉县	分散饮用	无	饮用水水源	饮用水水源保护区	II	无		
1719	准噶尔内流区	查汉布特	全河段	17.5	木垒县	源头水	无	自然保护	自然保护区	I	无		

序号	水系	水体名称	水域	长度/km	控制城镇	现状使用功能	现状水质	规划主导功能	功能区类型	水质目标	断面名称	断面级别	备注
1720	准噶尔内流区	楚伦格尔	全河段	12.2	昌吉市	源头水	无	自然保护	自然保护区	I	无		
1721	准噶尔内流区	川带依	全河段	21.3	青河县	源头水	无	自然保护	自然保护区	I	无		
1722	准噶尔内流区	达巴特	源头至下游5.2 km处	5.2	温泉县	源头水	无	自然保护	自然保护区	I	无		
1723	准噶尔内流区	达巴特	下游5.2 km处至查干哈尔尕	9.6	温泉县	分散饮用、农业用水	无	饮用水水源	饮用水水源保护区	II	无		
1724	准噶尔内流区	达坂河	源头至达坂河牧业村	18.4	奇台县	源头水	无	自然保护	自然保护区	I	无		
1725	准噶尔内流区	达坂河	达坂河牧业村至天河一队	13.3	奇台县	分散饮用、农业用水	无	饮用水水源	饮用水水源保护区	II	无		
1726	准噶尔内流区	达坂河	天河一队至终点	10.1	奇台县	分散饮用、农业用水	无	饮用水水源	饮用水水源保护区	III	无		
1727	准噶尔内流区	达尔布特河	乌雪特乡一队至萨热托海	69.1	托里县	分散饮用、农业用水	无	饮用水水源	饮用水水源保护区	III	无		
1728	准噶尔内流区	达尔布特河	源头至乌雪特乡一队	68.2	托里县	分散饮用、农业用水	无	饮用水水源	饮用水水源保护区	II	无		
1729	准噶尔内流区	达尔布图河	全河段	22.8	克拉玛依市	饮用、农业用水	无	饮用水水源	饮用水水源保护区	III	百口泉	建议	集中式地下饮用水水源地
1730	准噶尔内流区	达兰哈特	全河段	11.3	博乐市	源头水	无	自然保护	自然保护区	I	无		
1731	准噶尔内流区	大白杨河	全河段	14.67	伊吾县	分散饮用、农业用水	无	饮用水水源	饮用水水源保护区	II	无		
1732	准噶尔内流区	大河	全河段	27.96	巴里坤县	分散饮用、农业用水	无	饮用水水源	饮用水水源保护区	II	无		

序号	水系	水体名称	水域	长度/km	控制城镇	现状使用功能	现状水质	规划主导功能	功能区类型	水质目标	断面名称	断面级别	备注
1733	准噶尔内流区	大河沿河	源头至大河沿	36.7	吐鲁番市	源头水	无	自然保护	自然保护区	I	无		
1734	准噶尔内流区	大河沿河	大河沿至终点	40	吐鲁番市	饮用、农业用水	无	饮用水水源	饮用水水源保护区	II	零 km	建议	集中式地下饮用水水源地
1735	准噶尔内流区	大河沿子干渠	全河段	16.6	精河县	饮用、农业用水	I	饮用水水源	饮用水水源保护区	II	干渠渠首	省控	集中式地下饮用水水源地
1736	准噶尔内流区	大河沿子河	全河段	30.8	博乐市	饮用、农业用水	无	饮用水水源	饮用水水源保护区	III	大河沿子二牧场	建议	集中式地下饮用水水源地
1737	准噶尔内流区	大黑沟	源头至水管所	11.54	巴里坤县	源头水	无	自然保护	自然保护区	I	无		
1738	准噶尔内流区	大黑沟	水管所至终点	6.73	巴里坤县	分散饮用、农业用水	无	饮用水水源	饮用水水源保护区	II	无		集中式地下饮用水水源地
1739	准噶尔内流区	大红旗沟	源头至下游4.73 km处	4.73	巴里坤县	源头水	无	自然保护	自然保护区	I	无		
1740	准噶尔内流区	大红旗沟	下游4.73 km处至终点	7.85	巴里坤县	分散饮用、农业用水	无	饮用水水源	饮用水水源保护区	II	无		
1741	准噶尔内流区	大柳沟	源头至大柳沟东沟汇合口	16.98	巴里坤县	源头水	无	自然保护	自然保护区	I	无		
1742	准噶尔内流区	大柳沟	大柳沟东沟汇合口至柳条河水库	9.98	巴里坤县	分散饮用、农业用水	无	饮用水水源	饮用水水源保护区	II	无		

序号	水系	水体名称	水域	长度/km	控制城镇	现状使用功能	现状水质	规划主导功能	功能区类型	水质目标	断面名称	断面级别	备注
1743	准噶尔内流区	大柳沟东沟	全河段	19.48	巴里坤县	源头水	无	自然保护	自然保护区	I	无		
1744	准噶尔内流区	大南沟	源头至小南沟汇合口	26	沙湾县	源头水	无	自然保护	自然保护区	I	无		
1745	准噶尔内流区	大南沟	博尔通古牧场至金沟河	13.7	沙湾县	分散饮用、农业用水	无	饮用水水源	饮用水水源保护区	III	无		
1746	准噶尔内流区	大南沟	小南沟汇合口至博尔通古牧场	3.4	沙湾县	分散饮用、农业用水	无	饮用水水源	饮用水水源保护区	II	无		
1747	准噶尔内流区	大青格里河	源头至阿热勒托别	49.7	青河县	源头水	无	自然保护	自然保护区	I	无		
1748	准噶尔内流区	大青格里河	阿热勒托别至拜兴水库	35.5	青河县	饮用、农业用水	无	饮用水水源	饮用水水源保护区	II	科克喀仁	建议	集中式地表饮用水水源地
1749	准噶尔内流区	大青河	全河段	24.2	青河县	饮用、农业用水	II	饮用水水源	饮用水水源保护区	II	大青河源头	省控	集中式地表饮用水水源地
1750	准噶尔内流区	大松树沟	全河段	10	奇台县	分散饮用	无	饮用水水源	饮用水水源保护区	II	无		
1751	准噶尔内流区	大西沟	全河段	30.8	乌鲁木齐县	源头水、饮用	II	自然保护	自然保护区	II	跃进桥	国控	集中式地表饮用水水源地；乌鲁木齐河大西沟段
1752	准噶尔内流区	大西沟	全河段	19.7	呼图壁县	分散饮用、农业用水	无	饮用水水源	饮用水水源保护区	II	无		

序号	水系	水体名称	水域	长度/km	控制城镇	现状使用功能	现状水质	规划主导功能	功能区类型	水质目标	断面名称	断面级别	备注
1753	准噶尔内流区	大西沟河坝	源头至下游16.1 km处	16.1	乌鲁木齐县	源头水、饮用	II	自然保护	自然保护区	II	英雄桥	国控	集中式地表饮用水水源地；乌鲁木齐河大西沟河坝段
1754	准噶尔内流区	大西沟河坝	下游16.1 km处至终点	4.8	乌鲁木齐县	分散饮用、农业用水	II	饮用水水源	饮用水水源保护区	II	无		乌鲁木齐河大西沟河坝段
1755	准噶尔内流区	大熊沟	源头至下游12.48 km处	12.48	巴里坤县	源头水	无	自然保护	自然保护区	I	无		集中式地表饮用水水源地
1756	准噶尔内流区	大熊沟	下游12.48 km处至终点	5	巴里坤县	分散饮用、农业用水	无	饮用水水源	饮用水水源保护区	II	无		集中式地表饮用水水源地
1757	准噶尔内流区	代布昆代	源头至下游4.6 km处	4.64	伊吾县	源头水	无	自然保护	自然保护区	I	无		
1758	准噶尔内流区	代布昆代	下游4.6 km处至终点	10.57	伊吾县	分散饮用、农业用水	无	饮用水水源	饮用水水源保护区	II	无		
1759	准噶尔内流区	旦木河	全河段	35.4	额敏县、和布克赛尔蒙古自治县	源头水	无	自然保护	自然保护区	I	无		
1760	准噶尔内流区	淡木郭勒	全河段	30	和布克赛尔蒙古自治县	分散饮用、农业用水	无	饮用水水源	饮用水水源保护区	II	无		

序号	水系	水体名称	水域	长度/km	控制城镇	现状使用功能	现状水质	规划主导功能	功能区类型	水质目标	断面名称	断面级别	备注
1761	准噶尔内流区	道兰格椤	全河段	5.4	精河县	源头水	无	自然保护	自然保护区	I	无		
1762	准噶尔内流区	德代	全河段	21.7	和静县	分散饮用	无	饮用水水源	饮用水水源保护区	II	无		
1763	准噶尔内流区	顶山南支干渠	全河段	19.5	福海县	分散饮用、农业用水	无	饮用水水源	饮用水水源保护区	III	无		
1764	准噶尔内流区	东岸大渠(玛纳斯县)	全河段	16.2	玛纳斯县	农业用水	II	景观娱乐	景观娱乐用水区	II	无		现状农业用水，不降低现状水质，高标准要求
1765	准噶尔内流区	东城河	源头至东城山口	3.4	木垒县	饮用、农业用水	无	饮用水水源	饮用水水源保护区	II	鸡心梁	建议	集中式地表饮用水水源地
1766	准噶尔内流区	东城河	东城山口至东城水库	14.3	木垒县	饮用、农业用水	无	饮用水水源	饮用水水源保护区	III	东城山口	建议	集中式地下饮用水水源地
1767	准噶尔内流区	东大龙口河	源头至上长山渠一村	18.8	吉木萨尔县	源头水	无	自然保护	自然保护区	I	无		
1768	准噶尔内流区	东大龙口河	上长山渠一村至大龙口	24.3	吉木萨尔县	分散饮用、农业用水	无	饮用水水源	饮用水水源保护区	II	无		
1769	准噶尔内流区	东大龙口河	大龙口至下新湖水库	26.6	吉木萨尔县	饮用、农业用水	无	饮用水水源	饮用水水源保护区	III	供排水公司	建议	集中式地下饮用水水源地
1770	准噶尔内流区	东杜哈拉盖特	源头至出山口（6.1 km 处）	6.1	和布克赛尔蒙古自治县	分散饮用、农业用水	无	饮用水水源	饮用水水源保护区	II	无		

序号	水系	水体名称	水域	长度/km	控制城镇	现状使用功能	现状水质	规划主导功能	功能区类型	水质目标	断面名称	断面级别	备注
1771	准噶尔内流区	东杜哈拉盖特	出山口至巴音傲瓦水库	13.9	和布克赛尔蒙古自治县	分散饮用、农业用水	无	饮用水水源	饮用水水源保护区	III	无		
1772	准噶尔内流区	东干大渠	全河段	28.5	乌苏市	农业用水	无	景观娱乐	景观娱乐用水区	III	无		现状农业用水，不降低现状水质，高标准要求
1773	准噶尔内流区	东干渠(昌吉市)	全河段	32.8	昌吉市	饮用、农业用水	无	饮用水水源	饮用水水源保护区	III	常胜五队	建议	集中式地下饮用水水源地
1774	准噶尔内流区	东干渠(乌苏市)	全河段	20.7	乌苏市	农业用水	无	景观娱乐	景观娱乐用水区	III	无		现状农业用水，不降低现状水质，高标准要求
1775	准噶尔内流区	东南沟	全河段	14.4	乌鲁木齐县	源头水	无	自然保护	自然保护区	I	无		
1776	准噶尔内流区	东支渠(精河县)	全河段	5.8	精河县	分散饮用、农业用水	无	饮用水水源	饮用水水源保护区	III	无		
1777	准噶尔内流区	冬德萨拉	全河段	11.1	和静县	分散饮用	无	饮用水水源	饮用水水源保护区	II	无		
1778	准噶尔内流区	冬都郭勒	全河段	17.2	乌苏市	源头水	无	自然保护	自然保护区	I	无		
1779	准噶尔内流区	冬都呼斯塔	源头至河流13.4 km处	8.8	精河县	源头水	无	自然保护	自然保护区	I	无		
1780	准噶尔内流区	冬都呼斯塔	河流13.4 km处至出山口	15.1	精河县	分散饮用、农业用水	无	饮用水水源	饮用水水源保护区	II	无		

序号	水系	水体名称	水域	长度/km	控制城镇	现状使用功能	现状水质	规划主导功能	功能区类型	水质目标	断面名称	断面级别	备注
1781	准噶尔内流区	冬都精河	源头至永集公社牧场	41	精河县	源头水	无	自然保护	自然保护区	I	无		
1782	准噶尔内流区	冬都精河	永集公社牧场至精河	29.3	精河县	分散饮用	无	饮用水水源	饮用水水源保护区	II	无		
1783	准噶尔内流区	洞洞沟	全河段	15.2	木垒县	源头水	无	自然保护	自然保护区	I	无		
1784	准噶尔内流区	敦德郭勒	全河段	32.6	和静县	源头水	无	自然保护	自然保护区	I	无		
1785	准噶尔内流区	多辛	全河段	15.3	和静县	源头水	无	自然保护	自然保护区	I	无		
1786	准噶尔内流区	尔米克	源头至出山口（8.7 km 处）	8.7	和布克赛尔蒙古自治县	分散饮用、农业用水	无	饮用水水源	饮用水水源保护区	II	无		
1787	准噶尔内流区	尔米克	出山口至乌图布拉格水库	8.8	和布克赛尔蒙古自治县	分散饮用、农业用水	无	饮用水水源	饮用水水源保护区	III	无		
1788	准噶尔内流区	二道白杨沟	全河段	14.14	巴里坤县	分散饮用、农业用水	无	饮用水水源	饮用水水源保护区	II	无		
1789	准噶尔内流区	二道沟	源头至下游 11.85 km 处	11.85	巴里坤县	源头水	无	自然保护	自然保护区	I	无		
1790	准噶尔内流区	二道沟	下游 11.85 km 处至终点	19.29	巴里坤县	分散饮用、工业用水	无	饮用水水源	饮用水水源保护区	II	无		
1791	准噶尔内流区	二道沟	源头至二道沟牧点	8.1	伊州区	源头水	无	自然保护	自然保护区	I	无		
1792	准噶尔内流区	二道沟	二道沟牧点至出山口下游	26.71	伊州区	分散饮用、农业用水	无	饮用水水源	饮用水水源保护区	II	无		

序号	水系	水体名称	水域	长度/km	控制城镇	现状使用功能	现状水质	规划主导功能	功能区类型	水质目标	断面名称	断面级别	备注
1793	准噶尔内流区	二干渠（博乐市）	全河段	2.6	博乐市	分散饮用、农业用水	无	饮用水水源	饮用水水源保护区	Ⅲ	无		
1794	准噶尔内流区	二工河	源头至二工河木材检查站	22	吉木萨尔县	源头水	无	自然保护	自然保护区	Ⅰ	无		
1795	准噶尔内流区	二工河	二工河木材检查站至出山口	20	吉木萨尔县	分散饮用、农业用水	Ⅱ	饮用水水源	饮用水水源保护区	Ⅱ	孙庄村	省控	
1796	准噶尔内流区	二工河	出山口至中沟村	22.5	吉木萨尔县	分散饮用、农业用水	Ⅱ	饮用水水源	饮用水水源保护区	Ⅱ	无		
1797	准噶尔内流区	二渠	全河段	25.54	巴里坤县	饮用、农业用水	无	饮用水水源	饮用水水源保护区	Ⅱ	新户	建议	集中式地下饮用水源地
1798	准噶尔内流区	二唐沟	源头至阿日相	12.6	鄯善县	源头水	无	自然保护	自然保护区	Ⅰ	无		
1799	准噶尔内流区	二唐沟	阿日相至连木沁	57.3	鄯善县	饮用、农业用水	无	饮用水水源	饮用水水源保护区	Ⅱ	连木沁	建议	集中式地下、地表饮用水水源地
1800	准噶尔内流区	二桐枯沟	全河段	19	五家渠市	农业用水	无	景观娱乐	景观娱乐用水区	Ⅲ	无		现状农业用水，不降低现状水质，高标准要求
1801	准噶尔内流区	放水渠（福海县）	全河段	23.2	福海县	分散饮用、农业用水	无	饮用水水源	饮用水水源保护区	Ⅲ	无		
1802	准噶尔内流区	风-克干渠	全河段	94.4	克拉玛依市	饮用	Ⅱ	饮用水水源	饮用水水源保护区	Ⅱ	风城高库、三坪镇、库克塞桥	省控；国控	集中式地表饮用水水源地

序号	水系	水体名称	水域	长度/km	控制城镇	现状使用功能	现状水质	规划主导功能	功能区类型	水质目标	断面名称	断面级别	备注
1803	准噶尔内流区	福海放水渠	全河段	46.2	福海县	分散饮用、农业用水	无	饮用水水源	饮用水水源保护区	III	无		
1804	准噶尔内流区	尕勒旦萨拉	全河段	7.7	精河县	源头水	无	自然保护	自然保护区	I	无		
1805	准噶尔内流区	甘河子	源头至五官沟	20.6	阜康市	源头水	无	自然保护	自然保护区	I	无		
1806	准噶尔内流区	甘河子	五官沟至甘河子镇以北1.8 km	12.6	阜康市	饮用、农业用水	无	饮用水水源	饮用水水源保护区	II	苇子峡水文站	建议	集中式地下饮用水水源地
1807	准噶尔内流区	甘河子	甘河子镇以北1.8 km至终点	8.3	阜康市	饮用、农业用水	无	饮用水水源	饮用水水源保护区	III	甘河子镇	建议	集中式地下饮用水水源地
1808	准噶尔内流区	干渠	全河段	23.88	巴里坤县	饮用、农业用水	无	饮用水水源	饮用水水源保护区	II	新户	建议	集中式地下饮用水源地
1809	准噶尔内流区	高渠	全河段	13	乌苏市	农业用水	无	景观娱乐	景观娱乐用水区	III	无		现状农业用水，不降低现状水质，高标准要求
1810	准噶尔内流区	公安大渠	全河段	27.7	福海县	分散饮用、农业用水	无	饮用水水源	饮用水水源保护区	III	无		
1811	准噶尔内流区	古尔图河	源头至下游37.9 km处	37.9	乌苏市	源头水	无	自然保护	自然保护区	I	无		
1812	准噶尔内流区	古尔图河	出山口至四棵树河	61.1	乌苏市	农业用水	无	景观娱乐	景观娱乐用水区	III	无		现状农业用水，不降低现状水质，高标准要求

序号	水系	水体名称	水域	长度/km	控制城镇	现状使用功能	现状水质	规划主导功能	功能区类型	水质目标	断面名称	断面级别	备注
1813	准噶尔内流区	古尔图河	下游37.9 km处至出山口	9	乌苏市	分散饮用	无	饮用水水源	饮用水水源保护区	II	无		
1814	准噶尔内流区	古伦多河	源头至板房沟	17.98	伊州区	源头水	无	自然保护	自然保护区	I	无		
1815	准噶尔内流区	古伦多河	板房沟至石城子水库	22.73	伊州区	分散饮用	无	饮用水水源	饮用水水源保护区	II	无		
1816	准噶尔内流区	古仁郭勒河	全河段	61.7	和静县	源头水	无	自然保护	自然保护区	I	无		
1817	准噶尔内流区	哈尔嘎特乌苏	源头至下游4.9 km处	4.9	温泉县	源头水	无	自然保护	自然保护区	I	无		
1818	准噶尔内流区	哈尔嘎特乌苏	下游4.9 km处至阿尔夏特乌苏	8.2	温泉县	分散饮用、农业用水	无	饮用水水源	饮用水水源保护区	II	无		
1819	准噶尔内流区	哈尔哈提郭勒	全河段	15	和静县	源头水	无	自然保护	自然保护区	I	无		
1820	准噶尔内流区	哈拉盖特干渠	全河段	12.1	和布克赛尔蒙古自治县	分散饮用、农业用水	无	饮用水水源	饮用水水源保护区	III	无		
1821	准噶尔内流区	哈拉滚	全河段	19.5	和布克赛尔蒙古自治县	分散饮用、农业用水	无	饮用水水源	饮用水水源保护区	II	无		
1822	准噶尔内流区	哈拉哈特	全河段	26.9	和静县	源头水	无	自然保护	自然保护区	I	无		
1823	准噶尔内流区	哈拉萨拉河	全河段	15.6	和布克赛尔蒙古自治县	分散饮用、农业用水	II	饮用水水源	饮用水水源保护区	II	无		

序号	水系	水体名称	水域	长度/km	控制城镇	现状使用功能	现状水质	规划主导功能	功能区类型	水质目标	断面名称	断面级别	备注
1824	准噶尔内流区	哈拉吐鲁克苏河	出山口至博尔塔拉河	20.7	博乐市	分散饮用、农业用水	无	饮用水水源	饮用水水源保护区	III	无		
1825	准噶尔内流区	哈拉吐鲁克苏河	诺尔特至下游12.6 km处	12.6	博乐市	源头水	无	自然保护	自然保护区	I	无		
1826	准噶尔内流区	哈拉吐鲁克苏河	下游12.6 km处至出山口	5	博乐市	分散饮用	无	饮用水水源	饮用水水源保护区	II	无		
1827	准噶尔内流区	哈腊嘎特	全河段	16.1	乌苏市	源头水	无	自然保护	自然保护区	I	无		
1828	准噶尔内流区	哈普其克	全河段	31.4	和静县、呼图壁县	源头水	无	自然保护	自然保护区	I	无		
1829	准噶尔内流区	哈希勒根	全河段	14.8	乌苏市	源头水	无	自然保护	自然保护区	I	无		
1830	准噶尔内流区	哈夏沃勒	全河段	19	木垒县	分散饮用、农业用水	无	饮用水水源	饮用水水源保护区	II	无		
1831	准噶尔内流区	禾角克沟	全河段	18.6	托里县	分散饮用、农业用水	无	饮用水水源	饮用水水源保护区	II	无		
1832	准噶尔内流区	和布克河	源头至乌图阔力河汇入口	13	和布克赛尔蒙古自治县	分散饮用、农业用水	II	饮用水水源	饮用水水源保护区	II	一牧场上游	省控	
1833	准噶尔内流区	和布克河	加音塔拉水库至西干渠	55.1	和布克赛尔蒙古自治县	分散饮用、农业用水	II	饮用水水源	饮用水水源保护区	II	水库进口	省控	
1834	准噶尔内流区	和布克河		46.6	和布克赛尔蒙古自治县	分散饮用、农业用水	II	饮用水水源	饮用水水源保护区	II	一牧场场部、水库进口	省控	

序号	水系	水体名称	水域	长度/km	控制城镇	现状使用功能	现状水质	规划主导功能	功能区类型	水质目标	断面名称	断面级别	备注
1835	准噶尔内流区	和平渠	全河段	52.6	乌鲁木齐市	工农业用水	II	景观娱乐	景观娱乐用水区	II	乌拉泊水库出口	国控	现状工农业用水，不降低现状水质，高标准要求；乌鲁木奇河和平渠段
1836	准噶尔内流区	和夏干渠	全河段	34.2	和布克赛尔蒙古自治县	分散饮用、农业用水	无	饮用水水源	饮用水水源保护区	III	无		
1837	准噶尔内流区	黑沟河	源头至河流13.6 km处	13.6	乌鲁木齐县	源头水	无	自然保护	自然保护区	I	无		
1838	准噶尔内流区	黑沟河	源头至喀计郭勒	17.9	吐鲁番市	源头水	无	自然保护	自然保护区	I	无		
1839	准噶尔内流区	黑沟河	河流13.6 km处至白杨河	40.9	乌鲁木齐县	饮用、农业用水	无	饮用水水源	饮用水水源保护区	II	峡口	建议	集中式地表饮用水水源地
1840	准噶尔内流区	黑沟河	喀计郭勒至终点	43.1	吐鲁番市	饮用、农业用水	无	饮用水水源	饮用水水源保护区	II	黑沟	建议	集中式地下饮用水水源地
1841	准噶尔内流区	黑水渠	全河段	24.5	精河县	农业用水	无	景观娱乐	景观娱乐用水区	III	无		现状农业用水，不降低现状水质，高标准要求

序号	水系	水体名称	水域	长度/km	控制城镇	现状使用功能	现状水质	规划主导功能	功能区类型	水质目标	断面名称	断面级别	备注
1842	准噶尔内流区	红星二渠	全河段	42.50	伊州区	饮用、农业用水	无	饮用水水源	饮用水水源保护区	II	五道沟	建议	集中式地下饮用水水源地
1843	准噶尔内流区	红星干渠	全河段	22.8	福海县	分散饮用、农业用水	无	饮用水水源	饮用水水源保护区	III	无		
1844	准噶尔内流区	呼斯台郭勒河	全河段	87.5	沙湾县、玛纳斯县	源头水	无	自然保护	自然保护区	I	无		
1845	准噶尔内流区	呼斯坦乌苏河	全河段	28.2	精河县	农业用水	无	景观娱乐	景观娱乐用水区	III	无		现状农业用水，不降低现状水质，高标准要求
1846	准噶尔内流区	呼图壁河	呼图壁县城饮用水水源地至终点	88	呼图壁县	饮用、农业用水	II	饮用水水源	饮用水水源保护区	II	五工台镇	建议	集中式地表饮用水水源地
1847	准噶尔内流区	呼图壁河	源头至疗养院	60.5	呼图壁县	源头水、分散饮用	无	自然保护	自然保护区	I	无		
1848	准噶尔内流区	呼图壁河	疗养院至呼图壁县城饮用水水源地	40.8	呼图壁县	饮用	II	饮用水水源	饮用水水源保护区	II	棉纺厂	国控	集中式地表饮用水水源地
1849	准噶尔内流区	胡加台	全河段	55.6	托里县	分散饮用、农业用水	无	饮用水水源	饮用水水源保护区	II	无		
1850	准噶尔内流区	葫芦沟	源头至下游12.54 km处	12.54	伊州区	源头水	无	自然保护	自然保护区	I	无		
1851	准噶尔内流区	葫芦沟	下游12.54 km处至终点	15.39	伊州区	分散饮用、农业用水	无	饮用水水源	饮用水水源保护区	II	无		

序号	水系	水体名称	水域	长度/km	控制城镇	现状使用功能	现状水质	规划主导功能	功能区类型	水质目标	断面名称	断面级别	备注
1852	准噶尔内流区	花牛沟	全河段	14.1	沙湾县	源头水	无	自然保护	自然保护区	I	无		
1853	准噶尔内流区	黄沟大渠	全河段	11.9	乌苏市	分散饮用、农业用水	无	饮用水水源	饮用水水源保护区	III	无		
1854	准噶尔内流区	黄渠（巴里坤县）	全河段	23.22	巴里坤县	饮用、农业用水	无	饮用水水源	饮用水水源保护区	II	南湾	建议	集中式地下饮用水水源地
1855	准噶尔内流区	黄渠（吉木萨尔县）	全河段	21.3	吉木萨尔县	分散饮用、农业用水	无	饮用水水源	饮用水水源保护区	III	无		
1856	准噶尔内流区	黄山河	源头至黄山牧业三队	8.1	阜康市	源头水	无	自然保护	自然保护区	I	无		
1857	准噶尔内流区	黄山河	黄山牧业三队至黄山口	22.6	阜康市	分散饮用、农业用水	无	饮用水水源	饮用水水源保护区	II	无		
1858	准噶尔内流区	黄山河	黄山口至北庄子	10.7	阜康市	分散饮用、农业用水	无	饮用水水源	饮用水水源保护区	III	无		
1859	准噶尔内流区	回回沟	全河段	14.7	沙湾县	源头水	无	自然保护	自然保护区	I	无		
1860	准噶尔内流区	霍日尔特高勒	全河段	9.8	奇台县	分散饮用	无	饮用水水源	饮用水水源保护区	II	无		
1861	准噶尔内流区	基布克郭勒	全河段	12.6	精河县	源头水	无	自然保护	自然保护区	I	无		
1862	准噶尔内流区	吉布库河	源头至吉布库乡社营队	21.1	奇台县	源头水	无	自然保护	自然保护区	I	无		
1863	准噶尔内流区	吉布库河	吉布库乡社营队至西槽子	9.1	奇台县	饮用、农业用水	无	饮用水水源	饮用水水源保护区	II	吉布库镇水源地	建议	集中式地表饮用水水源地

序号	水系	水体名称	水域	长度/km	控制城镇	现状使用功能	现状水质	规划主导功能	功能区类型	水质目标	断面名称	断面级别	备注
1864	准噶尔内流区	吉尔格勒听果勒	全河段	14.5	乌苏市	源头水	无	自然保护	自然保护区	I	无		
1865	准噶尔内流区	加朗阿什	全河段	38.3	托里县	分散饮用、农业用水	无	饮用水水源	饮用水水源保护区	II	无		
1866	准噶尔内流区	将军果勒	源头至待甫僧	7.8	乌苏市	源头水	无	自然保护	自然保护区	I	无		
1867	准噶尔内流区	将军果勒	待甫僧至将军口	15	乌苏市	分散饮用、农业用水	无	饮用水水源	饮用水水源保护区	II	无		
1868	准噶尔内流区	将军果勒	将军口至排干渠交汇处	55.7	乌苏市	渔业、农业用水	无	渔业用水	渔业用水区	III	无		
1869	准噶尔内流区	金沟河	省道101至西岸大渠	89.5	沙湾县	饮用、农业用水	II	饮用水水源	饮用水水源保护区	II	玛依托别	省控	集中式地下饮用水水源地
1870	准噶尔内流区	金沟河	源头至沙湾县水泥厂	13.1	沙湾县	源头水、分散饮用	II	自然保护	自然保护区	II	阿热勒托别	省控	
1871	准噶尔内流区	金沟河	沙湾县水泥厂至省道101	5.4	沙湾县	分散饮用	无	饮用水水源	饮用水水源保护区	II	无		
1872	准噶尔内流区	金社	全河段	14.5	玛纳斯县	源头水	无	自然保护	自然保护区	I	无		
1873	准噶尔内流区	金西克苏河	全河段	18.5	奇台县	分散饮用	无	饮用水水源	饮用水水源保护区	II	无		
1874	准噶尔内流区	金希克乌尊	全河段	11	乌苏市	源头水	无	自然保护	自然保护区	I	无		
1875	准噶尔内流区	京格勒萨依	全河段	18.7	博乐市	分散饮用、农业用水	无	饮用水水源	饮用水水源保护区	III	无		

序号	水系	水体名称	水域	长度/km	控制城镇	现状使用功能	现状水质	规划主导功能	功能区类型	水质目标	断面名称	断面级别	备注
1876	准噶尔内流区	精河	冬都精河与乌图精河交汇处至精河水文站向下 2 km 处	6.6	精河县	分散饮用	无	饮用水水源	饮用水水源保护区	II	无		
1877	准噶尔内流区	精河	精河水文站向下 2 km 处至精河大桥断面向下 2 km	24.4	精河县	饮用、景观娱乐、农业用水	II	饮用水水源	饮用水水源保护区	II	精河大桥	省控	
1878	准噶尔内流区	精河	精河大桥断面向下 2 km 至艾比湖	34.10	精河县	饮用、景观娱乐、农业用水	III	饮用水水源	饮用水水源保护区	III	82 团铁路桥；精河新庄	国控；省控	集中式地下饮用水水源地
1879	准噶尔内流区	精河东干渠	全河段	6	精河县	饮用、农业用水	无	饮用水水源	饮用水水源保护区	III	胜利六队	建议	集中式地下饮用水水源地
1880	准噶尔内流区	精河干渠	全河段	14.2	精河县	分散饮用、农业用水	无	饮用水水源	饮用水水源保护区	III	无		
1881	准噶尔内流区	精河南干渠	全河段	50	精河县	饮用、农业用水	无	饮用水水源	饮用水水源保护区	III	大河沿子二牧场	建议	集中式地下饮用水水源地
1882	准噶尔内流区	精河西干渠	全河段	11.1	精河县	农业用水	无	景观娱乐	景观娱乐用水区	III	无		现状农业用水，不降低现状水质，高标准要求
1883	准噶尔内流区	韭菜沟	全河段	13.3	沙湾县	源头水	无	自然保护	自然保护区	I	无		

序号	水系	水体名称	水域	长度/km	控制城镇	现状使用功能	现状水质	规划主导功能	功能区类型	水质目标	断面名称	断面级别	备注
1884	准噶尔内流区	喀尔交河	源头至下游14 km处	14	吉木乃县、和布克赛尔蒙古自治县	源头水、分散饮用	无	自然保护	自然保护区	I	无		
1885	准噶尔内流区	喀尔交河	萨热布拉克河汇入口至终点	8.4	吉木乃县	分散饮用、农业用水	无	饮用水水源	饮用水水源保护区	III	无		
1886	准噶尔内流区	喀尔交河	下游14 km处至萨热布拉克河汇入口	12.2	吉木乃县	分散饮用、农业用水	无	饮用水水源	饮用水水源保护区	II	无		
1887	准噶尔内流区	喀尔其河	下游12.2 km处至终点	52.5	鄯善县	饮用、农业用水	无	饮用水水源	饮用水水源保护区	II	吐干坎尔井	建议	集中式地下饮用水水源地
1888	准噶尔内流区	喀尔其河	源头至下游12.2 km处	12.2	鄯善县	源头水	无	自然保护	自然保护区	I	无		
1889	准噶尔内流区	喀拉布格特	全河段	16.2	玛纳斯县	源头水	无	自然保护	自然保护区	I	无		
1890	准噶尔内流区	喀拉布勒根北干	全河段	15.4	富蕴县	分散饮用、农业用水	无	饮用水水源	饮用水水源保护区	III	无		
1891	准噶尔内流区	喀拉布勒根南干	全河段	27.3	富蕴县	分散饮用、农业用水	无	饮用水水源	饮用水水源保护区	III	无		
1892	准噶尔内流区	喀腊阿吾孜苏	全河段	19.5	托里县	分散饮用、农业用水	无	饮用水水源	饮用水水源保护区	II	无		
1893	准噶尔内流区	喀腊克亚	全河段	20.7	和布克赛尔蒙古自治县	分散饮用、农业用水	无	饮用水水源	饮用水水源保护区	II	无		

序号	水系	水体名称	水域	长度/km	控制城镇	现状使用功能	现状水质	规划主导功能	功能区类型	水质目标	断面名称	断面级别	备注
1894	准噶尔内流区	喀英德萨依	全河段	16.6	沙湾县	源头水	无	自然保护	自然保护区	I	无		
1895	准噶尔内流区	卡浦达尕依	源头至下游2.9 km处	2.9	博乐市	源头水	无	自然保护	自然保护区	I	无		
1896	准噶尔内流区	卡浦达尕依	出山口至终点	7.4	博乐市	分散饮用、农业用水	无	饮用水水源	饮用水水源保护区	III	无		
1897	准噶尔内流区	卡浦达尕依	下游2.9 km处至出山口	6.7	博乐市	分散饮用	无	饮用水水源	饮用水水源保护区	II	无		
1898	准噶尔内流区	开垦河	源头至张家沟	19.8	奇台县	源头水	无	自然保护	自然保护区	I	无		
1899	准噶尔内流区	开垦河	张家沟至阳洼边	4	奇台县	分散饮用、农业用水	无	饮用水水源	饮用水水源保护区	II	无		
1900	准噶尔内流区	开垦河	阳洼边至奇台县东塘水库	9.2	奇台县	分散饮用、农业用水	II	饮用水水源	饮用水水源保护区	II	水管所、老奇台	省控；国控	
1901	准噶尔内流区	柯柯亚尔河	琼克西拉克汇合口至终点	56.1	鄯善县	饮用、农业用水	I	饮用水水源	饮用水水源保护区	II	柯柯亚村	省控	集中式地下饮用水水源地
1902	准噶尔内流区	柯柯亚尔河	源头至琼克西拉克汇合口	30.8	鄯善县	源头水	I	自然保护	自然保护区	I	无		
1903	准噶尔内流区	科克哈达	全河段	27	托里县	分散饮用、农业用水	无	饮用水水源	饮用水水源保护区	III	无		
1904	准噶尔内流区	科克加尔	全河段	13.7	昌吉市	源头水	无	自然保护	自然保护区	I	无		
1905	准噶尔内流区	科克塔勒河	全河段	20.6	托里县	分散饮用、农业用水	无	饮用水水源	饮用水水源保护区	II	无		

序号	水系	水体名称	水域	长度/km	控制城镇	现状使用功能	现状水质	规划主导功能	功能区类型	水质目标	断面名称	断面级别	备注
1906	准噶尔内流区	科克亚尔	源头至下游9.6 km处	9.57	伊吾县	源头水	无	自然保护	自然保护区	I	无		
1907	准噶尔内流区	科克亚尔	下游9.6 km处至大白杨河	11.13	伊吾县	分数饮用、农业用水	无	饮用水水源	饮用水水源保护区	II	无		
1908	准噶尔内流区	克尔碱沟	全河段	70.3	托克逊县	饮用、农业用水	无	饮用水水源	饮用水水源保护区	II	县煤矿	建议	集中式地下饮用水水源地
1909	准噶尔内流区	克拉玛依河	全河段	13.2	克拉玛依市	饮用、农业用水	无	饮用水水源	饮用水水源保护区	III	风栖湖入口	国控	集中式地表饮用水水源地
1910	准噶尔内流区	克孜勒乌增	全河段	19	托里县	分散饮用、农业用水	无	饮用水水源	饮用水水源保护区	II	无		
1911	准噶尔内流区	孔萨拉	全河段	17.6	昌吉市	源头水	无	自然保护	自然保护区	I	无		
1912	准噶尔内流区	库鲁铁列克提	下游7.6 km处至终点	16.4	精河县	分散饮用	无	饮用水水源	饮用水水源保护区	II	无		
1913	准噶尔内流区	库鲁铁列克提	源头至下游7.6 km处	7.6	精河县	源头水	无	自然保护	自然保护区	I	无		
1914	准噶尔内流区	库普依达腊斯	全河段	22.84	玛纳斯县	源头水	无	自然保护	自然保护区	I	无		
1915	准噶尔内流区	库如克郭勒	全河段	48.18	哈密市	分散饮用、农业用水	无	饮用水水源	饮用水水源保护区	II	无		
1916	准噶尔内流区	库色木契克	下游33.2 km处至大河沿子干渠	50.2	精河市	分散饮用、农业用水	无	饮用水水源	饮用水水源保护区	II	无		

序号	水系	水体名称	水域	长度/km	控制城镇	现状使用功能	现状水质	规划主导功能	功能区类型	水质目标	断面名称	断面级别	备注
1917	准噶尔内流区	库色木契克	源头至下游33.2 km处	33	博乐市	源头水	无	自然保护	自然保护区	I	无		
1918	准噶尔内流区	奎屯东干渠	全河段	34.3	乌苏市、奎屯市	饮用、农业用水	II	饮用水水源	饮用水水源保护区	III	老龙口	建议	集中式地下、地表饮用水水源地
1919	准噶尔内流区	奎屯河	源头至加勒果拉水文站	48.9	乌苏市	源头水		自然保护	自然保护区	I	无		
1920	准噶尔内流区	奎屯河	奎屯河水管所至艾比湖	282.1	乌苏市、精河县	饮用、农业用水	II	饮用水水源	饮用水水源保护区	II	黄沟二库	国控	集中式地表饮用水水源地
1921	准噶尔内流区	奎屯河	加勒果拉水文站至奎屯河水管所	22.8	乌苏市	饮用、工农业用水	II	饮用水水源	饮用水水源保护区	II	老龙口	国控	集中式地表饮用水水源地
1922	准噶尔内流区	奎屯西干渠	全河段	103.3	乌苏市	农业用水	无	景观娱乐	景观娱乐用水区	III	无		现状农业用水，不降低现状水质，高标准要求
1923	准噶尔内流区	阔勒得宁苏河	全河段	35.4	额敏县	源头水	无	自然保护	自然保护区	I	无		
1924	准噶尔内流区	拉帕特	全河段	10.3	乌苏市	源头水	无	自然保护	自然保护区	I	无		
1925	准噶尔内流区	喇叭河	源头至出山口	44.2	托里县	分散饮用、农业用水	无	饮用水水源	饮用水水源保护区	II	无		
1926	准噶尔内流区	喇叭河	出山口至艾比湖	33.3	托里县	分散饮用、农业用水	无	饮用水水源	饮用水水源保护区	III	无		

序号	水系	水体名称	水域	长度/km	控制城镇	现状使用功能	现状水质	规划主导功能	功能区类型	水质目标	断面名称	断面级别	备注
1927	准噶尔内流区	兰旗沟	源头至河流8.1 km处	8.1	巴里坤县	源头水	无	自然保护	自然保护区	I	无		
1928	准噶尔内流区	兰旗沟	河流8.1 km处蓝旗沟	8.3	巴里坤县	分散饮用、农业用水	无	饮用水水源	饮用水水源保护区	II	无		
1929	准噶尔内流区	兰特尔乌增	全河段	20.5	和静县	源头水	无	自然保护	自然保护区	I	无		
1930	准噶尔内流区	老精河	全河段	20	精河县	农业用水	无	景观娱乐	景观娱乐用水区	III	无		现状农业用水，不降低现状水质，高标准要求
1931	准噶尔内流区	老龙河	全河段	52.6	昌吉市	饮用、农业用水	无	饮用水水源	饮用水水源保护区	III	光明一队	建议	集中式地下饮用水水源地
1932	准噶尔内流区	老龙河	全河段	50.6	五家渠市、乌鲁木齐市	农业用水	无	景观娱乐	景观娱乐用水区	III	无		现状农业用水，不降低现状水质，高标准要求
1933	准噶尔内流区	柳干渠	全河段	7.3	乌苏市	农业用水	无	景观娱乐	景观娱乐用水区	III	无		现状农业用水，不降低现状水质，高标准要求
1934	准噶尔内流区	柳沟水库引水渠	全河段	27.6	乌苏市	农业用水	无	景观娱乐	景观娱乐用水区	III	无		现状农业用水，不降低现状水质，高标准要求

序号	水系	水体名称	水域	长度/km	控制城镇	现状使用功能	现状水质	规划主导功能	功能区类型	水质目标	断面名称	断面级别	备注
1935	准噶尔内流区	柳树沟	源头至下游21.69 km处	21.69	伊州区	源头水	无	自然保护	自然保护区	I	无		
1936	准噶尔内流区	柳树沟	下游21.69 km处至柳树沟水库	6.09	伊州区	分散饮用、农业用水	无	饮用水水源	饮用水水源保护区	II	无		
1937	准噶尔内流区	柳树沟河	源头至胡加台汇合口	64.9	托里县	分散饮用、农业用水	无	饮用水水源	饮用水水源保护区	II	无		
1938	准噶尔内流区	柳树沟河	胡加台汇合口至终点	46.2	托里县	分散饮用、农业用水	无	饮用水水源	饮用水水源保护区	III	无		
1939	准噶尔内流区	柳条河	全河段	97.47	巴里坤县	饮用、农业用水	无	饮用水水源	饮用水水源保护区	II	南湾	建议	集中式地下
1940	准噶尔内流区	六道沟	源头至下游2.39 km处	2.39	伊州区	源头水	无	自然保护	自然保护区	I	无		
1941	准噶尔内流区	六道沟	下游2.39 km处至终点	17.26	伊州区	分散饮用、农业用水	无	饮用水水源	饮用水水源保护区	II	无		
1942	准噶尔内流区	六浮渠	全河段	12.9	玛纳斯县	农业用水	II	景观娱乐	景观娱乐用水区	II	无		现状农业用水，不降低现状水质，高标准要求
1943	准噶尔内流区	六支渠	全河段	9.5	乌苏市	分散饮用、农业用水	无	饮用水水源	饮用水水源保护区	III	无		
1944	准噶尔内流区	楼房沟	源头至河流4.07 km处	4.07	巴里坤县	源头水	无	自然保护	自然保护区	I	无		
1945	准噶尔内流区	楼房沟	下游4.07 km处至楼房沟水库	4.37	巴里坤县	分散饮用、农业用水	无	饮用水水源	饮用水水源保护区	II	无		

序号	水系	水体名称	水域	长度/km	控制城镇	现状使用功能	现状水质	规划主导功能	功能区类型	水质目标	断面名称	断面级别	备注
1946	准噶尔内流区	芦草沟	源头至芦草沟	6.2	玛纳斯县	源头水、分散饮用	无	自然保护	自然保护区	I	无		
1947	准噶尔内流区	芦草沟	芦草沟至玛纳斯河	4.5	玛纳斯县	分散饮用、农业用水	无	饮用水水源	饮用水水源保护区	II	无		
1948	准噶尔内流区	马尔喀塔斯	全河段	16	托里县	分散饮用、农业用水	无	饮用水水源	饮用水水源保护区	II	无		
1949	准噶尔内流区	马干渠	全河段	17.6	呼图壁县	农业用水	无	景观娱乐	景观娱乐用水区	III	无		现状农业用水，不降低现状水质，高标准要求
1950	准噶尔内流区	玛纳斯河	源头至清水河子五队	60.1	玛纳斯县	源头水、分散饮用	无	自然保护	自然保护区	I	无		
1951	准噶尔内流区	玛纳斯河	石灰窑子村至135团7连	356.3	沙湾县、玛纳斯县、石河子市	饮用、农业用水	II	饮用水水源	饮用水水源保护区	III	夹河子水库南闸口	国控	集中式地下饮用水水源地
1952	准噶尔内流区	玛纳斯河	135团7连至玛纳斯湖	73.1	克拉玛依市、和布克赛尔	景观娱乐	无	景观娱乐	景观娱乐用水区	IV	无		
1953	准噶尔内流区	玛纳斯河	清水河子五队至石灰窑子村	44.2	沙湾县、玛纳斯县	分散饮用、农业用水	II	饮用水水源	饮用水水源保护区	II	肯斯瓦特	国控	
1954	准噶尔内流区	买克特普萨依	全河段	12.4	昌吉市	源头水	无	自然保护	自然保护区	I	无		
1955	准噶尔内流区	买孙夏尔	全河段	17.9	呼图壁县	源头水	无	自然保护	自然保护区	I	无		

序号	水系	水体名称	水域	长度/km	控制城镇	现状使用功能	现状水质	规划主导功能	功能区类型	水质目标	断面名称	断面级别	备注
1956	准噶尔内流区	煤窑沟河	克日西至终点	47.2	吐鲁番市	饮用、农业用水	无	饮用水水源	饮用水水源保护区	II	723 电厂	建议	集中式地表饮用水水源地
1957	准噶尔内流区	煤窑沟河	源头至克日西	27.8	吐鲁番市	源头水	无	自然保护	自然保护区	I	无		
1958	准噶尔内流区	猛进干渠	全河段	37.9	五家渠市	农业用水	无	景观娱乐	景观娱乐用水区	III	无		现状农业用水，不降低现状水质，高标准要求
1959	准噶尔内流区	庙尔沟	全河段	11.3	昌吉市	源头水	无	自然保护	自然保护区	I	无		
1960	准噶尔内流区	庙尔沟	源头至河流 5.46 km	5.46	巴里坤县	源头水	无	自然保护	自然保护区	I	无		
1961	准噶尔内流区	庙尔沟	河流 5.46 km 至终点	8.49	巴里坤县	分散饮用、农业用水	无	饮用水水源	饮用水水源保护区	II	无		
1962	准噶尔内流区	灭日特可河	全河段	16.4	青河县	源头水	无	自然保护	自然保护区	I	无		
1963	准噶尔内流区	莫河渠	全河段	10.9	玛纳斯县	农业用水	II	景观娱乐	景观娱乐用水区	II	无		现状农业用水，不降低现状水质，高标准要求
1964	准噶尔内流区	莫索湾总干渠	全河段	67	玛纳斯县	农业用水	无	景观娱乐	景观娱乐用水区	III	无		现状农业用水，不降低现状水质，高标准要求

序号	水系	水体名称	水域	长度/km	控制城镇	现状使用功能	现状水质	规划主导功能	功能区类型	水质目标	断面名称	断面级别	备注
1965	准噶尔内流区	木呼尔台河	铁厂沟镇至黄羊泉	60.6	托里县	饮用、农业用水	无	饮用水水源	饮用水水源保护区	III	黄羊泉	建议	集中式地表饮用水水源地
1966	准噶尔内流区	木呼尔台河	源头至铁厂沟镇	11.7	托里县	饮用	无	饮用水水源	饮用水水源保护区	II	铁厂沟水库	建议	集中式地表饮用水水源地
1967	准噶尔内流区	木胡尔塔依	全河段	39.1	托里县	分散饮用、农业用水	无	饮用水水源	饮用水水源保护区	III	无		
1968	准噶尔内流区	木垒河	源头至大河坝林场	19.5	木垒县	源头水	无	自然保护	自然保护区	I	无		
1969	准噶尔内流区	木垒河	大河坝林场至龙王庙水库	18.1	木垒县	饮用、农业用水	II	饮用水水源	饮用水水源保护区	II	县城西	省控	集中式地表饮用水水源地
1970	准噶尔内流区	木垒河	龙王庙水库至青绕坎儿井	34.1	木垒县	饮用、农业用水	无	饮用水水源	饮用水水源保护区	III	张家庄	建议	集中式地下饮用水水源地
1971	准噶尔内流区	木洛夫斯大	源头至下游7.2 km处	7.2	温泉县	源头水	无	自然保护	自然保护区	I	无		
1972	准噶尔内流区	木洛夫斯大	下游7.2 km处至终点	4.3	温泉县	分散饮用	无	饮用水水源	饮用水水源保护区	II	无		
1973	准噶尔内流区	纳伦和布克郭勒河	全河段	13.7	和布克赛尔蒙古自治县	分散饮用、农业用水	II	饮用水水源	饮用水水源保护区	II	无		
1974	准噶尔内流区	娜仁苏	全河段	27.7	托里县	源头水	无	自然保护	自然保护区	I	无		

序号	水系	水体名称	水域	长度/km	控制城镇	现状使用功能	现状水质	规划主导功能	功能区类型	水质目标	断面名称	断面级别	备注
1975	准噶尔内流区	乃仁郭勒	下游 8.3 km 处至冬都精河	10.2	精河县	分散饮用	无	饮用水水源	饮用水水源保护区	II	无		
1976	准噶尔内流区	乃仁郭勒	全河段	21.1	乌苏市	源头水	无	自然保护	自然保护区	I	无		
1977	准噶尔内流区	乃仁郭勒	源头至下游 8.3 km 处	8.3	精河县	源头水	无	自然保护	自然保护区	I	无		
1978	准噶尔内流区	南干渠	全河段	22.9	克拉玛依市	饮用、工农业用水	无	饮用水水源	饮用水水源保护区	III	无		
1979	准噶尔内流区	淖毛湖大渠	全河段	35.30	伊吾县	饮用、农业用水	无	饮用水水源	饮用水水源保护区	II	淖毛湖大渠首	建议	集中式地下饮用水源地
1980	准噶尔内流区	尼勒克河	源头至河流 15 km 处	15	精河县	源头水	无	自然保护	自然保护区	I	无		
1981	准噶尔内流区	尼勒克河	河流 15 km 处至阿沙勒	18.5	精河县	分散饮用	无	饮用水水源	饮用水水源保护区	II	无		
1982	准噶尔内流区	宁家河	源头至采石场	28.7	沙湾县	源头水	无	自然保护	自然保护区	I	无		
1983	准噶尔内流区	宁家河	宁家河村至终点	36.9	沙湾县	分散饮用、农业用水	无	饮用水水源	饮用水水源保护区	III	无		
1984	准噶尔内流区	宁家河	采石场至宁家河村	17.5	沙湾县	分散饮用	无	饮用水水源	饮用水水源保护区	II	无		
1985	准噶尔内流区	努尔吐赫吐普	全河段	18.8	和静县	源头水	无	自然保护	自然保护区	I	无		
1986	准噶尔内流区	诺游奶高勒	全河段	17.9	和布克赛尔蒙古自治县	分散饮用、农业用水	无	饮用水水源	饮用水水源保护区	III	无		

序号	水系	水体名称	水域	长度/km	控制城镇	现状使用功能	现状水质	规划主导功能	功能区类型	水质目标	断面名称	断面级别	备注
1987	准噶尔内流区	排干渠	全河段	45.8	乌苏市	分散饮用、农业用水	无	饮用水水源	饮用水水源保护区	III	无		
1988	准噶尔内流区	派艾留尔	全河段	16.7	和静县	源头水	无	自然保护	自然保护区	I	无		
1989	准噶尔内流区	七道沟	全河段	17.99	伊州区	源头水	无	自然保护	自然保护区	I	无		
1990	准噶尔内流区	其瓦尔阿哈西	全河段	14.1	和布克赛尔蒙古自治县	源头水	无	自然保护	自然保护区	I	无		
1991	准噶尔内流区	奇台达板河（渠）	与达坂河交汇处至天河一队	6.2	奇台县	分散饮用、农业用水	无	饮用水水源	饮用水水源保护区	II	无		
1992	准噶尔内流区	奇台达板河（渠）	天河一队至干渠终点	6.2	奇台县	分散饮用、农业用水	无	饮用水水源	饮用水水源保护区	III	无		
1993	准噶尔内流区	奇台县白杨河（渠）	全河段	4.4	奇台县	饮用、农业用水	无	饮用水水源	饮用水水源保护区	II	东湾镇	建议	集中式地表饮用水水源地
1994	准噶尔内流区	奇台县布库河（渠）	全河段	2	奇台县	饮用、农业用水	无	饮用水水源	饮用水水源保护区	II	吉布库镇水源地	建议	集中式地表饮用水水源地
1995	准噶尔内流区	恰克巴克特博格特	全河段	26.8	托里县	分散饮用、农业用水	无	饮用水水源	饮用水水源保护区	II	无		
1996	准噶尔内流区	恰勒尕依	源头至下游36.4 km处	36.4	托里县	分散饮用、农业用水	无	饮用水水源	饮用水水源保护区	II	无		
1997	准噶尔内流区	恰勒盖河	下游36.4 km处至终点	43.3	托里县	分散饮用、农业用水	无	饮用水水源	饮用水水源保护区	III	无		

序号	水系	水体名称	水域	长度/km	控制城镇	现状使用功能	现状水质	规划主导功能	功能区类型	水质目标	断面名称	断面级别	备注
1998	准噶尔内流区	恰勒坎河	源头至恰勒坎	11.6	吐鲁番市	源头水	无	自然保护	自然保护区	I	无		
1999	准噶尔内流区	恰勒坎河	恰勒坎至木尔吐克一队	37.8	吐鲁番市	分散饮用、农业用水	无	饮用水水源	饮用水水源保护区	II	无		
2000	准噶尔内流区	恰唐河	下游10.4 km处至下游27.3 km处	16.9	托里县	分散饮用、农业用水	无	饮用水水源	饮用水水源保护区	II	无		
2001	准噶尔内流区	恰唐河	下游27.3 km处至终点	13.7	托里县	分散饮用、农业用水	无	饮用水水源	饮用水水源保护区	III	无		
2002	准噶尔内流区	恰唐河	源头至下游10.4 km处	10.4	托里县	源头水、分散饮用	无	自然保护	自然保护区	I	无		
2003	准噶尔内流区	浅水河	全河段	23.2	乌鲁木齐县	饮用、农业用水	无	饮用水水源	饮用水水源保护区	II	硫磺沟镇	建议	集中式地表饮用水水源地
2004	准噶尔内流区	强坎河	全河段	60.4	青河县	分散饮用、农业用水	无	饮用水水源	饮用水水源保护区	II	无		
2005	准噶尔内流区	青格里河	全河段	93.6	青河县	分散饮用、农业用水	无	饮用水水源	饮用水水源保护区	II	无		
2006	准噶尔内流区	青裸裸乌苏	源头至下游3.4 km处	3.4	温泉县	源头水、分散饮用	无	自然保护	自然保护区	I	无		
2007	准噶尔内流区	青裸裸乌苏	下游3.4 km处至新布河	7.6	博乐市	分散饮用、农业用水	无	饮用水水源	饮用水水源保护区	II	无		
2008	准噶尔内流区	青年干渠	全河段	21.5	呼图壁县	饮用、农业用水	无	饮用水水源	饮用水水源保护区	III	县水源地	建议	集中式地下饮用水水源地

序号	水系	水体名称	水域	长度/km	控制城镇	现状使用功能	现状水质	规划主导功能	功能区类型	水质目标	断面名称	断面级别	备注
2009	准噶尔内流区	青年渠	全河段	33.4	乌鲁木齐市	饮用、农业用水	II	饮用水水源	饮用水水源保护区	II	青年渠	国控	集中式地表饮用水水源地；乌鲁木齐河青年渠段
2010	准噶尔内流区	青年渠	全河段	10.22	伊州区	农业用水	I	饮用水水源	饮用水水源保护区	II	石油一校	省控	集中式地下饮用水水源地
2011	准噶尔内流区	清水河	源头至下游19.5 km处	19.5	玛纳斯县	源头水	无	自然保护	自然保护区	I	无		
2012	准噶尔内流区	清水河	下游19.5 km处至玛纳斯河	18.6	沙湾县	分散饮用、农业用水	无	饮用水水源	饮用水水源保护区	II	无		
2013	准噶尔内流区	清水河子登巴斯也盖阿	全河段	18.4	玛纳斯县	源头水	无	自然保护	自然保护区	I	无		
2014	准噶尔内流区	清水河子木孜套	全河段	5.3	玛纳斯县	源头水	无	自然保护	自然保护区	I	无		
2015	准噶尔内流区	琼克西拉克	全河段	23.1	鄯善县	源头水	无	自然保护	自然保护区	I	无		
2016	准噶尔内流区	雀尔沟河	提尔敏塔斯至阿克希	33	呼图壁县	分散饮用、农业用水	无	饮用水水源	饮用水水源保护区	II	无		
2017	准噶尔内流区	雀尔沟河	阿克希至终点	28.9	玛纳斯县	饮用、农业用水	无	饮用水水源	饮用水水源保护区	III	大丰镇	建议	集中式地下饮用水水源地
2018	准噶尔内流区	雀尔沟河	源头至提尔敏塔斯	15.6	呼图壁县	源头水、饮用	无	自然保护	自然保护区	I	阿拉散	建议	集中式地表饮用水水源地

序号	水系	水体名称	水域	长度/km	控制城镇	现状使用功能	现状水质	规划主导功能	功能区类型	水质目标	断面名称	断面级别	备注
2019	准噶尔内流区	人民渠	全河段	38.2	吐鲁番市	分散饮用、农业用水	无	饮用水水源	饮用水水源保护区	II	无		
2020	准噶尔内流区	萨尔托海北干渠	全河段	15.7	青河县	分散饮用、农业用水	无	饮用水水源	饮用水水源保护区	III	无		
2021	准噶尔内流区	萨尔托海南干	全河段	11.3	青河县	分散饮用、农业用水	无	饮用水水源	饮用水水源保护区	III	无		
2022	准噶尔内流区	萨合哈拉盖特	源头至出山口（6.4 km 处）	6.4	和布克赛尔蒙古自治县	分散饮用、农业用水	无	饮用水水源	饮用水水源保护区	II	无		
2023	准噶尔内流区	萨合哈拉盖特	出山口至大寨田水库	12.2	和布克赛尔蒙古自治县	分散饮用、农业用水	无	饮用水水源	饮用水水源保护区	III	无		
2024	准噶尔内流区	萨热布拉克河	下游 12.7 km 处至喀尔交河	13.3	吉木乃县	分散饮用、农业用水	无	饮用水水源	饮用水水源保护区	II	无		
2025	准噶尔内流区	萨热布拉克河	源头至下游 12.7 km 处	12.7	吉木乃县	源头水、分散饮用	无	自然保护	自然保护区	I	无		
2026	准噶尔内流区	萨热托海	全河段	11.1	克拉玛依市	分散饮用、农业用水	无	饮用水水源	饮用水水源保护区	III	无		
2027	准噶尔内流区	三道白杨沟	全河段	14.29	巴里坤县	分散饮用、农业用水	无	饮用水水源	饮用水水源保护区	II	无		
2028	准噶尔内流区	三道沟	源头至下游 4.03 km 处	4.03	巴里坤县	源头水	无	自然保护	自然保护区	I	无		
2029	准噶尔内流区	三道沟	下游 4.03 km 处至终点	14.43	巴里坤县	分散饮用、工业用水	无	饮用水水源	饮用水水源保护区	II	无		
2030	准噶尔内流区	三道沟	源头至出山口	22.37	伊州区	分散饮用、农业用水	无	饮用水水源	饮用水水源保护区	II	无		

序号	水系	水体名称	水域	长度/km	控制城镇	现状使用功能	现状水质	规划主导功能	功能区类型	水质目标	断面名称	断面级别	备注
2031	准噶尔内流区	三道沟水渠	全河段	36.75	伊州区	分散饮用、农业用水	无	饮用水水源	饮用水水源保护区	II	无		
2032	准噶尔内流区	三个山河坝	源头至河流9.2 km处	9.2	乌鲁木齐县	源头水	无	自然保护	自然保护区	I	无		
2033	准噶尔内流区	三个山河坝	河流9.2 km处至终点	36.7	乌鲁木齐县	饮用、农业用水	无	饮用水水源	饮用水水源保护区	II	柴窝堡农林场	建议	集中式地表饮用水水源地
2034	准噶尔内流区	三工河	源头至下游20.4 km处	20.4	阜康市	源头水	I	自然保护	自然保护区	II	无		
2035	准噶尔内流区	三工河	下游20.4 km处至冰湖八队	18.2	阜康市	分散饮用、农业用水	I	饮用水水源	饮用水水源保护区	II	瑶池商城、三工河闸门	省控	
2036	准噶尔内流区	三工河	冰湖八队至冰湖水库	12.8	阜康市	饮用、农业用水	无	饮用水水源	饮用水水源保护区	III	冰湖	建议	集中式地下饮用水水源地
2037	准噶尔内流区	三渠	全河段	25.96	巴里坤县	饮用、农业用水	无	饮用水水源	饮用水水源保护区	II	新户	建议	集中式地下饮用水水源地
2038	准噶尔内流区	三十户渠	全河段	17.14	巴里坤县	饮用、农业用水	无	饮用水水源	饮用水水源保护区	II	三十户庄	建议	集中式地下饮用水水源地
2039	准噶尔内流区	三屯河	努尔加村至终点	17.1	昌吉市	饮用、农业用水	I	饮用水水源	饮用水水源保护区	II	三屯河首、尾	国控；省控	集中式地下饮用水水源地
2040	准噶尔内流区	三屯河	源头至下游44.9 km处	44.9	昌吉市	源头水	无	自然保护	自然保护区	I	无		

序号	水系	水体名称	水域	长度/km	控制城镇	现状使用功能	现状水质	规划主导功能	功能区类型	水质目标	断面名称	断面级别	备注
2041	准噶尔内流区	三屯河	下游44.9 km处至努尔加村	45	昌吉市	分散饮用、农业用水	无	饮用水水源	饮用水水源保护区	II	无		
2042	准噶尔内流区	三屯河西干渠	全河段	7.1	昌吉市	农业用水	II	景观娱乐	景观娱乐用水区	II	三屯河尾	省控	现状农业用水，不降低现状水质，高标准要求
2043	准噶尔内流区	三支干渠	全河段	41.9	玛纳斯县	农业用水	无	景观娱乐	景观娱乐用水区	III	无		现状农业用水，不降低现状水质，高标准要求
2044	准噶尔内流区	沙干渠	全河段	58.3	沙湾县	农业用水	无	景观娱乐	景观娱乐用水区	III	无		现状农业用水，不降低现状水质，高标准要求
2045	准噶尔内流区	沙河	全河段	9	昌吉市	饮用、农业用水	无	饮用水水源	饮用水水源保护区	III	老龙河、沙河岔口	建议	集中式地下饮用水水源地
2046	准噶尔内流区	十斗渠	全河段	12.16	乌苏市	分散饮用、农业用水	无	饮用水水源	饮用水水源保护区	III	无		
2047	准噶尔内流区	石城子河	全河段	11.07	伊州区	分散饮用、农业用水	I	饮用水水源	饮用水水源保护区	II	石油一校	省控	
2048	准噶尔内流区	石城子渠	全河段	16.69	伊州区	饮用、农业用水	无	饮用水水源	饮用水水源保护区	II	寥家湾	建议	集中式地下饮用水水源地
2049	准噶尔内流区	水沟	源头至下游6.7 km处	6.7	沙湾县	源头水	无	自然保护	自然保护区	I	无		

序号	水系	水体名称	水域	长度/km	控制城镇	现状使用功能	现状水质	规划主导功能	功能区类型	水质目标	断面名称	断面级别	备注
2050	准噶尔内流区	水沟	下游 6.7 km 处至家什窑村	10	沙湾县	分散饮用	无	饮用水水源	饮用水水源保护区	II	无		
2051	准噶尔内流区	水沟	家什窑村至终点	13	沙湾县	分散饮用、农业用水	无	饮用水水源	饮用水水源保护区	III	无		
2052	准噶尔内流区	水磨沟河(木垒县)	源头至殷家沟	10.3	木垒县	源头水、饮用	无	自然保护	自然保护区	I	西吉尔镇	建议	集中式地表饮用水水源地
2053	准噶尔内流区	水磨沟河(木垒县)	殷家沟至西吉尔水库	9	木垒县	饮用、农业用水	无	饮用水水源	饮用水水源保护区	II	西吉尔镇	建议	集中式地表饮用水水源地
2054	准噶尔内流区	水磨河	源头至下游 22.4 km 处	22.4	乌鲁木齐市、阜康市	源头水	无	自然保护	自然保护区	I	无		
2055	准噶尔内流区	水磨河	下游 22.4 km 处至水磨沟牧场	21.6	阜康市、米泉市	饮用、农业用水	无	饮用水水源	饮用水水源保护区	II	水磨沟	建议	集中式地表饮用水水源地
2056	准噶尔内流区	水磨河	水磨沟牧场至柳城子水库	20.5	阜康市	饮用、农业用水	无	饮用水水源	饮用水水源保护区	III	水磨沟牧场	建议	集中式地下饮用水水源地
2057	准噶尔内流区	水磨河	源头水至河流 19.20 km 处	19.2	伊吾县	源头水	无	自然保护	自然保护区	I	无		集中式地表饮用水水源地
2058	准噶尔内流区	水磨河	至河流 19.20 km 处至柳条河和红山口水库	28.43	伊吾县	农业用水	无	饮用水水源	饮用水水源保护区	II	无		

序号	水系	水体名称	水域	长度/km	控制城镇	现状使用功能	现状水质	规划主导功能	功能区类型	水质目标	断面名称	断面级别	备注
2059	准噶尔内流区	斯外提力克河	下游 2.7 km 处至伊吾河	25.16	伊吾县	分散饮用、农业用水	无	饮用水水源	饮用水水源保护区	II	无		
2060	准噶尔内流区	斯外提力克河	源头至下游 2.7 km 处	2.74	伊吾县	源头水	无	自然保护	自然保护区	I	无		
2061	准噶尔内流区	斯月克河	源头至苏也克河汇合口	26.2	托里县	分散饮用、农业用水	无	饮用水水源	饮用水水源保护区	II	无		
2062	准噶尔内流区	斯月克河	苏也克河汇合口至终点	25.9	托里县	分散饮用、农业用水	无	饮用水水源	饮用水水源保护区	III	无		
2063	准噶尔内流区	四道白杨沟	全河段	28.26	巴里坤县	分散饮用、农业用水	无	饮用水水源	饮用水水源保护区	II	无		
2064	准噶尔内流区	四道沟	源头至下游 6.60 km 处	6.6	巴里坤县	源头水	无	自然保护	自然保护区	I	无		
2065	准噶尔内流区	四道沟	下游 6.60 km 处至终点	11.77	巴里坤县	分散饮用、农业用水	无	饮用水水源	饮用水水源保护区	II	无		
2066	准噶尔内流区	四道沟	源头至四道沟水库	22.26	伊州区	源头水	无	自然保护	自然保护区	I	四道沟水库出水口	建议	
2067	准噶尔内流区	四道沟	四道沟水库至五堡水库	58.59	伊州区	分散饮用、农业用水	无	饮用水水源	饮用水水源保护区	II	无		
2068	准噶尔内流区	四工河	源头至狐子沟	22.7	阜康市	源头水	无	自然保护	自然保护区	I	无		
2069	准噶尔内流区	四工河	狐子沟至食品公司畜牧队	14.1	阜康市	分散饮用、农业用水	无	饮用水水源	饮用水水源保护区	II	无		
2070	准噶尔内流区	四工河	食品公司畜牧队至黄土梁水库	14.8	阜康市	饮用、农业用水	无	饮用水水源	饮用水水源保护区	III	十运二队	建议	集中式地下饮用水水源地

序号	水系	水体名称	水域	长度/km	控制城镇	现状使用功能	现状水质	规划主导功能	功能区类型	水质目标	断面名称	断面级别	备注
2071	准噶尔内流区	四棵树河	二台子至奎屯河	153.1	乌苏市	农业用水	II	景观娱乐	景观娱乐用水区	II	二台子、四棵树大桥	省控	现状农业用水，不降低现状水质，高标准要求
2072	准噶尔内流区	四棵树河	源头至红山电站	28.6	乌苏市	源头水、分散饮用		自然保护	自然保护区	I	无		
2073	准噶尔内流区	四棵树河	红山电站至二台子	7.3	乌苏市	分散饮用、农业用水	II	饮用水水源	饮用水水源保护区	II	无		
2074	准噶尔内流区	四渠	全河段	25.54	巴里坤县	饮用、农业用水	无	饮用水水源	饮用水水源保护区	II	璃户	建议	集中式地下饮用水水源地
2075	准噶尔内流区	四支渠	全河段	10.5	乌苏市	分散饮用、农业用水	无	饮用水水源	饮用水水源保护区	III	无		
2076	准噶尔内流区	苏勒铁列克	下游 7.9 km 处至终点	19.1	精河县	分散饮用	无	饮用水水源	饮用水水源保护区	II	无		
2077	准噶尔内流区	苏勒铁列克	源头至下游 7.9 km 处	7.9	精河县	源头水	无	自然保护	自然保护区	I	无		
2078	准噶尔内流区	苏吾尔河	全河段	43.1	托里县	分散饮用、农业用水	无	饮用水水源	饮用水水源保护区	II	无		
2079	准噶尔内流区	苏吾尔河	全河段	38.5	托里县	分散饮用、农业用水	无	饮用水水源	饮用水水源保护区	III	无		
2080	准噶尔内流区	苏也克河	全河段	21	托里县	分散饮用、农业用水	无	饮用水水源	饮用水水源保护区	II	无		
2081	准噶尔内流区	他乌查干高勒	全河段	33.9	青河县	源头水	无	自然保护	自然保护区	I	无		

序号	水系	水体名称	水域	长度/km	控制城镇	现状使用功能	现状水质	规划主导功能	功能区类型	水质目标	断面名称	断面级别	备注
2082	准噶尔内流区	塌桥子河	全河段	7.4	乌苏市	分散饮用、农业用水	无	饮用水水源	饮用水水源保护区	III	无		
2083	准噶尔内流区	塔尔郎河	下游31.4 km处至终点	38.9	吐鲁番市	分散饮用	无	饮用水水源	饮用水水源保护区	II	无		
2084	准噶尔内流区	塔尔郎河	源头至下游31.4 km处	31.4	吐鲁番市	源头水	无	自然保护	自然保护区	I	无		
2085	准噶尔内流区	塔什开其克	源头至色日克塔拉	7.27	伊吾县	源头水	无	自然保护	自然保护区	I	无		
2086	准噶尔内流区	塔什开其克	色日克塔拉至斯外提力克河	15.91	伊吾县	分散饮用、农业用水	无	饮用水水源	分散饮用、农业用水	II	无		
2087	准噶尔内流区	塔西河	歇合台至塔西河水库	30.4	玛纳斯县	饮用、农业用水	II	饮用水水源	饮用水水源保护区	II	马家庄、石门子	省控	集中式地表饮用水水源地
2088	准噶尔内流区	塔西河	源头至歇合台	42.5	玛纳斯县	源头水	无	自然保护	自然保护区	I	无		
2089	准噶尔内流区	塔西河	塔西河水库至终点	43.8	玛纳斯县	分散饮用、农业用水	II	饮用水水源	饮用水水源保护区	II	无		
2090	准噶尔内流区	塔西河干渠	全河段	16.9	玛纳斯县	饮用、农业用水	II	饮用水水源	饮用水水源保护区	II	石门子	省控	集中式地表饮用水水源地
2091	准噶尔内流区	塔亚尼什	全河段	5.6	吉木乃县	分散饮用、农业用水	无	饮用水水源	饮用水水源保护区	II	无		
2092	准噶尔内流区	台普希克乌增	全河段	26.8	呼图壁县	源头水	无	自然保护	自然保护区	I	无		

序号	水系	水体名称	水域	长度/km	控制城镇	现状使用功能	现状水质	规划主导功能	功能区类型	水质目标	断面名称	断面级别	备注
2093	准噶尔内流区	太布勒克特河	全河段	22.5	和布克赛尔蒙古自治县	源头水	无	自然保护	自然保护区	I	无		
2094	准噶尔内流区	特克木	全河段	22.4	青河县	源头水	无	自然保护	自然保护区	I	无		
2095	准噶尔内流区	特吾勒河	源头至河流6.7 km处	6.7	乌苏市	源头水	无	自然保护	自然保护区	I	无		
2096	准噶尔内流区	特吾勒河	河流6.7 km处至出山口	0.8	乌苏市	分散饮用、农业用水	无	饮用水水源	饮用水水源保护区	II	无		
2097	准噶尔内流区	特吾勒河	出山口至终点	14.1	乌苏市	分散饮用、农业用水	无	饮用水水源	饮用水水源保护区	III	无		
2098	准噶尔内流区	铁厂沟河	源头至铁厂沟镇	7.3	乌鲁木齐市	分散饮用、农业用水	无	饮用水水源	饮用水水源保护区	II	无		
2099	准噶尔内流区	铁厂沟河	全河段	33	托里县	分散饮用、农业用水	无	饮用水水源	饮用水水源保护区	II	无		
2100	准噶尔内流区	铁厂沟河	铁厂沟镇至塔桥湾水库	25.4	乌鲁木齐市	饮用、农业用水	无	饮用水水源	饮用水水源保护区	III	古牧地镇	建议	集中式地下饮用水水源地
2101	准噶尔内流区	铁热克德萨依	全河段	12	沙湾县	源头水	无	自然保护	自然保护区	I	无		
2102	准噶尔内流区	铁热克特沟	源头至石梯子一队	11.3	呼图壁县	源头水	无	自然保护	自然保护区	I	无		
2103	准噶尔内流区	铁热克特沟	石梯子一队至呼图壁河	15.6	呼图壁县	分散饮用、农业用水	无	饮用水水源	饮用水水源保护区	II	无		
2104	准噶尔内流区	头道白杨沟	源头至下游13.65 km处	13.65	巴里坤县	源头水	无	自然保护	自然保护区	I	无		

序号	水系	水体名称	水域	长度/km	控制城镇	现状使用功能	现状水质	规划主导功能	功能区类型	水质目标	断面名称	断面级别	备注
2105	准噶尔内流区	头道白杨沟	下游 13.65 km 处至终点	9.28	巴里坤县	分散饮用、工业用水	无	饮用水水源	饮用水水源保护区	II	无		
2106	准噶尔内流区	头道沟	源头至下游 9.1 km 处	9.1	伊州区	源头水	无	自然保护	自然保护区	I	无		
2107	准噶尔内流区	头道沟	下游 9.1 km 处至出山口	16.44	伊州区	分散饮用、农业用水	无	饮用水水源	饮用水水源保护区	II	无		
2108	准噶尔内流区	头道沟	源头至达坂托维	19.57	伊州区	源头水	无	自然保护	自然保护区	I	无		
2109	准噶尔内流区	头道沟	达坂托维至石城子水库	13.68	伊州区	分散饮用	无	饮用水水源	饮用水水源保护区	II	无		
2110	准噶尔内流区	头道沟	源头至下游 6.2 km 处	6.2	巴里坤县	源头水	无	自然保护	自然保护区	I	无		
2111	准噶尔内流区	头道沟	下游 6.2 km 处至终点	16.74	巴里坤县	分散饮用、农业用水	无	饮用水水源	饮用水水源保护区	II	无		
2112	准噶尔内流区	头屯河	下游 30.8 km 至头屯河水库下游 5 km	43	乌鲁木齐县、昌吉市	饮用、农业用水	II	饮用水水源	饮用水水源保护区	II	八钢	省控	集中式地表饮用水水源地
2113	准噶尔内流区	头屯河	头屯河水库下游 5 km 至终点	75.6	昌吉市、乌鲁木齐县、五家渠市	饮用、农业用水	II	饮用水水源	饮用水水源保护区	II	电线厂、皮革厂、化工厂	省控	集中式地下饮用水水源地
2114	准噶尔内流区	头屯河	源头至下游 30.8 km	30.8	昌吉市	源头水	无	自然保护	自然保护区	I	无		
2115	准噶尔内流区	图木图	全河段	14.1	沙湾县	源头水	无	自然保护	自然保护区	I	无		
2116	准噶尔内流区	土尔逊沙依	全河段	10.9	吉木乃县	分散饮用、农业用水	无	饮用水水源	饮用水水源保护区	II	无		

序号	水系	水体名称	水域	长度/km	控制城镇	现状使用功能	现状水质	规划主导功能	功能区类型	水质目标	断面名称	断面级别	备注
2117	准噶尔内流区	吐鲁滚	源头至下游10.5 km处	10.5	温泉县	源头水	无	自然保护	自然保护区	I	无		
2118	准噶尔内流区	吐鲁滚	下游10.5 km处至终点	1.9	温泉县	分散饮用	无	饮用水水源	饮用水水源保护区	II	无		
2119	准噶尔内流区	团结渠	全河段	21	乌苏市	饮用、农业用水	无	饮用水水源	饮用水水源保护区	II	老龙口	建议	集中式地表饮用水水源地
2120	准噶尔内流区	托克逊艾肯	全河段	65	托克逊县、吐鲁番市	饮用、农业用水	无	饮用水水源	饮用水水源保护区	II	托干贝希	建议	集中式地下饮用水水源地
2121	准噶尔内流区	托里支渠	全河段	13.5	精河县	分散饮用、农业用水	无	饮用水水源	饮用水水源保护区	III	无		
2122	准噶尔内流区	托托干渠	全河段	7.3	精河县	分散饮用、农业用水	无	饮用水水源	饮用水水源保护区	III	无		
2123	准噶尔内流区	托托河	源头至29.2 km处	29.2	乌苏市、精河县	源头水	无	自然保护	自然保护区	I	无		
2124	准噶尔内流区	托托河	29.2 km处至出山口	13.9	精河县	分散饮用、农业用水	无	饮用水水源	饮用水水源保护区	II	无		
2125	准噶尔内流区	托托河	出山口至终点	5.6	精河县	分散饮用、农业用水	无	饮用水水源	饮用水水源保护区	III	无		
2126	准噶尔内流区	托逊能苏	下游6.5 km处至终点	12.9	精河县	分散饮用	无	饮用水水源	饮用水水源保护区	II	无		
2127	准噶尔内流区	托逊能苏	源头至下游6.5 km处	6.5	精河县	源头水	无	自然保护	自然保护区	I	无		
2128	准噶尔内流区	渭户河	源头至广泉护林站	14.6	吉木萨尔县	源头水	无	自然保护	自然保护区	I	无		

序号	水系	水体名称	水域	长度/km	控制城镇	现状使用功能	现状水质	规划主导功能	功能区类型	水质目标	断面名称	断面级别	备注
2129	准噶尔内流区	渭户河	广泉护林站至西滩以南1.5 km	22.7	吉木萨尔县	分散饮用、农业用水	无	饮用水水源	饮用水水源保护区	II	无		
2130	准噶尔内流区	渭户河	西滩以南1.5 km至下新湖水库	24.9	吉木萨尔县	饮用、农业用水	无	饮用水水源	饮用水水源保护区	III	小龙口电站	建议	集中式地下饮用水水源地
2131	准噶尔内流区	沃门精郭勒	全河段	21.7	精河县	源头水	无	自然保护	自然保护区	I	无		
2132	准噶尔内流区	乌达特	全河段	11.4	沙湾县	源头水	无	自然保护	自然保护区	I	无		
2133	准噶尔内流区	乌代肯尼	全河段	13	和静县	源头水	无	自然保护	自然保护区	I	无		
2134	准噶尔内流区	乌尔塔布拉克河	全河段	45.1	青河县	分散饮用、农业用水	无	饮用水水源	饮用水水源保护区	II	无		
2135	准噶尔内流区	乌尔塔克萨雷河	源头至布尔嘎斯特汇合口	50.2	温泉县	源头水	无	自然保护	自然保护区	I	无		
2136	准噶尔内流区	乌尔塔克萨雷河	鄂托克赛尔水库至博尔塔拉河	17.4	温泉县	分散饮用、农业用水	无	饮用水水源	饮用水水源保护区	III	无		
2137	准噶尔内流区	乌尔塔克萨雷河	布尔嘎斯特汇合口至鄂托克赛尔水库	33.7	温泉县	分散饮用、农业用水	无	饮用水水源	饮用水水源保护区	II	无		
2138	准噶尔内流区	乌拉斯塔郭勒	源头至下游4.1 km处	4.1	精河县	源头水	无	自然保护	自然保护区	I	无		
2139	准噶尔内流区	乌拉斯塔郭勒	下游4.1 km处至出山口	8	精河县	分散饮用	无	饮用水水源	饮用水水源保护区	II	无		

序号	水系	水体名称	水域	长度/km	控制城镇	现状使用功能	现状水质	规划主导功能	功能区类型	水质目标	断面名称	断面级别	备注
2140	准噶尔内流区	乌拉斯塔郭勒	出山口至终点	22.4	精河县	景观、农业用水	无	景观娱乐	景观娱乐用水区	III	无		现状农业用水，不降低现状水质，高标准要求
2141	准噶尔内流区	乌拉斯台沟	全河段	44.5	和静县、乌鲁木齐县	分散饮用	无	饮用水水源	饮用水水源保护区	II	无		
2142	准噶尔内流区	乌拉斯坦乌苏	源头至下游8.2 km处	8.2	温泉县	源头水	无	自然保护	自然保护区	I	无		
2143	准噶尔内流区	乌拉斯坦乌苏	下游8.2 km处至出山口	5	温泉县	分散饮用	无	饮用水水源	饮用水水源保护区	II	无		
2144	准噶尔内流区	乌拉斯坦乌苏	出山口至终点	6.7	温泉县	分散饮用、农业用水	无	饮用水水源	饮用水水源保护区	III	无		
2145	准噶尔内流区	乌兰萨德克河	全河段	45.7	乌苏市	源头水	无	自然保护	自然保护区	I	无		
2146	准噶尔内流区	乌里亚斯台河	全河段	11.1	奇台县	分散饮用	无	饮用水水源	饮用水水源保护区	II	无		
2147	准噶尔内流区	乌伦古河	全河段	517.1	青河县、富蕴县、福海县	饮用、农业用水	II	饮用水水源	饮用水水源保护区	II	福海；顶山；二台	国控；省控	集中式地表饮用水水源地
2148	准噶尔内流区	乌南干渠	全河段	66.5	博乐市	分散饮用、农业用水	无	饮用水水源	饮用水水源保护区	III	无		
2149	准噶尔内流区	乌斯通沟	全河段	98.5	和硕县、托克逊县	分散饮用、农业用水	无	饮用水水源	饮用水水源保护区	II	无		
2150	准噶尔内流区	乌苏嘎	全河段	9.6	和布克赛尔蒙古自治县	分散饮用、农业用水	II	饮用水水源	饮用水水源保护区	II	无		

序号	水系	水体名称	水域	长度/km	控制城镇	现状使用功能	现状水质	规划主导功能	功能区类型	水质目标	断面名称	断面级别	备注
2151	准噶尔内流区	乌苏图乌兰萨拉	全河段	4.6	和布克赛尔蒙古自治县	分散饮用、农业用水	无	饮用水水源	饮用水水源保护区	II	无		
2152	准噶尔内流区	乌特布拉克河	源头至下游10.8 km处	10.8	和布克赛尔蒙古自治县	源头水、分散饮用	无	自然保护	自然保护区	I	无		
2153	准噶尔内流区	乌特布拉克河	下游10.8 km处至终点	26.5	吉木乃县、和布克赛尔蒙古自治县	分散饮用、农业用水	无	饮用水水源	饮用水水源保护区	II	无		
2154	准噶尔内流区	乌图艾肯	全河段	8.4	精河县	源头水	无	自然保护	自然保护区	I	无		
2155	准噶尔内流区	乌图精河	源头至克屯阿门	39.6	精河县	源头水	无	自然保护	自然保护区	I	无		
2156	准噶尔内流区	乌图精河	克屯阿门至精河	15	精河县	分散饮用	无	饮用水水源	饮用水水源保护区	II	无		
2157	准噶尔内流区	乌图阔力河	全河段	32.3	和布克赛尔蒙古自治县	分散饮用、农业用水	II	饮用水水源	饮用水水源保护区	II	无		
2158	准噶尔内流区	乌图乌散河	源头至包姆	8.1	和布克赛尔蒙古自治县	分散饮用、农业用水	无	饮用水水源	饮用水水源保护区	II	无		
2159	准噶尔内流区	乌图乌散河	全河段	24.7	和布克赛尔蒙古自治县	源头水	无	自然保护	自然保护区	I	无		

序号	水系	水体名称	水域	长度/km	控制城镇	现状使用功能	现状水质	规划主导功能	功能区类型	水质目标	断面名称	断面级别	备注
2160	准噶尔内流区	乌图乌散河	包姆至终点	4.5	和布克赛尔蒙古自治县	分散饮用、农业用水	无	饮用水水源	饮用水水源保护区	III	无		
2161	准噶尔内流区	乌吐布鲁克	源头至下游6.2 km处	6.2	博乐市	源头水	无	自然保护	自然保护区	I	无		
2162	准噶尔内流区	乌吐布鲁克	出山口至终点	2.5	博乐市	分散饮用、农业用水	无	饮用水水源	饮用水水源保护区	III	无		
2163	准噶尔内流区	乌吐布鲁克	下游6.2 km处至出山口	4.4	博乐市	分散饮用	无	饮用水水源	饮用水水源保护区	II	无		
2164	准噶尔内流区	乌尊布拉克	全河段	11.31	巴里坤县、伊吾县	分散饮用、农业用水	无	饮用水水源	饮用水水源保护区	II	无		
2165	准噶尔内流区	吾勒昆塔勒德萨依	全河段	13.3	沙湾县	源头水	无	自然保护	自然保护区	I	无		
2166	准噶尔内流区	吾鲁特萨依	全河段	37.6	昌吉市	源头水	无	自然保护	自然保护区	I	无		
2167	准噶尔内流区	吾热阿勒克苏	全河段	12.9	额敏县	源头水	无	自然保护	自然保护区	I	无		
2168	准噶尔内流区	吾塘沟河	源头至泉子街乡牧场	11.8	吉木萨尔县	源头水	无	自然保护	自然保护区	I	无		
2169	准噶尔内流区	吾塘沟河	泉子街乡牧场至吴家湾	21.4	吉木萨尔县	分散饮用、农业用水	无	饮用水水源	饮用水水源保护区	II	无		
2170	准噶尔内流区	吾塘沟河	吴家湾至南坝水库	22.1	吉木萨尔县	分散饮用、农业用水	无	饮用水水源	饮用水水源保护区	III	无		
2171	准噶尔内流区	吾特肯	全河段	16	乌鲁木齐县	源头水	无	自然保护	自然保护区	I	无		乌鲁木齐河吾特肯段

序号	水系	水体名称	水域	长度/km	控制城镇	现状使用功能	现状水质	规划主导功能	功能区类型	水质目标	断面名称	断面级别	备注
2172	准噶尔内流区	五道沟	源头至下游24.0 km处	24.05	伊州区	源头水	无	自然保护	自然保护区	I	无		
2173	准噶尔内流区	五道沟	下游24.0 km处至终点	4.07	伊州区	分散饮用	无	饮用水水源	饮用水水源保护区	II	无		
2174	准噶尔内流区	五连干渠	全河段	21.6	福海县	分散饮用、农业用水	无	饮用水水源	饮用水水源保护区	III	无		
2175	准噶尔内流区	五十户河坝	全河段	17.1	昌吉市	农业用水	无	景观娱乐	景观娱乐用水区	III	无		现状农业用水，不降低现状水质，高标准要求
2176	准噶尔内流区	五支渠	全河段	12.6	乌苏市	分散饮用、农业用水	无	饮用水水源	饮用水水源保护区	III	无		
2177	准噶尔内流区	西岸大渠	全河段	100.2	沙湾县	农业用水	无	景观娱乐	景观娱乐用水区	III	无		现状农业用水，不降低现状水质，高标准要求
2178	准噶尔内流区	西白杨河	全河段	22.5	乌鲁木齐县	源头水	无	自然保护	自然保护区	I	无		
2179	准噶尔内流区	西大龙口河	源头至西台子村	18.3	吉木萨尔县	源头水	无	自然保护	自然保护区	I	无		
2180	准噶尔内流区	西大龙口河	西台子村至出山口	17	吉木萨尔县	分散饮用、农业用水	无	饮用水水源	饮用水水源保护区	II	无		
2181	准噶尔内流区	西大龙口河	出山口至八家地水库	15.5	吉木萨尔县	分散饮用、农业用水	无	饮用水水源	饮用水水源保护区	III	无		
2182	准噶尔内流区	西大渠	全河段	35.1	青河县	分散饮用、农业用水	无	饮用水水源	饮用水水源保护区	II	无		

序号	水系	水体名称	水域	长度/km	控制城镇	现状使用功能	现状水质	规划主导功能	功能区类型	水质目标	断面名称	断面级别	备注
2183	准噶尔内流区	西干渠	全河段	22.6	克拉玛依市	农业用水	无	景观娱乐	景观娱乐用水区	III	无		现状农业用水，不降低现状水质，高标准要求
2184	准噶尔内流区	西干渠	全河段	35.6	呼图壁县	农业用水	无	景观娱乐	景观娱乐用水区	III	无		现状农业用水，不降低现状水质，高标准要求
2185	准噶尔内流区	西干渠	全河段	36.3	五家渠市	农业用水	无	景观娱乐	景观娱乐用水区	III	无		现状农业用水，不降低现状水质，高标准要求
2186	准噶尔内流区	西干渠	全河段	24.6	五家渠市	农业用水	无	景观娱乐	景观娱乐用水区	III	无		现状农业用水，不降低现状水质，高标准要求
2187	准噶尔内流区	西干渠	全河段	214.8	和布克赛尔蒙古自治县	饮用	无	饮用水水源	饮用水水源保护区	II	风城水口进口	建议	集中式地表饮用水水源地
2188	准噶尔内流区	西沟	源头至下游7.1 km处	7.13	巴里坤县	源头水	无	自然保护	自然保护区	I	无		
2189	准噶尔内流区	西沟	下游7.1 km处至终点	2.42	巴里坤县	分散饮用、农业用水	无	饮用水水源	饮用水水源保护区	II	无		
2190	准噶尔内流区	希勒木布尔克	全河段	13.2	呼图壁县	源头水	无	自然保护	自然保护区	I	无		

序号	水系	水体名称	水域	长度/km	控制城镇	现状使用功能	现状水质	规划主导功能	功能区类型	水质目标	断面名称	断面级别	备注
2191	准噶尔内流区	夏布尔	全河段	10.1	精河县	源头水	无	自然保护	自然保护区	I	无		
2192	准噶尔内流区	夏尔尕孜仁布拉格	全河段	7	精河县	源头水	无	自然保护	自然保护区	I	无		
2193	准噶尔内流区	夏尔格沟	全河段	35.1	和静县	分散饮用	无	饮用水水源	饮用水水源保护区	II	无		
2194	准噶尔内流区	夏格孜郭勒	全河段	23.9	和静县	源头水	无	自然保护	自然保护区	I	无		
2195	准噶尔内流区	销布格尔	源头至下游6.0 km处	6	精河县	源头水	无	自然保护	自然保护区	I	无		
2196	准噶尔内流区	销布格尔	河流6.0 km处至呼斯坦乌苏河	11.7	精河县	分散饮用	无	饮用水水源	饮用水水源保护区	II	无		
2197	准噶尔内流区	小白杨沟	源头至下游9.8 km处	9.8	玛纳斯县	源头水	无	自然保护	自然保护区	I	无		
2198	准噶尔内流区	小白杨沟	下游9.8 km处至玛纳斯河	6.8	玛纳斯县	分散饮用、农业用水	无	饮用水水源	饮用水水源保护区	II	无		
2199	准噶尔内流区	小昌吉河	全河段	36.3	呼图壁县、昌吉市	源头水	无	自然保护	自然保护区	I	无		
2200	准噶尔内流区	小东沟河	全河段	49.1	昌吉市	农业用水	无	景观娱乐	景观娱乐用水区	III	无		现状农业用水，不降低现状水质，高标准要求
2201	准噶尔内流区	小黑沟	源头至下游6.15 km处	6.16	巴里坤县	源头水	无	自然保护	自然保护区	I	无		

序号	水系	水体名称	水域	长度/km	控制城镇	现状使用功能	现状水质	规划主导功能	功能区类型	水质目标	断面名称	断面级别	备注
2202	准噶尔内流区	小黑沟	下游6.15 km处至石人子乡三十里馆子村地下水型水源地	5.31	巴里坤县	分散饮用、农业用水	无	饮用水水源	饮用水水源保护区	II	无		集中式地下饮用水水源地
2203	准噶尔内流区	小柳沟	源头至小柳沟水库	21.84	巴里坤县	源头水	无	自然保护	自然保护区	I	无		
2204	准噶尔内流区	小柳沟	小柳沟水库至柳条河	12.92	巴里坤县	分散饮用、农业用水	无	饮用水水源	饮用水水源保护区	II	无		
2205	准噶尔内流区	小南沟	全河段	16.3	沙湾县	源头水	无	自然保护	自然保护区	I	无		
2206	准噶尔内流区	小青格里河	全河段	37.2	青河县	源头水、分散饮用	无	自然保护	自然保护区	I	无		
2207	准噶尔内流区	小青河	吐尔根至青格里河	30.9	青河县	分散饮用、农业用水	无	饮用水水源	饮用水水源保护区	II	无		
2208	准噶尔内流区	小青河	源头至吐尔根	14.4	青河县	源头水、分散饮用	无	自然保护	自然保护区	I	无		
2209	准噶尔内流区	小松树沟	全河段	9.7	奇台县	分散饮用	无	饮用水水源	饮用水水源保护区	II	无		
2210	准噶尔内流区	小西沟	源头至下游11.5 km处	11.5	呼图壁县	源头水	无	自然保护	自然保护区	I	无		
2211	准噶尔内流区	小西沟	源头至巴音沟牧场东升队	18.1	沙湾县	源头水	无	自然保护	自然保护区	I	无		
2212	准噶尔内流区	小西沟	下游11.5 km处至大西沟	4.9	呼图壁县	分散饮用、农业用水	无	饮用水水源	饮用水水源保护区	II	无		

序号	水系	水体名称	水域	长度/km	控制城镇	现状使用功能	现状水质	规划主导功能	功能区类型	水质目标	断面名称	断面级别	备注
2213	准噶尔内流区	小西沟	巴音沟牧场东升队至巴音沟河	13.5	沙湾县	分散饮用、农业用水	无	饮用水水源	饮用水水源保护区	II	无		
2214	准噶尔内流区	新布哈干渠	全河段	39.1	博乐市	饮用、农业用水	无	饮用水水源	饮用水水源保护区	III	哈日布呼镇	建议	集中式地下饮用水水源地
2215	准噶尔内流区	新地沟河	源头至新地沟村	16	吉木萨尔县	源头水	无	自然保护	自然保护区	I	无		
2216	准噶尔内流区	新地沟河	新地沟村至双岔河子	23.8	吉木萨尔县	分散饮用、农业用水	无	饮用水水源	饮用水水源保护区	II	无		
2217	准噶尔内流区	新地沟河	双岔河子至终点	19.6	吉木萨尔县	分散饮用、农业用水	无	饮用水水源	饮用水水源保护区	III	无		
2218	准噶尔内流区	新户河	源头至麻扎湾	10.9	奇台县	源头水	无	自然保护	自然保护区	I	无		
2219	准噶尔内流区	新户河	麻扎湾至奇台林场	8.6	奇台县	分散饮用、农业用水	无	饮用水水源	饮用水水源保护区	II	无		
2220	准噶尔内流区	亚喀布如勒	源头至下游7.3 km处	7.27	伊吾县	源头水	无	自然保护	自然保护区	I	无		
2221	准噶尔内流区	亚喀布如勒	下游7.3 km处至大白杨河	12.16	伊吾县	分散饮用、农业用水	无	饮用水水源	饮用水水源保护区	II	无		
2222	准噶尔内流区	亚玛特	全河段	13	乌苏市	源头水	无	自然保护	自然保护区	I	无		
2223	准噶尔内流区	盐河	全河段	7.6	精河县	分散饮用、农业用水	无	饮用水水源	饮用水水源保护区	III	无		
2224	准噶尔内流区	也盖孜阿苏	全河段	18.5	玛纳斯县	源头水	无	自然保护	自然保护区	I	无		

序号	水系	水体名称	水域	长度/km	控制城镇	现状使用功能	现状水质	规划主导功能	功能区类型	水质目标	断面名称	断面级别	备注
2225	准噶尔内流区	一支渠	全河段	10.5	博乐市	分散饮用、农业用水	无	饮用水水源	饮用水水源保护区	III	无		
2226	准噶尔内流区	伊开夏格孜郭勒	全河段	19.9	和静县	源头水	无	自然保护	自然保护区	I	无		
2227	准噶尔内流区	伊塞克交勒	源头至白杨河汇合口	10.8	木垒县	源头水	无	自然保护	自然保护区	I	无		
2228	准噶尔内流区	伊塞克交勒	白杨河汇合口至下泉	15.5	木垒县	分散饮用、农业用水	无	饮用水水源	饮用水水源保护区	II	无		
2229	准噶尔内流区	伊吾河	下游 6.6 km 处至终点	88.67	伊吾县	饮用、农业用水	I	饮用水水源	饮用水水源保护区	II	北大桥、脑泉村	省控	集中式地下饮用水水源地
2230	准噶尔内流区	伊吾河	源头至下游 6.6 km 处	6.57	伊吾县	源头水	无	自然保护	自然保护区	I	无		
2231	准噶尔内流区	银布图萨拉	全河段	5	精河县	源头水	无	自然保护	自然保护区	I	无		
2232	准噶尔内流区	引洪渠	全河段	8.04	巴里坤县	分散饮用、农业用水	无	饮用水水源	饮用水水源保护区	II	无		
2233	准噶尔内流区	英格堡河	源头至英格堡水库	7.70	木垒县	源头水	无	自然保护	自然保护区	I	无		
2234	准噶尔内流区	英格堡河	英格堡水库至屯庄梁三队	2.6	木垒县	分散饮用、农业用水	无	饮用水水源	饮用水水源保护区	II	无		
2235	准噶尔内流区	英格堡河	屯庄梁三队至八户一队	14.3	木垒县	分散饮用、农业用水	无	饮用水水源	饮用水水源保护区	III	无		
2236	准噶尔内流区	邮电局沟	全河段	49.5	托里县	饮用、农业用水	无	饮用水水源	饮用水水源保护区	II	红星牧场	建议	集中式地下饮用水水源地

序号	水系	水体名称	水域	长度/km	控制城镇	现状使用功能	现状水质	规划主导功能	功能区类型	水质目标	断面名称	断面级别	备注
2237	准噶尔内流区	榆树沟	源头至水亭村处	24.31	伊州区	源头水、饮用	无	自然保护	自然保护区	I	无		
2238	准噶尔内流区	榆树沟	水亭至榆树沟口子	24.66	伊州区	饮用、农业用水	无	饮用水水源	饮用水水源保护区	II	榆树沟口子	建议	集中式地表饮用水水源地
2239	准噶尔内流区	榆树沟渠	榆树沟口子渠首至汇合口应急水源地	20.78	伊州区	农业用水	无	饮用水水源	饮用水水源保护区	II	榆树沟口子	建议	
2240	准噶尔内流区	辛尔德沟	全河段	20.4	乌鲁木齐县	源头水	无	自然保护	自然保护区	I	无		
2241	准噶尔内流区	中葛根河	源头至半截沟乡牧场	21	奇台县	源头水	无	自然保护	自然保护区	I	无		
2242	准噶尔内流区	中葛根河	半截沟乡牧场至东湾	6.6	奇台县	饮用、农业用水	无	饮用水水源	饮用水水源保护区	II	半截沟	建议	集中式地下、地表饮用水水源地
2243	准噶尔内流区	中葛根河	东湾至胡家庄	17.1	奇台县	饮用、农业用水	无	饮用水水源	饮用水水源保护区	III	东湾	建议	集中式地表饮用水水源地
2244	准噶尔内流区	祖鲁木图沟	全河段	78.1	和硕县、托克逊县	分散饮用、农业用水	无	饮用水水源	饮用水水源保护区	II	无		
2245	准噶尔内流区	佐勒托力拱	源头至河流22.7 km处	22.7	鄯善县	源头水	无	自然保护	自然保护区	I	无		
2246	准噶尔内流区	佐勒托力拱	河流22.7 km处至柯柯亚尔河	15.5	鄯善县	分散饮用、农业用水	无	饮用水水源	饮用水水源保护区	II	无		

附表2 新疆水环境功能区划表——湖泊

序号	水系	水体名称	东经	北纬	面积/km^2	控制城镇	现状使用功能	现状水质	规划主导功能	功能区类型	水质目标	断面名称	断面级别	备注
1	额尔齐斯河流域	阿克库勒湖	87°34.228'	49°2.961'	9.2	布尔津县	源头水、珍贵渔类用水	无	自然保护	自然保护区	I	湖心区	建议	
2	额尔齐斯河流域	喀纳斯湖	87°3.315'	48°48.809'	45.4	布尔津县	源头水、珍贵渔类用水、分散饮用	I	自然保护	自然保护区	II	全湖	国控	
3	额尔齐斯河流域	诺尔特湖	89°26.597'	47°48.617'	0.3	富蕴县	源头水、渔业	无	自然保护	自然保护区	I	湖心区	建议	
4	额尔齐斯河流域	玉勒肯克兰	87°21.452'	47°37.918'	0.5	阿勒泰市	景观娱乐	无	景观娱乐	景观娱乐用水区	III	无		
5	塔里木内流区	Q65008	88°21.867'	39°28.482'	2.1	若羌县	景观娱乐	无	景观娱乐	景观娱乐用水区	IV	无		
6	塔里木内流区	Q65015	81°4.031'	40°32.888'	1.4	阿拉尔市	景观娱乐	无	景观娱乐	景观娱乐用水区	V	无		
7	塔里木内流区	Q65016	87°31.990'	40°30.793'	2.3	尉犁县	渔业、景观娱乐	无	渔业用水	渔业用水区	III	湖心区	建议	
8	塔里木内流区	S65001	90°51.358'	36°24.347'	3.4	若羌县	景观娱乐	无	景观娱乐	景观娱乐用水区	V	无		
9	塔里木内流区	T65001	79°34.749'	35°31.318'	5.9	和田县	景观娱乐	无	景观娱乐	景观娱乐用水区	V	无		

序号	水系	水体名称	东经	北纬	面积/km^2	控制城镇	现状使用功能	现状水质	规划主导功能	功能区类型	水质目标	断面名称	断面级别	备注
10	塔里木内流区	T65002	79°33.067'	35°29.864'	4.8	和田县	景观娱乐	无	景观娱乐	景观娱乐用水区	V	无		
11	塔里木内流区	阿克萨依湖	79°50.293'	35°12.869'	192.4	和田县	景观娱乐	无	景观娱乐	景观娱乐用水区	V	无		
12	塔里木内流区	阿克苏库勒	84°32.744'	36°35.845'	110.9	且末县	景观娱乐	无	景观娱乐	景观娱乐用水区	V	无		
13	塔里木内流区	阿拉安巴	79°32.032'	37°17.701'	0.3	墨玉县	景观娱乐	无	景观娱乐	景观娱乐用水区	V	无		
14	塔里木内流区	阿兰出巴	79°31.705'	37°18.411'	1.0	墨玉县	景观娱乐	无	景观娱乐	景观娱乐用水区	V	无		
15	塔里木内流区	阿其格库勒	88°25.658'	37°4.436'	433.6	若羌县	景观娱乐	无	景观娱乐	景观娱乐用水区	V	无		
16	塔里木内流区	阿其可湖	81°37.077'	35°38.393'	1.1	于田县	景观娱乐	无	景观娱乐	景观娱乐用水区	V	无		
17	塔里木内流区	阿什库勒	81°33.677'	35°44.301'	12.8	于田县	景观娱乐	无	景观娱乐	景观娱乐用水区	V	无		
18	塔里木内流区	阿雅克库木湖	89°25.589'	37°32.418'	852.8	若羌县	景观娱乐	无	景观娱乐	景观娱乐用水区	V	无		
19	塔里木内流区	昂歌库勒	83°3.554'	36°15.464'	3.7	民丰县	景观娱乐	无	景观娱乐	景观娱乐用水区	V	无		
20	塔里木内流区	贝勒克库勒	82°55.961'	37°16.373'	1.7	民丰县	景观娱乐	无	景观娱乐	景观娱乐用水区	V	无		
21	塔里木内流区	贝勒克勒克湖	90°41.868'	36°22.394'	29.6	若羌县	景观娱乐	无	景观娱乐	景观娱乐用水区	V	无		
22	塔里木内流区	贝力克湖	89°2.497'	36°42.348'	10.1	若羌县	景观娱乐	无	景观娱乐	景观娱乐用水区	V	无		

序号	水系	水体名称	东经	北纬	面积/km²	控制城镇	现状使用功能	现状水质	规划主导功能	功能区类型	水质目标	断面名称	断面级别	备注
23	塔里木内流区	比尔艾克孜	77°55.800'	39°15.296'	0.6	麦盖提县	景观娱乐	无	景观娱乐	景观娱乐用水区	V	无		
24	塔里木内流区	博斯腾湖	87°13.059'	41°56.176'	376.7	博湖县	饮用、渔业、景观娱乐	IV	饮用水水源	饮用水水源保护区	IV	东半湖	国控	国控湖
25	塔里木内流区	博斯腾湖	87°8.349'	42°1.721'	164.2	博湖县	渔业、农业用水	IV	渔业用水	渔业用水区	IV	东半湖	国控	国控湖
26	塔里木内流区	博斯腾湖	86°54.511'	42°3.497'	173.7	博湖县	渔业、农业用水、纳污	IV	渔业用水	渔业用水区	III	西半湖	国控	国控湖
27	塔里木内流区	博斯腾湖	86°51.691'	41°55.558'	307.3	博湖县	渔业、景观娱乐	IV	渔业用水	渔业用水区	III	西半湖	国控	国控湖
28	塔里木内流区	朝勃湖	85°48.148'	36°34.710'	9.8	且末县	景观娱乐	无	景观娱乐	景观娱乐用水区	V	无		
29	塔里木内流区	春浪湖	83°27.692'	35°46.834'	14.3	民丰县	景观娱乐	无	景观娱乐	景观娱乐用水区	V	无		
30	塔里木内流区	错鲁勒错	78°34.158'	35°52.096'	10.4	皮山县	景观娱乐	无	景观娱乐	景观娱乐用水区	V	无		
31	塔里木内流区	荒地巴扎	77°26.018'	38°48.041'	0.1	莎车县	景观娱乐	无	景观娱乐	景观娱乐用水区	V	无		
32	塔里木内流区	皇宫湖	80°2.537'	40°48.345'	6.6	阿克苏市	景观娱乐	无	景观娱乐	景观娱乐用水区	III	无		
33	塔里木内流区	黄草湖	85°16.811'	35°53.984'	16.9	且末县	景观娱乐	无	景观娱乐	景观娱乐用水区	V	无		
34	塔里木内流区	鲸鱼湖	89°26.240'	36°19.903'	314.8	若羌县	景观娱乐	无	景观娱乐	景观娱乐用水区	V	无		

序号	水系	水体名称	东经	北纬	面积/km^2	控制城镇	现状使用功能	现状水质	规划主导功能	功能区类型	水质目标	断面名称	断面级别	备注
35	塔里木内流区	巨头湖	85°43.035'	36°9.563'	7.4	且末县	景观娱乐	无	景观娱乐	景观娱乐用水区	V	无		
36	塔里木内流区	卡米勒哈湖	77°43.207'	39°21.908'	3.1	巴楚县	景观娱乐	无	景观娱乐	景观娱乐用水区	V	无		
37	塔里木内流区	开口斯湖	84°54.553'	42°39.547'	0.4	和静县	源头水	无	自然保护	自然保护区	I	湖心区	建议	
38	塔里木内流区	科克乌散湖	85°24.884'	42°27.603'	1.3	和静县	源头水	无	自然保护	自然保护区	I	湖心区	建议	
39	塔里木内流区	克其克库木库勒	90°44.513'	36°58.543'	21.9	若羌县	景观娱乐	无	景观娱乐	景观娱乐用水区	V	无		
40	塔里木内流区	苦水湖	79°21.894'	35°35.067'	3.6	和田县	景观娱乐	无	景观娱乐	景观娱乐用水区	V	无		
41	塔里木内流区	库木别勒琼库勒	73°40.961'	39°12.726'	1.1	阿克陶县	景观娱乐	无	景观娱乐	景观娱乐用水区	V	无		
42	塔里木内流区	库木库里湖	90°31.753'	37°5.388'	31.4	若羌县	景观娱乐	无	景观娱乐	景观娱乐用水区	V	无		
43	塔里木内流区	列腾格湖	79°21.064'	34°53.312'	29.8	和田县	景观娱乐	无	景观娱乐	景观娱乐用水区	V	无		
44	塔里木内流区	萨利吉勒干南库勒	79°41.144'	34°40.894'	71.9	和田县	景观娱乐	无	景观娱乐	景观娱乐用水区	V	无		
45	塔里木内流区	石漫湖	86°6.373'	36°14.701'	7.9	且末县	景观娱乐	无	景观娱乐	景观娱乐用水区	V	无		
46	塔里木内流区	甜水湖	79°30.647'	35°20.600'	1.0	和田县	景观娱乐	无	景观娱乐	景观娱乐用水区	V	无		
47	塔里木内流区	土布拉克湖	79°21.285'	35°41.031'	26.2	和田县	景观娱乐	无	景观娱乐	景观娱乐用水区	V	无		
48	塔里木内流区	乌拉英可尔	81°38.196'	35°16.282'	1.6	于田县	景观娱乐	无	景观娱乐	景观娱乐用水区	V	无		

序号	水系	水体名称	东经	北纬	面积/ km^2	控制城镇	现状使用功能	现状水质	规划主导功能	功能区类型	水质目标	断面名称	断面级别	备注
49	塔里木内流区	乌鲁克库勒	81°37.170'	35°40.245'	17.4	于田县	景观娱乐	无	景观娱乐	景观娱乐用水区	Ⅴ	无		
50	塔里木内流区	乌苏肖湖	90°1.540'	38°24.144'	1.7	若羌县	景观、化工用水	无	工业用水	工业用水区	Ⅳ	无		
51	塔里木内流区	五瓣湖	86°14.246'	36°35.720'	2.1	且末县	景观娱乐	无	景观娱乐	景观娱乐用水区	Ⅴ	无		
52	塔里木内流区	硝尔库勒	82°51.447'	35°59.108'	16.8	民丰县	景观娱乐	无	景观娱乐	景观娱乐用水区	Ⅴ	无		
53	塔里木内流区	硝尔库勒湖	77°21.419'	40°5.952'	48.6	阿图什市	景观、工业用水	无	景观娱乐	景观娱乐用水区	Ⅴ	无		盐业化工
54	塔里木内流区	硝库尔	90°9.401'	37°9.350'	8.2	若羌县	景观娱乐	无	景观娱乐	景观娱乐用水区	Ⅴ	无		
55	塔里木内流区	硝库勒湖	82°40.500'	36°6.524'	7.4	民丰县	景观娱乐	无	景观娱乐	景观娱乐用水区	Ⅴ	无		
56	塔里木内流区	牙乃艾力克	77°44.567'	39°4.087'	1.5	麦盖提县	景观娱乐	无	景观娱乐	景观娱乐用水区	Ⅴ	无		
57	塔里木内流区	依协克帕提湖	90°17.256'	37°19.062'	27.2	若羌县	景观娱乐	无	景观娱乐	景观娱乐用水区	Ⅴ	无		
58	塔里木内流区	滢水湖	86°10.410'	36°11.045'	5.0	且末县	景观娱乐	无	景观娱乐	景观娱乐用水区	Ⅴ	无		
59	塔里木内流区	永丰湖	85°55.593'	36°6.664'	4.3	且末县	景观娱乐	无	景观娱乐	景观娱乐用水区	Ⅴ	无		
60	塔里木内流区	长虹湖	85°59.621'	36°2.735'	44.9	且末县	景观娱乐	无	景观娱乐	景观娱乐用水区	Ⅴ	无		
61	准噶尔内流区	P65004	83°53.512'	44°57.638'	2.8	乌苏市	景观娱乐	无	景观娱乐	景观娱乐用水区	Ⅴ	无		

序号	水系	水体名称	东经	北纬	面积/km^2	控制城镇	现状使用功能	现状水质	规划主导功能	功能区类型	水质目标	断面名称	断面级别	备注
62	准噶尔内流区	Q65018	87°41.153'	47°7.800'	1.8	福海县	景观娱乐	无	景观娱乐	景观娱乐用水区	V	无		
63	准噶尔内流区	阿克库勒	87°1.734'	47°17.756'	4.9	福海县	渔业、景观娱乐	无	渔业用水	渔业用水区	III	湖心区	建议	
64	准噶尔内流区	艾比湖	82°57.877'	44°52.487'	505.1	精河县	景观娱乐	III	景观娱乐	景观娱乐用水区	V	无		
65	准噶尔内流区	艾丁湖	89°23.070'	42°37.901'	65.0	吐鲁番市	景观、工业用水	无	景观娱乐	景观娱乐用水区	V	无		盐业化工
66	准噶尔内流区	艾里克湖	85°47.335'	45°55.932'	54.0	克拉玛依市	渔业、景观娱乐	V	渔业用水	渔业用水区	V	全湖	省控	
67	准噶尔内流区	巴里坤北湖	92° 52.924'	43° 45.471'	8.24	巴里坤县	景观、工业用水	无	景观娱乐	景观娱乐用水区	V	无		
68	准噶尔内流区	巴里坤湖	92°47.716'	43°40.516'	121.4	巴里坤县	景观娱乐	无	景观娱乐	景观娱乐用水区	V	无		
69	准噶尔内流区	查干郭勒登库勒	90°29.664'	47°5.691'	2.0	青河县	源头水	无	自然保护	自然保护区	I	湖心区	建议	
70	准噶尔内流区	柴窝堡湖	87°54.221'	43°30.233'	29.7	乌鲁木齐市	渔业、景观娱乐	III	渔业用水	渔业用水区	III	全湖	省控	
71	准噶尔内流区	达坂城东盐湖	88°6.991'	43°23.309'	21.5	乌鲁木齐市	景观、工业用水	无	景观娱乐	景观娱乐用水区	V	无		
72	准噶尔内流区	达坂城西盐湖	88°2.205'	43°27.210'	6.0	乌鲁木齐市	景观、工业用水	无	景观娱乐	景观娱乐用水区	V	无		
73	准噶尔内流区	福海盐湖	87°33.832'	47°13.599'	2.9	福海县	景观娱乐	无	景观娱乐	景观娱乐用水区	V	无		
74	准噶尔内流区	吉力湖	87°26.053'	46°55.431'	178.3	福海县	渔业、景观娱乐	IV	渔业用水	渔业用水区	V	进水区、全湖	省控	

序号	水系	水体名称	东经	北纬	面积/km^2	控制城镇	现状使用功能	现状水质	规划主导功能	功能区类型	水质目标	断面名称	断面级别	备注
75	准噶尔内流区	加马呢格勒	87°31.313'	47°19.374'	4.5	福海县	渔业、景观娱乐	无	渔业用水	渔业用水区	III	湖心区	建议	
76	准噶尔内流区	玛纳斯湖	85°57.242'	45°48.404'	305.8	和布克赛尔蒙古自治县	景观娱乐	无	景观娱乐	景观娱乐用水区	V	无		
77	准噶尔内流区	赛里木湖	81°10.215'	44°36.218'	466.6	博乐市	渔业、景观娱乐	III	渔业用水	渔业用水区	III	赛湖 1～5；全湖	国控；省控	
78	准噶尔内流区	什巴尔库勒	90°52.304'	46°48.984'	1.4	青河县	分散饮用	无	饮用水水源	饮用水水源保护区	II	湖心区	建议	
79	准噶尔内流区	死海子	87°32.770'	47°18.270'	0.9	福海县	渔业、景观娱乐	无	渔业用水	渔业用水区	III	湖心区	建议	
80	准噶尔内流区	天池	88°7.837'	43°53.163'	2.8	阜康市	景观娱乐、防洪	II	自然保护	自然保护区	II	全湖	省控	
81	准噶尔内流区	乌伦古湖	87°17.440'	47°15.283'	884.0	福海县	渔业、景观娱乐	III	渔业用水	渔业用水区	III	乌伦古湖湖中心、码头至中心、乌伦古湖码头、南部渔政点；农十师渔政、莫合台、全湖	国控；省控	
82	准噶尔内流区	小艾里克湖	85°34.027'	45°45.378'	1.6	克拉玛依市	渔业、景观娱乐	无	渔业用水	渔业用水区	III	湖心区	建议	
83	准噶尔内流区	托勒库勒	94°13.14'	43°23.622'	29.3	伊吾县	景观娱乐	无	景观娱乐	景观娱乐用水区	V	无		

注：柴窝堡湖水质目标 COD、氯化物、BOD、总磷、高锰酸盐指数不参与考核，其他指标为III类；乌伦古湖水质目标 COD、氯化物不参与考核，其他指标为III类。

附表 3　新疆水环境功能区划表——水库

序号	水系	水体名称	东经	北纬	库容/万 m^3	控制城镇	现状使用功能	现状水质	规划主导功能	功能区类型	水质目标	断面名称	断面级别	备注
1	额尔齐斯河流域	2817 水库	87°45.878'	47°30.194'	800	阿勒泰市	分散饮用、工农业用水	III	饮用水水源	饮用水水源保护区	III	库心	建议	
2	额尔齐斯河流域	635 水库	88°29.829'	47°14.337'	28 200	阿勒泰市、福海县	饮用、工农业用水	II	饮用水水源	饮用水水源保护区	II	库心	建议	
3	额尔齐斯河流域	阿克达拉水库	88°7.466'	47°6.514'	3 000	福海县	分散饮用、工农业用水	II	饮用水水源	饮用水水源保护区	II	库心	建议	
4	额尔齐斯河流域	阿苇滩水库	88°2.387'	47°39.015'	5 090	阿勒泰市	渔业、农业用水	III	渔业用水	渔业用水区	III	库心	建议	
5	额尔齐斯河流域	巴山水库	87°46.903'	47°30.733'	300	阿勒泰市	分散饮用、工农、渔业用水	III	饮用水水源	饮用水水源保护区	III	库心	建议	
6	额尔齐斯河流域	巴斯布滚勒水库	86°20.420'	48°18.731'	105	哈巴河县	分散饮用、珍贵渔类、工业用水	II	饮用水水源	饮用水水源保护区	II	库心	建议	
7	额尔齐斯河流域	城北水库	89°33.432'	47°0.352'	480	富蕴县	饮用	II	饮用水水源	饮用水水源保护区	II	进水口、出水口	建议	集中式地表饮用水水源地

序号	水系	水体名称	东经	北纬	库容/万 m^3	控制城镇	现状使用功能	现状水质	规划主导功能	功能区类型	水质目标	断面名称	断面级别	备注
8	额尔齐斯河流域	冲乎尔水库	87°11.058'	48°11.323'	8 400	布尔津县	分散饮用、工农业用水	II	饮用水水源	饮用水水源保护区	II	库心	建议	
9	额尔齐斯河流域	达拉吾孜水库	89°24.393'	47°4.080'	330	富蕴县	分散饮用、农业用水	II	饮用水水源	饮用水水源保护区	II	库心	建议	
10	额尔齐斯河流域	达冷海齐水库	86°3.321'	47°27.507'	700	吉木乃县	分散饮用、农业用水	III	饮用水水源	饮用水水源保护区	III	库心	建议	
11	额尔齐斯河流域	二十三公里水库	89°45.575'	47°1.580'	230	富蕴县	饮用、景观、农业用水	II	饮用水水源	饮用水水源保护区	II	库心	建议	
12	额尔齐斯河流域	工农兵水库	87°55.251'	47°49.883'	135	阿勒泰市	分散饮用、农业用水	III	饮用水水源	饮用水水源保护区	III	库心	建议	
13	额尔齐斯河流域	哈巴河山口水库	86°25.983'	48°11.278'	4 600	哈巴河县	饮用	II	饮用水水源	饮用水水源保护区	II	进水口、出水口	建议	集中式地表饮用水水源地
14	额尔齐斯河流域	海子口水库	89°44.301'	47°11.240'	11 300	富蕴县	饮用、渔业、工业用水	II	饮用水水源	饮用水水源保护区	II	库心	建议	
15	额尔齐斯河流域	红旗水库（吉木乃县）	85°53.493'	47°19.875'	1 400	吉木乃县	饮用、农业用水	II	饮用水水源	饮用水水源保护区	II	库心	建议	

序号	水系	水体名称	东经	北纬	库容/万 m^3	控制城镇	现状使用功能	现状水质	规划主导功能	功能区类型	水质目标	断面名称	断面级别	备注
16	额尔齐斯河流域	红山水库（吉木乃县）	85°52.256'	47°23.244'	361	吉木乃县	饮用、农业用水	II	饮用水水源	饮用水水源保护区	II	进水口、出水口	建议	集中式地表饮用水水源地
17	额尔齐斯河流域	喀拉哈什水库	88°4.930'	47°40.163'	533	阿勒泰市	分散饮用、工农业用水	III	饮用水水源	饮用水水源保护区	III	库心	建议	
18	额尔齐斯河流域	喀拉通克水库	89°39.785'	46°52.312'	652	富蕴县	分散饮用	II	饮用水水源	饮用水水源保护区	II	库心	建议	
19	额尔齐斯河流域	卡尔克特水库	85°47.598'	47°30.614'	320.2	吉木乃县	饮用、农业用水	III	饮用水水源	饮用水水源保护区	III	库心	建议	
20	额尔齐斯河流域	克孜哈英水库	86°14.296'	47°24.962'	1 100	吉木乃县	饮用、农业用水	III	饮用水水源	饮用水水源保护区	III	库心	建议	
21	额尔齐斯河流域	克孜窝依水库	88°8.195'	47°38.908'	200	阿勒泰市	分散饮用、工农、渔业用水	III	饮用水水源	饮用水水源保护区	III	库心	建议	
22	额尔齐斯河流域	库尔尕克托汗水库	87°55.850'	47°46.139'	120	阿勒泰市	分散饮用、工农、渔业用水	III	饮用水水源	饮用水水源保护区	III	库心	建议	
23	额尔齐斯河流域	莫斯拜水库	85°43.617'	47°30.626'	154	吉木乃县	饮用、农业用水	III	饮用水水源	饮用水水源保护区	III	库心	建议	

序号	水系	水体名称	东经	北纬	库容/万 m^3	控制城镇	现状使用功能	现状水质	规划主导功能	功能区类型	水质目标	断面名称	断面级别	备注
24	额尔齐斯河流域	南湖水库	87°50.928'	47°18.753'	600	福海县	景观娱乐、农业用水	Ⅳ	景观娱乐	景观娱乐用水区	Ⅳ	无		
25	额尔齐斯河流域	闸海水库	85°57.316'	47°30.497'	110	吉木乃县	饮用、农业用水	Ⅲ	饮用水水源	饮用水水源保护区	Ⅲ	库心	建议	
26	额尔齐斯河流域	齐背岭水库	87°34.608'	47°59.409'	2 600	阿勒泰市	分散饮用	Ⅱ	饮用水水源	饮用水水源保护区	Ⅱ	库心	建议	
27	额尔齐斯河流域	萨斯克巴斯淘水库	87°59.289'	47°42.818'	120	阿勒泰市	分散饮用、工农、渔业用水	Ⅲ	饮用水水源	饮用水水源保护区	Ⅲ	库心	建议	
28	额尔齐斯河流域	沙尔梁水库	85°42.531'	47°25.598'	600	吉木乃县	饮用、农业用水	Ⅱ	饮用水水源	饮用水水源保护区	Ⅱ	进水口、出水口	建议	集中式地表饮用水水源地
29	额尔齐斯河流域	塔勒德水库	86°29.699'	48°12.648'	110	哈巴河县	分散饮用、珍贵渔类、工业用水	Ⅱ	饮用水水源	饮用水水源保护区	Ⅱ	库心	建议	
30	额尔齐斯河流域	塔斯特水库	85°59.906'	47°14.075'	1 260	吉木乃县	饮用、农业用水	Ⅱ	饮用水水源	饮用水水源保护区	Ⅱ	库心	建议	
31	额尔齐斯河流域	塘巴湖水库	88°12.861'	47°38.190'	22 000	阿勒泰市	分散饮用、农工、渔业用水	Ⅲ	饮用水水源	饮用水水源保护区	Ⅲ	库心	建议	

序号	水系	水体名称	东经	北纬	库容/万 m^3	控制城镇	现状使用功能	现状水质	规划主导功能	功能区类型	水质目标	断面名称	断面级别	备注
32	额尔齐斯河流域	吐尔洪水库	89°55.778'	47°2.874'	580	富蕴县	分散饮用、农业用水	II	饮用水水源	饮用水水源保护区	II	库心	建议	
33	额尔齐斯河流域	托洪台水库	86°47.647'	47°47.807'	8 063	布尔津县	分散饮用、农业用水	III	饮用水水源	饮用水水源保护区	III	库心	建议	
34	额尔齐斯河流域	希别楞水库	89°21.195'	47°16.008'	380	富蕴县	分散饮用	II	饮用水水源	饮用水水源保护区	II	库心	建议	
35	额尔齐斯河流域	也拉曼水库	86°48.561'	48°9.998'	703	布尔津县	农业用水		饮用水水源	饮用水水源保护区	II	库心	建议	现状农业用水，不降低现状水质，高标准要求
36	塔里木内流区	阿湖水库	76°1.833'	39°49.890'	2 983.97	阿图什市	饮用、农业用水	III	饮用水水源	饮用水水源保护区	III	库心	建议	
37	塔里木内流区	阿克尔水库	76°7.919'	38°54.517'	800	英吉沙县	农业用水	IV	景观娱乐	景观娱乐用水区	IV	无		现状农业用水，不降低现状水质，高标准要求
38	塔里木内流区	阿克库木须水库	80°37.584'	40°47.862'	3 270	阿克苏市	农业用水	III	景观娱乐	景观娱乐用水区	III	无		现状农业用水，不降低现状水质，高标准要求

序号	水系	水体名称	东经	北纬	库容/万 m^3	控制城镇	现状使用功能	现状水质	规划主导功能	功能区类型	水质目标	断面名称	断面级别	备注
39	塔里木内流区	阿克萨斯水库	76°12.351'	39°8.226'	600	疏勒县	农业用水	Ⅳ	景观娱乐	景观娱乐用水区	Ⅳ	无		现状农业用水，不降低现状水质，高标准要求
40	塔里木内流区	阿克苏甫水库	86°30.412'	41°15.257'	581	尉犁县	农业用水	Ⅲ	景观娱乐	景观娱乐用水区	Ⅲ	无		现状农业用水，不降低现状水质，高标准要求
41	塔里木内流区	阿皮力克水库	76°40.413'	39°58.521'	100	阿图什市	饮用、农业用水	Ⅲ	饮用水水源	饮用水水源保护区	Ⅲ	库心	建议	
42	塔里木内流区	阿衣库木水库	78°13.542'	37°41.055'	134	皮山县	渔业、农业用水	Ⅲ	渔业用水	渔业用水区	Ⅲ	库心	建议	
43	塔里木内流区	艾里西湖水库	77°19.026'	38°38.108'	5 200	莎车县	饮用、农业用水	Ⅲ	饮用水水源	饮用水水源保护区	Ⅲ	库心	建议	
44	塔里木内流区	巴仁水库	77°25.133'	37°57.001'	300	叶城	农业用水	Ⅳ	景观娱乐	景观娱乐用水区	Ⅳ	无		现状农业用水，不降低现状水质，高标准要求
45	塔里木内流区	巴什昆水库	81°23.720'	36°56.094'	100	于田县	农业用水	Ⅲ	景观娱乐	景观娱乐用水区	Ⅲ	无		现状农业用水，不降低现状水质，高标准要求
46	塔里木内流区	巴西拉克水库	78°31.043'	37°28.097'	350	皮山县	渔业、农业用水	Ⅲ	渔业用水	渔业用水区	Ⅲ	库心	建议	

序号	水系	水体名称	东经	北纬	库容/万 m^3	控制城镇	现状使用功能	现状水质	规划主导功能	功能区类型	水质目标	断面名称	断面级别	备注
47	塔里木内流区	佰什坎特水库	77°24.254'	38°25.600'	575	莎车县	农业用水	III	景观娱乐	景观娱乐用水区	III	无		现状农业用水，不降低现状水质，高标准要求
48	塔里木内流区	保尔水库	77°36.285'	37°55.909'	970	叶城	农业用水	III	景观娱乐	景观娱乐用水区	III	无		现状农业用水，不降低现状水质，高标准要求
49	塔里木内流区	贝勒克库勒水库	82°57.745'	37°14.900'	400	民丰县	渔业用水	III	渔业用水	渔业用水区	III	库心	建议	
50	塔里木内流区	布尔库木水库	80°16.821'	37°5.482'	150	洛浦县	渔业、农业用水	III	渔业用水	渔业用水区	III	库心	建议	
51	塔里木内流区	布勒克其亚水库	77°26.494'	37°59.489'	295	叶城县	农业用水	IV	景观娱乐	景观娱乐用水区	IV	无		现状农业用水，不降低现状水质，高标准要求
52	塔里木内流区	草龙水库	77°57.186'	39°27.734'	3 000	巴楚县	农业用水	III	景观娱乐	景观娱乐用水区	III	无		现状农业用水，不降低现状水质，高标准要求
53	塔里木内流区	察汗乌苏水库	85°30.219'	42°19.831'	12 500	和静县	饮用、工农业用水	II	饮用水水源	饮用水水源保护区	II	库心	建议	
54	塔里木内流区	大西海子水库	87°23.562'	40°38.611'	18 600	尉犁县	渔业用水	—	渔业用水	渔业用水区	III	进口、出口、全库	省控	

序号	水系	水体名称	东经	北纬	库容/万 m^3	控制城镇	现状使用功能	现状水质	规划主导功能	功能区类型	水质目标	断面名称	断面级别	备注
55	塔里木内流区	大寨水库（沙雅县）	82°40.075'	40°59.760'	1 996	沙雅县	渔业、农业用水	III	渔业用水	渔业用水区	III	库心	建议	
56	塔里木内流区	大寨水库（莎车县）	77°3.416'	38°20.999'	260	莎车县	农业用水	III	景观娱乐	景观娱乐用水区	III	无		现状农业用水，不降低现状水质，高标准要求
57	塔里木内流区	东方红水库（和田县）	80°3.165'	37°27.399'	1 436	和田县	农业用水	III	景观娱乐	景观娱乐用水区	III	无		现状农业用水，不降低现状水质，高标准要求
58	塔里木内流区	东方红水库（莎车县）	77°3.917'	38°25.104'	3 800	莎车县	农业用水	III	景观娱乐	景观娱乐用水区	III	无		现状农业用水，不降低现状水质，高标准要求
59	塔里木内流区	东方红水库（于田县）	81°29.090'	36°39.045'	1 050	于田县	饮用、农业用水	III	饮用水水源	饮用水水源保护区	III	库心	建议	
60	塔里木内流区	东风水库（墨玉县）	79°33.967'	37°11.943'	4 400	墨玉县	饮用、农业用水	III	饮用水水源	饮用水水源保护区	III	库心	建议	
61	塔里木内流区	墩巴格水库	77°24.366'	38°27.860'	1 136	莎车县	农业用水	III	景观娱乐	景观娱乐用水区	III	无		现状农业用水，不降低现状水质，高标准要求

序号	水系	水体名称	东经	北纬	库容/万 m^3	控制城镇	现状使用功能	现状水质	规划主导功能	功能区类型	水质目标	断面名称	断面级别	备注
62	塔里木内流区	多浪水库	80°46.428'	40°40.624'	12 000	阿拉尔市、阿克苏市	饮用、农业、渔业用水	III	饮用水水源	饮用水水源保护区	III	无		
63	塔里木内流区	丰收水库（策勒县）	81°5.585'	36°53.826'	915	策勒县	饮用、农业用水	II	饮用水水源	饮用水水源保护区	II	库心	建议	
64	塔里木内流区	尕宗水库	79°53.890'	37°5.780'	150	和田市	饮用、景观娱乐	III	饮用水水源	饮用水水源保护区	III	进水口、出水口	建议	集中式地下饮用水水源地
65	塔里木内流区	哈力快力水库	80°10.733'	37°2.027'	2 300	洛浦县	饮用、农业用水	III	饮用水水源	饮用水水源保护区	III	库心	建议	
66	塔里木内流区	汗尔克水库	77°33.514'	38°44.888'	2 200	麦盖提	农业用水	III	景观娱乐	景观娱乐用水区	III	无		现状农业用水，不降低现状水质，高标准要求
67	塔里木内流区	杭杜克水库	78°36.331'	37°30.113'	100	皮山县	饮用、农业用水	III	饮用水水源	饮用水水源保护区	III	库心	建议	
68	塔里木内流区	红海水库	78°25.221'	39°45.441'	7 200	巴楚县	农业用水	III	景观娱乐	景观娱乐用水区	III	无		现状农业用水，不降低现状水质，高标准要求
69	塔里木内流区	红旗二库（策勒县）	81°2.926'	36°56.773'	130	策勒县	饮用、农业用水	II	饮用水水源	饮用水水源保护区	II	库心	建议	

序号	水系	水体名称	东经	北纬	库容/万 m^3	控制城镇	现状使用功能	现状水质	规划主导功能	功能区类型	水质目标	断面名称	断面级别	备注
70	塔里木内流区	红旗水库（疏附县）	76°16.714'	39°29.955'	1 100	疏附县	农业用水	Ⅳ	景观娱乐	景观娱乐用水区	Ⅳ	无		现状农业用水，不降低现状水质，高标准要求
71	塔里木内流区	红旗水库（疏勒县）	76°12.686'	39°18.214'	109	疏勒县	农业用水	Ⅲ	景观娱乐	景观娱乐用水区	Ⅲ	无		现状农业用水，不降低现状水质，高标准要求
72	塔里木内流区	吉仁勒玛水库	77°41.014'	39°3.239'	3 500	麦盖提	农业用水	Ⅲ	景观娱乐	景观娱乐用水区	Ⅲ	无		现状农业用水，不降低现状水质，高标准要求
73	塔里木内流区	吉音水库	81°40.342'	36°55.194'	8 200	于田县	饮用、农业用水	Ⅲ	饮用水水源	饮用水水源保护区	Ⅲ	库心	建议	
74	塔里木内流区	江尕勒水库	78°6.452'	37°23.746'	671	皮山县	农业用水	Ⅲ	景观娱乐	景观娱乐用水区	Ⅲ	无		现状农业用水，不降低现状水质，高标准要求
75	塔里木内流区	喀尔赛水库	79°38.160'	37°15.728'	755.43	墨玉县	饮用、农业用水	Ⅲ	饮用水水源	饮用水水源保护区	Ⅲ	库心	建议	
76	塔里木内流区	卡尔苏水库	81°3.403'	37°0.979'	620	策勒县	饮用、农业用水	Ⅱ	饮用水水源	饮用水水源保护区	Ⅱ	库心	建议	

序号	水系	水体名称	东经	北纬	库容/万 m^3	控制城镇	现状使用功能	现状水质	规划主导功能	功能区类型	水质目标	断面名称	断面级别	备注
77	塔里木内流区	康阿孜水库	77°46.255'	37°10.174'	100	皮山县	饮用、农业用水	II	饮用水水源	饮用水水源保护区	II	库心	建议	
78	塔里木内流区	康赛水库	76°9.448'	38°53.953'	400	英吉沙县	农业用水	IV	景观娱乐	景观娱乐用水区	IV	无		现状农业用水，不降低现状水质，高标准要求
79	塔里木内流区	柯阿西水库	76°14.130'	38°56.148'	600	英吉沙县	饮用、农业用水	III	景观娱乐	景观娱乐用水区	III	无		现状农业用水，不降低现状水质，高标准要求
80	塔里木内流区	克克其汗水库	77°5.450'	38°19.869'	450	莎车县	农业用水	III	景观娱乐	景观娱乐用水区	III	无		现状农业用水，不降低现状水质，高标准要求
81	塔里木内流区	克孜尔水库	82°21.797'	41°44.453'	64 000	拜城县	渔业、农业用水	III	渔业用水	渔业用水区	III	库心、出口、全库	省控	
82	塔里木内流区	克孜塘木水库	76°17.894'	39°22.509'	221	疏勒县	农业用水	IV	景观娱乐	景观娱乐用水区	IV	无		现状农业用水，不降低现状水质，高标准要求
83	塔里木内流区	库木鲁克水库	75°52.511'	39°36.284'	109	阿图什市	农业用水	IV	景观娱乐	景观娱乐用水区	IV	无		现状农业用水，不降低现状水质，高标准要求

序号	水系	水体名称	东经	北纬	库容/万 m^3	控制城镇	现状使用功能	现状水质	规划主导功能	功能区类型	水质目标	断面名称	断面级别	备注
84	塔里木内流区	昆都孜水库	76°29.166'	39°10.169'	1 800	岳普湖县	农业用水	III	景观娱乐	景观娱乐用水区	III	无		现状农业用水，不降低现状水质，高标准要求
85	塔里木内流区	拉依苏水库	81°17.273'	36°56.091'	120	于田县	渔业、农业用水	III	渔业用水	渔业用水区	III	库心	建议	
86	塔里木内流区	兰干水库	76°6.745'	39°35.246'	350	阿图什市	农业用水	IV	景观娱乐	景观娱乐用水区	IV	无		现状农业用水，不降低现状水质，高标准要求
87	塔里木内流区	栏杆水库	76°6.274'	38°55.479'	200	英吉沙县	农业用水	IV	景观娱乐	景观娱乐用水区	IV	无		现状农业用水，不降低现状水质，高标准要求
88	塔里木内流区	马场水库	76°5.291'	39°8.744'	400	疏勒县	农业用水	IV	景观娱乐	景观娱乐用水区	IV	无		现状农业用水，不降低现状水质，高标准要求
89	塔里木内流区	南坪水库	79°45.843'	37°15.127'	700	和田县	饮用、农业用水	III	饮用水水源	饮用水水源保护区	III	库心	建议	
90	塔里木内流区	帕满水库	83°7.032'	40°59.457'	4 000	沙雅县	渔业、农业用水	III	渔业用水	渔业用水区	III	库心	建议	

序号	水系	水体名称	东经	北纬	库容/万 m^3	控制城镇	现状使用功能	现状水质	规划主导功能	功能区类型	水质目标	断面名称	断面级别	备注
91	塔里木内流区	帕万水库	76°34.381'	39°9.940'	150	岳普湖县	农业用水	Ⅳ	景观娱乐	景观娱乐用水区	Ⅳ	无		现状农业用水，不降低现状水质，高标准要求
92	塔里木内流区	拍克其水库	77°3.434'	38°26.409'	310	莎车县	农业用水	Ⅲ	景观娱乐	景观娱乐用水区	Ⅲ	无		现状农业用水，不降低现状水质，高标准要求
93	塔里木内流区	期满水库	82°40.302'	41°3.144'	3 910	沙雅县	农业用水	Ⅲ	景观娱乐	景观娱乐用水区	Ⅲ	无		现状农业用水，不降低现状水质，高标准要求
94	塔里木内流区	恰拉水库	86°43.284'	41°0.920'	16 100	尉犁县	农业用水	Ⅲ	景观娱乐	景观娱乐用水区	Ⅲ	无		现状农业用水，不降低现状水质，高标准要求
95	塔里木内流区	前进水库	77°49.250'	38°55.483'	9 500	图木舒克市	饮用、农业用水	Ⅲ	饮用水水源	饮用水水源保护区	Ⅲ	库心	建议	
96	塔里木内流区	青年水库	76°6.666'	38°53.171'	145	英吉沙县	农业用水	Ⅳ	景观娱乐	景观娱乐用水区	Ⅳ	无		现状农业用水，不降低现状水质，高标准要求
97	塔里木内流区	桑珠水库	78°31.376'	37°30.857'	4 500	皮山县	饮用、农业用水	Ⅲ	饮用水水源	饮用水水源保护区	Ⅲ	库心	建议	

序号	水系	水体名称	东经	北纬	库容/万 m^3	控制城镇	现状使用功能	现状水质	规划主导功能	功能区类型	水质目标	断面名称	断面级别	备注
98	塔里木内流区	桑株二库	77°16.042'	38°1.507'	100	叶城县	农业用水	Ⅳ	景观娱乐	景观娱乐用水区	Ⅳ	无		现状农业用水，不降低现状水质，高标准要求
99	塔里木内流区	桑株水库	77°15.503'	38°1.636'	800	泽普县	农业用水	Ⅳ	景观娱乐	景观娱乐用水区	Ⅳ	无		现状农业用水，不降低现状水质，高标准要求
100	塔里木内流区	色斯吾特水库	80°12.519'	37°43.155'	263.46	和田县	农业用水	Ⅲ	景观娱乐	景观娱乐用水区	Ⅲ	无		现状农业用水，不降低现状水质，高标准要求
101	塔里木内流区	沙汗水库	76°12.719'	38°52.571'	3 185	英吉沙县	饮用、农业用水	Ⅲ	饮用水水源	饮用水水源保护区	Ⅲ	进水口、出水口	建议	集中式地下饮用水水源地
102	塔里木内流区	上游水库	80°41.497'	40°25.277'	18 000	阿拉尔市	渔业、农业用水	Ⅲ	渔业用水	渔业用水区	Ⅲ	无		
103	塔里木内流区	胜利水库	81°3.013'	40°27.860'	10 800	阿拉尔市	渔业、农业用水	Ⅲ	渔业用水	渔业用水区	Ⅲ	无		
104	塔里木内流区	胜利水库（策勒县）	80°45.726'	36°36.611'	2 000	策勒县	饮用、农业用水	Ⅱ	饮用水水源	饮用水水源保护区	Ⅱ	库心	建议	
105	塔里木内流区	苏库恰克水库	77°12.516'	38°45.976'	10 800	莎车县	饮用、农业用水	Ⅲ	饮用水水源	饮用水水源保护区	Ⅲ	库心	建议	

序号	水系	水体名称	东经	北纬	库容/万 m^3	控制城镇	现状使用功能	现状水质	规划主导功能	功能区类型	水质目标	断面名称	断面级别	备注
106	塔里木内流区	苏坦尼木水库	77°2.265'	38°26.849'	220	莎车县	农业用水	Ⅲ	景观娱乐	景观娱乐用水区	Ⅲ	无		现状农业用水，不降低现状水质，高标准要求
107	塔里木内流区	苏依提勒克水库	77°29.294'	37°56.893'	1 130	叶城	农业用水	Ⅲ	景观娱乐	景观娱乐用水区	Ⅲ	无		现状农业用水，不降低现状水质，高标准要求
108	塔里木内流区	塔尕其水库	77°18.733'	38°31.929'	950	莎车县	农业用水	Ⅲ	景观娱乐	景观娱乐用水区	Ⅲ	无		现状农业用水，不降低现状水质，高标准要求
109	塔里木内流区	塔里木水库	86°5.783'	41°16.193'	2 970	尉犁县	农业用水	Ⅲ	景观娱乐	景观娱乐用水区	Ⅲ	无		现状农业用水，不降低现状水质，高标准要求
110	塔里木内流区	铁力木水库	76°55.347'	39°7.887'	250	岳普湖县	农业用水	Ⅳ	景观娱乐	景观娱乐用水区	Ⅳ	无		现状农业用水，不降低现状水质，高标准要求
111	塔里木内流区	铁门关水库	86°12.736'	41°49.525'	724.3	库尔勒市	饮用、工农业用水	Ⅲ	饮用水水源	饮用水水源保护区	Ⅲ	库心	建议	

序号	水系	水体名称	东经	北纬	库容/万 m^3	控制城镇	现状使用功能	现状水质	规划主导功能	功能区类型	水质目标	断面名称	断面级别	备注
112	塔里木内流区	图呼其水库	77°14.052'	38°2.356'	115	泽普县	农业用水	Ⅳ	景观娱乐	景观娱乐用水区	Ⅳ	无		现状农业用水，不降低现状水质，高标准要求
113	塔里木内流区	托格拉克水库	76°13.560'	39°48.897'	4 300	阿图什市	农业用水	Ⅲ	景观娱乐	景观娱乐用水区	Ⅲ	无		现状农业用水，不降低现状水质，高标准要求
114	塔里木内流区	托卡木库勒水库	77°23.888'	38°26.390'	480	莎车县	农业用水	Ⅲ	景观娱乐	景观娱乐用水区	Ⅲ	无		现状农业用水，不降低现状水质，高标准要求
115	塔里木内流区	托卡依水库	76°20.643'	39°45.825'	6 000	阿图什市	农业用水	Ⅱ	景观娱乐	景观娱乐用水区	Ⅱ	出水口、全库	省控	现状农业用水，不降低现状水质，高标准要求
116	塔里木内流区	瓦甫水库	75°50.600'	39°8.916'	140	阿克陶县	农业用水	Ⅳ	景观娱乐	景观娱乐用水区	Ⅳ	无		现状农业用水，不降低现状水质，高标准要求
117	塔里木内流区	卫星水库	78°21.032'	39°44.933'	2 500	巴楚县	农业用水	Ⅲ	景观娱乐	景观娱乐用水区	Ⅲ	无		现状农业用水，不降低现状水质，高标准要求

序号	水系	水体名称	东经	北纬	库容/万 m^3	控制城镇	现状使用功能	现状水质	规划主导功能	功能区类型	水质目标	断面名称	断面级别	备注
118	塔里木内流区	乌鲁瓦提水库	79°27.532'	36°48.951'	34 700	和田县	饮用	II	饮用水水源	饮用水水源保护区	II	出口、全库	省控	
119	塔里木内流区	乌什塔拉水库	87°20.710'	42°20.702'	1 900	策勒县	饮用、农业用水	II	饮用水水源	饮用水水源保护区	II	库心	建议	
120	塔里木内流区	吾甫水库	76°24.138'	39°19.900'	600	疏勒县	农业用水	IV	景观娱乐	景观娱乐用水区	IV	无		现状农业用水，不降低现状水质，高标准要求
121	塔里木内流区	五一水库（新和县）	82°35.481'	41°39.235'	3 900	新和县	农业用水	III	景观娱乐	景观娱乐用水区	III	无		现状农业用水，不降低现状水质，高标准要求
122	塔里木内流区	五一水库（于田县）	81°13.909'	36°54.638'	400	于田县	渔业、农业用水	III	渔业用水	渔业用水区	III	库心	建议	
123	塔里木内流区	西克尔水库	77°19.937'	39°47.516'	10 041	伽师县	农业用水	III	景观娱乐	景观娱乐用水区	III	中心、全库	省控	现状农业用水，不降低现状水质，高标准要求
124	塔里木内流区	希尼尔水库	86°15.269'	41°34.798'	9 800	尉犁县	饮用、农业用水	—	饮用水水源	饮用水水源保护区	III	进口、出口、全库	省控	
125	塔里木内流区	下坂地水库	75°30.262'	37°49.366'	86 700	塔什库尔干县	源头水	I	自然保护	自然保护区	I	库心	建议	

序号	水系	水体名称	东经	北纬	库容/万 m^3	控制城镇	现状使用功能	现状水质	规划主导功能	功能区类型	水质目标	断面名称	断面级别	备注
126	塔里木内流区	先锋水库（策勒县）	80°46.640'	36°56.868'	500	策勒县	饮用、农业用水	II	饮用水水源	饮用水水源保护区	II	库心	建议	
127	塔里木内流区	小海子水库	78°44.545'	39°43.638'	50 000	图木舒克市	饮用、渔业、农业用水	II	饮用水水源	饮用水水源保护区	II	南闸、北闸	省控	
128	塔里木内流区	新井子水库	79°47.725'	40°29.503'	8 600	阿克苏市	饮用、农业用水	III	饮用水水源	饮用水水源保护区	III	库心	建议	
129	塔里木内流区	牙郎水库	76°5.491'	39°29.642'	500	喀什市	农业用水	IV	景观娱乐	景观娱乐用水区	IV	无		现状农业用水，不降低现状水质，高标准要求
130	塔里木内流区	雅瓦水库	79°33.998'	37°28.648'	270	墨玉县	渔业、农业用水	III	渔业用水	渔业用水区	III	库心	建议	
131	塔里木内流区	亚普泉水库	78°8.128'	37°25.671'	2180	皮山县	饮用、农业用水	II	饮用水水源	饮用水水源保护区	II	进水口、出水口	建议	集中式地下饮用水水源地
132	塔里木内流区	央托卡依水库	77°24.583'	38°22.636'	360	莎车县	农业用水	III	景观娱乐	景观娱乐用水区	III	无		现状农业用水，不降低现状水质，高标准要求
133	塔里木内流区	依干其水库	77°25.489'	38°21.657'	6 200	莎车县	农业用水	—	景观娱乐	景观娱乐用水区	III	进口、出口、全库	省控	现状农业用水，不降低现状水质，高标准要求

序号	水系	水体名称	东经	北纬	库容/万 m^3	控制城镇	现状使用功能	现状水质	规划主导功能	功能区类型	水质目标	断面名称	断面级别	备注
134	塔里木内流区	依玛木水库	81°16.482'	36°16.016'	200	策勒县	饮用、农业用水	II	饮用水水源	饮用水水源保护区	II	库心	建议	
135	塔里木内流区	英艾日克水库	79°52.257'	37°13.601'	1 700	和田县	饮用、农业用水	III	饮用水水源	饮用水水源保护区	III	库心	建议	
136	塔里木内流区	永安坝水库	79°0.678'	39°48.303'	20 000	图木舒克市	渔业、农业用水	III	渔业用水	渔业用水区	III	库心	建议	
137	塔里木内流区	跃进水库（库车县）	82°49.393'	41°39.180'	5 800	库车县	渔业、农业用水	III	渔业用水	渔业用水区	III	库心	建议	
138	塔里木内流区	宗朗二库水库	77°29.009'	37°40.211'	1 010	叶城	饮用、农业用水	III	饮用水水源	饮用水水源保护区	III	库心	建议	
139	中亚内流区	阿克苏水库	83°46.614'	46°31.361'	2 114	额敏县	渔业、农业用水	III	渔业用水	渔业用水区	III	库心	建议	
140	中亚内流区	伯依布谢水库	83°11.364'	46°5.920'	620	裕民县	分散饮用、农业、渔业用水	III	饮用水水源	饮用水水源保护区	III	库心	建议	
141	中亚内流区	多拉特水库	83°40.996'	45°55.908'	500	托里县	分散饮用、农业用水	II	饮用水水源	饮用水水源保护区	II	库心	建议	
142	中亚内流区	额敏水库	83°56.741'	46°40.659'	1 850	额敏县	饮用	III	饮用水水源	饮用水水源保护区	III	库心	建议	

序号	水系	水体名称	东经	北纬	库容/万 m^3	控制城镇	现状使用功能	现状水质	规划主导功能	功能区类型	水质目标	断面名称	断面级别	备注
143	中亚内流区	哈拉布拉水库	83°0.084'	46°2.989'	1 436	裕民县	饮用、农业用水	II	饮用水水源	饮用水水源保护区	II	进水口、出水口	建议	集中式地表饮用水水源地
144	中亚内流区	吉林台一级库区	82°57.177'	43°49.460'	25 300	尼勒克县	饮用	II	饮用水水源	饮用水水源保护区	III	进口、出口、全库	省控	
145	中亚内流区	喀拉哈巴克水库	83°7.110'	46°44.095'	800	塔城市	饮用、农业用水	III	饮用水水源	饮用水水源保护区	III	库心	建议	
146	中亚内流区	喀浪古尔水库	83°11.899'	47°0.168'	3 900	塔城市	分散饮用、农业、渔业用水	—	饮用水水源	饮用水水源保护区	II	进口、出口、全库	省控	
147	中亚内流区	克孜布拉克水库	83°8.018'	46°5.826'	120	裕民县	渔业、农业用水	III	渔业用水	渔业用水区	III	库心	建议	
148	中亚内流区	库尔拜水库	83°19.881'	46°54.273'	113	塔城市	分散饮用、农业用水	III	饮用水水源	饮用水水源保护区	III	库心	建议	
149	中亚内流区	库吉拜水库	83°25.129'	46°55.756'	366	塔城市	饮用、农业用水	II	饮用水水源	饮用水水源保护区	II	库心	建议	
150	中亚内流区	库普水库	83°10.891'	45°44.788'	480	托里县	分散饮用、农业用水	III	饮用水水源	饮用水水源保护区	III	库心	建议	
151	中亚内流区	莫德纳巴水库	83°52.025'	45°57.942'	380	托里县	分散饮用、农业用水	II	饮用水水源	饮用水水源保护区	II	库心	建议	

序号	水系	水体名称	东经	北纬	库容/万 m^3	控制城镇	现状使用功能	现状水质	规划主导功能	功能区类型	水质目标	断面名称	断面级别	备注
152	中亚内流区	恰布其海水库	82°23.808'	43°15.001'	12 100	巩留县、特克斯县	饮用	II	饮用水水源	饮用水水源保护区	II	东进口、西进口、中心、全库	省控	
153	中亚内流区	恰夏水库	83°26.056'	46°41.695'	362	塔城市	分散饮用、农业用水	III	饮用水水源	饮用水水源保护区	III	库心	建议	
154	中亚内流区	三岔口水库	80°47.583'	44°6.073'	256	霍城县	分散饮用	II	饮用水水源	饮用水水源保护区	II	库心	建议	
155	中亚内流区	山口水库	82°29.323'	43°21.787'	197 000	巩留县、新源县	饮用、工农业用水	II	饮用水水源	饮用水水源保护区	II	进水口、出水口	建议	集中式地表饮用水水源地
156	中亚内流区	铁斯巴汗水库	83°30.639'	45°51.462'	110	托里县	饮用、农业用水	III	饮用水水源	饮用水水源保护区	III	库心	建议	
157	中亚内流区	托海水库	81°56.618'	43°48.972'	1 750	伊宁县	饮用、工农业用水	II	饮用水水源	饮用水水源保护区	II	库心	建议	
158	中亚内流区	乌拉斯台水库	83°2.480'	46°58.565'	2 000	塔城市	饮用、农业用水	II	饮用水水源	饮用水水源保护区	II	库心	建议	
159	中亚内流区	乌什水水库	84°12.012'	46°50.958'	3 850	额敏县	农业用水	III	景观娱乐	景观娱乐用水区	III	无		

序号	水系	水体名称	东经	北纬	库容/万 m^3	控制城镇	现状使用功能	现状水质	规划主导功能	功能区类型	水质目标	断面名称	断面级别	备注
160	中亚内流区	乌宗布拉克水库	83°56.093'	46°17.757'	212	额敏县	分散饮用、农田用水	III	饮用水水源	饮用水水源保护区	III	库心	建议	
161	中亚内流区	跃进水库（霍城县）	80°30.821'	44°6.269'	200	霍城县	分散饮用	II	饮用水水源	饮用水水源保护区	II	库心	建议	
162	准噶尔内流区	500 水库	87°48.742'	44°12.088'	28 100	乌鲁木齐市	饮用、工业用水	II	饮用水水源	饮用水水源保护区	II	库心	建议	
163	准噶尔内流区	阿尔达水库	87°42.420'	47°10.739'	500	福海县	分散饮用、工农业用水	II	饮用水水源	饮用水水源保护区	II	库心	建议	
164	准噶尔内流区	阿拉沟水库	87°49.746'	42°49.383'	4 570	托克逊县	饮用	II	饮用水水源	饮用水水源保护区	II	库心	建议	
165	准噶尔内流区	安集海二库	85°29.837'	44°24.943'	3 557	沙湾县	农业用水	III	饮用水水源	饮用水水源保护区	III	库心	建议	现状农业用水，不降低现状水质，高标准要求
166	准噶尔内流区	安集海水库	85°29.660'	44°22.228'	4 000	沙湾县	农业用水	III	饮用水水源	饮用水水源保护区	III	库心	建议	现状农业用水，不降低现状水质，高标准要求

序号	水系	水体名称	东经	北纬	库容/万 m^3	控制城镇	现状使用功能	现状水质	规划主导功能	功能区类型	水质目标	断面名称	断面级别	备注
167	准噶尔内流区	八家地水库	88°54.347'	44°7.594'	640	吉木萨尔县	农业用水	III	景观娱乐	景观娱乐用水区	III	无		现状农业用水，不降低现状水质，高标准要求
168	准噶尔内流区	八一水库	87°39.348'	44°13.087'	3 500	五家渠市	工业、农业用水	III	景观娱乐	景观娱乐用水区	IV	无		现状农业用水，不降低现状水质，高标准要求
169	准噶尔内流区	巴音傲瓦水库	86°7.262'	46°50.665'	102	和布克赛尔蒙古自治县	景观娱乐	IV	景观娱乐	景观娱乐用水区	IV	无		
170	准噶尔内流区	白碱滩生态水库	85°7.330'	45°43.098'	300	克拉玛依市	农业用水	III	景观娱乐	景观娱乐用水区	III	无		
171	准噶尔内流区	白土坑水库	86°18.830'	44°25.485'	1 250	玛纳斯县	农业用水	IV	景观娱乐	景观娱乐用水区	IV	无		现状农业用水，不降低现状水质，高标准要求
172	准噶尔内流区	白杨河水库	85°21.229'	46°8.877'	3 500	和布克赛县、托里县	饮用、工农业用水	I	饮用水水源	饮用水水源保护区	I	无		集中式地表饮用水水源地
173	准噶尔内流区	白杨河水库（阜康市）	88°31.614'	44°4.027'	1 270.6	阜康市	饮用、农业用水	II	饮用水水源	饮用水水源保护区	II	进水口、出水口	建议	集中式地表饮用水水源地

序号	水系	水体名称	东经	北纬	库容/万 m^3	控制城镇	现状使用功能	现状水质	规划主导功能	功能区类型	水质目标	断面名称	断面级别	备注
174	准噶尔内流区	白杨河水库（木垒县）	90°29.657'	43°41.017'	450	木垒县	饮用、农业用水	II	饮用水水源	饮用水水源保护区	II	库心	建议	
175	准噶尔内流区	拜兴水库	90°20.261'	46°46.945'	613	青河县	饮用、农业用水	II	饮用水水源	饮用水水源保护区	II	进水口、出水口	建议	集中式地表饮用水水源地
176	准噶尔内流区	冰湖水库	87°59.601'	44°11.896'	1 500	阜康市	渔业、农业用水	III	渔业用水	渔业用水区	III	库心	建议	
177	准噶尔内流区	博斯坦水库	90°36.239'	43°38.691'	285	木垒县	饮用、农业用水	II	饮用水水源	饮用水水源保护区	II	库心	建议	
178	准噶尔内流区	布尔根水库	90°57.980'	46°8.610'	212	青河县	分散饮用、农业用水	II	饮用水水源	饮用水水源保护区	II	库心	建议	
179	准噶尔内流区	布伦水库	86°8.918'	46°44.343'	160	和布克赛尔蒙古自治县	饮用、农业用水	III	饮用水水源	饮用水水源保护区	III	库心	建议	
180	准噶尔内流区	车排子水库	84°35.296'	44°49.261'	4 000	乌苏市	饮用、农业用水	III	饮用水水源	饮用水水源保护区	III	库心	建议	
181	准噶尔内流区	创业水库	84°44.685'	44°39.626'	220	乌苏市	渔业、农业用水	III	渔业用水	渔业用水区	III	库心	建议	
182	准噶尔内流区	大墩水库	88°54.690'	42°54.642'	108	吐鲁番市	农业用水	III	景观娱乐	景观娱乐用水区	III	无		现状农业用水，不降低现状水质，高标准要求

序号	水系	水体名称	东经	北纬	库容/万 m^3	控制城镇	现状使用功能	现状水质	规划主导功能	功能区类型	水质目标	断面名称	断面级别	备注
183	准噶尔内流区	大海子水库	86°46.573'	44°24.860'	4 000	呼图壁县	农业用水	III	景观娱乐	景观娱乐用水区	III	无		现状农业用水，不降低现状水质，高标准要求
184	准噶尔内流区	大红柳峡水库	91° 42.841'	44° 11.539'	150	巴里坤县	农业用水	IV	景观娱乐	景观娱乐用水区	IV	无		现状农业用水，不降低现状水质，高标准要求
185	准噶尔内流区	大泉沟水库	85°59.894'	44°25.565'	4 000	沙湾县	农业用水、景观	III	景观娱乐	景观娱乐用水区	III	无		现状农业用水，不降低现状水质，高标准要求
186	准噶尔内流区	大湾水库	84°40.818'	44°31.469'	900	乌苏市	渔业、农业用水	III	渔业用水	渔业用水区	III	库心	建议	
187	准噶尔内流区	顶山水库	87°53.345'	46°32.085'	6 000	福海县	渔业、农业用水	III	渔业用水	渔业用水区	III	库心	建议	
188	准噶尔内流区	东城水库	90°4.790'	43°50.066'	406	木垒县	农业用水	III	景观娱乐	景观娱乐用水区	III	无		现状农业用水，不降低现状水质，高标准要求
189	准噶尔内流区	东大龙口水库	89°10.967'	43°54.453'	1 250	吉木萨尔县	分散饮用、农业用水	II	饮用水水源	饮用水水源保护区	II	库心	建议	

序号	水系	水体名称	东经	北纬	库容/万 m^3	控制城镇	现状使用功能	现状水质	规划主导功能	功能区类型	水质目标	断面名称	断面级别	备注
190	准噶尔内流区	东二畦水库	89°14.205'	44°1.824'	139	吉木萨尔县	农业用水	III	景观娱乐	景观娱乐用水区	III	无		现状农业用水，不降低现状水质，高标准要求
191	准噶尔内流区	东方红水库（福海县）	87°56.688'	46°38.292'	190	福海县	分散饮用	III	饮用水水源	饮用水水源保护区	III	库心	建议	
192	准噶尔内流区	东风水库（青河县）	90°45.882'	46°31.540'	854	青河县	分散饮用、农业用水	II	饮用水水源	饮用水水源保护区	II	库心	建议	
193	准噶尔内流区	东沟水库	87°24.806'	44°14.246'	4 400	昌吉市	渔业、农业用水	III	渔业用水	渔业用水区	III	库心	建议	
194	准噶尔内流区	东湖水库	88°26.754'	44°17.137'	330	阜康市	渔业、农业用水	III	渔业用水	渔业用水区	III	库心	建议	
195	准噶尔内流区	杜热水库	88°38.184'	46°26.170'	630	富蕴县	分散饮用、农业用水	II	饮用水水源	饮用水水源保护区	II	库心	建议	
196	准噶尔内流区	多兰莫登水库	86°0.149'	46°46.854'	121	和布克赛尔蒙古自治县	农业用水	IV	景观娱乐	景观娱乐用水区	IV	无		现状农业用水，不降低现状水质，高标准要求
197	准噶尔内流区	鄂托克赛尔水库	81°19.690'	44°54.846'	2 350	温泉县	渔业、农业用水	III	渔业用水	渔业用水区	III	库心	建议	

序号	水系	水体名称	东经	北纬	库容/万 m^3	控制城镇	现状使用功能	现状水质	规划主导功能	功能区类型	水质目标	断面名称	断面级别	备注
198	准噶尔内流区	二十四户水库	87°21.218'	44°10.209'	200	昌吉市	农业用水	Ⅳ	景观娱乐	景观娱乐用水区	Ⅳ	无		现状农业用水，不降低现状水质，高标准要求
199	准噶尔内流区	风城高库	85°37.660'	46°13.122'	10 000	克拉玛依市、和布克赛尔蒙古自治县	饮用	Ⅱ	饮用水水源	饮用水水源保护区	Ⅱ	出口、进口、全库	省控	集中式地表饮用水水源地
200	准噶尔内流区	福海水库	87°59.417'	46°44.683'	22 000	福海县	渔业、农业用水	Ⅲ	饮用水水源	饮用水水源保护区	Ⅲ	库心	建议	
201	准噶尔内流区	根葛尔水库（奇台县）	89°18.508'	43°45.423'	160	奇台县	分散饮用、农业用水	Ⅱ	饮用水水源	饮用水水源保护区	Ⅱ	库心	建议	
202	准噶尔内流区	哈拉霍英水库	87°38.778'	46°47.859'	5 900	福海县	饮用、农业、渔业用水	Ⅲ	饮用水水源	饮用水水源保护区	Ⅲ	库心	建议	
203	准噶尔内流区	哈什蕴水库	87°49.984'	47°6.254'	316	福海县	分散饮用、工农业用水	Ⅲ	饮用水水源	饮用水水源保护区	Ⅱ	库心	建议	
204	准噶尔内流区	海子湾水库	85°46.149'	44°32.821'	1 825	沙湾县	饮用、农业用水	Ⅲ	饮用水水源	饮用水水源保护区	Ⅲ	库心	建议	
205	准噶尔内流区	红山水库（阜康市）	87°59.600'	44°3.700'	400	阜康市	饮用、农业用水	Ⅱ	饮用水水源	饮用水水源保护区	Ⅱ	库心	建议	

序号	水系	水体名称	东经	北纬	库容/万 m^3	控制城镇	现状使用功能	现状水质	规划主导功能	功能区类型	水质目标	断面名称	断面级别	备注
206	准噶尔内流区	红山水库（呼图壁县）	86°31.558'	44°4.081'	1 478	呼图壁县	饮用、农业用水	III	饮用水水源	饮用水水源保护区	III	库心	建议	
207	准噶尔内流区	红山水库（托克逊县）	88°23.265'	43°0.573'	5 350	托克逊县	农业、工业用水	III	景观娱乐	景观娱乐用水区	III	无		现状工农业用水，不降低现状水质，高标准要求
208	准噶尔内流区	红星水库	88°4.664'	44°3.814'	100	阜康市	渔业、农业用水	III	渔业用水	渔业用水区	III	库心	建议	
209	准噶尔内流区	红雁池水库	87°37.040'	43°42.960'	4 500	乌鲁木齐市	农业用水	II	农业用水	农业用水区	II	进口、出口、养殖区、全库	省控	
210	准噶尔内流区	洪沟水库	85°42.856'	44°28.030'	1 910	沙湾县	农业用水	III	饮用水水源	饮用水水源保护区	III	库心	建议	现状农业用水，不降低现状水质，高标准要求
211	准噶尔内流区	黄沟二库	84°48.784'	44°40.169'	2 480	乌苏市	饮用、农业用水	III	饮用水水源	饮用水水源保护区	III	库心	建议	
212	准噶尔内流区	黄沟一库	84°52.084'	44°36.445'	3 220	乌苏市	饮用、农业用水	III	饮用水水源	饮用水水源保护区	III	库心	建议	
213	准噶尔内流区	黄水槽子水库	89°15.004'	44°4.533'	220	吉木萨尔县	农业用水	IV	景观娱乐	景观娱乐用水区	IV	无		现状农业用水，不降低现状水质，高标准要求

序号	水系	水体名称	东经	北纬	库容/万 m^3	控制城镇	现状使用功能	现状水质	规划主导功能	功能区类型	水质目标	断面名称	断面级别	备注
214	准噶尔内流区	黄土梁水库	88°4.259'	44°12.831'	310	阜康市	农业用水	III	景观娱乐	景观娱乐用水区	III	无		现状农业用水，不降低现状水质，高标准要求
215	准噶尔内流区	黄羊泉水库	85°34.083'	46°4.541'	5 800	克拉玛依市	饮用	II	饮用水水源	饮用水水源保护区	II	进水口、出水口	建议	集中式地表饮用水水源地
216	准噶尔内流区	芨芨庙水库	87°27.616'	44°16.063'	600	五家渠市	景观娱乐、农业用水	III	景观娱乐	景观娱乐用水区	III	无		
217	准噶尔内流区	加音塔拉水库	85°57.419'	46°39.524'	2 320	和布克赛尔蒙古自治县	分散饮用	III	饮用水水源	饮用水水源保护区	III	水库进口	省控	
218	准噶尔内流区	夹河子水库	86°8.199'	44°26.074'	10 140	玛纳斯县	农业用水、蓄洪	III	景观娱乐	景观娱乐用水区	III	无		现状农业用水，不降低现状水质，高标准要求
219	准噶尔内流区	精河下天吉水库	82°54.933'	44°23.425'	1 429	精河县	饮用、农业用水	II	饮用水水源	饮用水水源保护区	III	进口、出口、全库	省控	
220	准噶尔内流区	九家湾水库	87°32.912'	43°49.291'	116	乌鲁木齐市	渔业、农业用水	III	渔业用水	渔业用水区	III	库心	建议	
221	准噶尔内流区	喀尔交（1）水库	86°22.781'	47°9.732'	100	吉木乃县	饮用、农业用水	II	饮用水水源	饮用水水源保护区	II	库心	建议	

序号	水系	水体名称	东经	北纬	库容/万 m^3	控制城镇	现状使用功能	现状水质	规划主导功能	功能区类型	水质目标	断面名称	断面级别	备注
222	准噶尔内流区	喀尔交（2）水库	86°23.305'	47°10.509'	261	吉木乃	饮用、农业用水	II	饮用水水源	饮用水水源保护区	II	库心	建议	
223	准噶尔内流区	坎儿其水库	90°24.110'	43°12.743'	1 180	鄯善县	饮用、农业用水	II	饮用水水源	饮用水水源保护区	II	库心	建议	
224	准噶尔内流区	柯柯亚水库	90°8.729'	43°11.226'	1 052	鄯善县	农业用水	II	饮用水水源	饮用水水源保护区	II	库心	建议	现状农业用水，不降低现状水质，高标准要求
225	准噶尔内流区	可可沙拉水库	83°47.141'	44°31.257'	212	乌苏市	分散饮用、农业用水	III	饮用水水源	饮用水水源保护区	III	库心	建议	
226	准噶尔内流区	克孜加尔三库	83°58.551'	44°34.601'	124	乌苏市	渔业、农业用水	III	渔业用水	渔业用水区	III	库心	建议	
227	准噶尔内流区	克孜加尔一库	83°57.445'	44°35.187'	238.71	乌苏市	景观娱乐、农业用水	III	景观娱乐	景观娱乐用水区	III	无		
228	准噶尔内流区	克孜赛水库	90°36.418'	46°23.758'	1 189	青河县	分散饮用、农业用水	II	饮用水水源	饮用水水源保护区	II	库心	建议	
229	准噶尔内流区	奎屯水库	84°36.550'	44°45.953'	5 000	乌苏市	渔业、农业用水	III	渔业用水	渔业用水区	III	库心	建议	
230	准噶尔内流区	柳城子水库	87°52.670'	44°15.197'	160	阜康市	渔业、农业用水	III	渔业用水	渔业用水区	III	库心	建议	

序号	水系	水体名称	东经	北纬	库容/万 m^3	控制城镇	现状使用功能	现状水质	规划主导功能	功能区类型	水质目标	断面名称	断面级别	备注
231	准噶尔内流区	柳沟水库	84°19.438'	44°33.919'	10 200	乌苏市	渔业、农业用水	Ⅲ	渔业用水	渔业用水区	Ⅲ	库心	建议	
232	准噶尔内流区	柳树沟水库	85°47.524'	44°24.362'	1 325	沙湾县	农业用水	Ⅳ	景观娱乐	景观娱乐用水区	Ⅳ	无		现状农业用水，不降低现状水质，高标准要求
233	准噶尔内流区	六工水库	87°23.755'	44°5.195'	250	昌吉市	景观娱乐、农业用水	Ⅳ	景观娱乐	景观娱乐用水区	Ⅳ	无		
234	准噶尔内流区	龙王庙水库	90°16.290'	43°47.455'	1 294	木垒县	饮用、农业用水	Ⅲ	饮用水水源	饮用水水源保护区	Ⅲ	库心	建议	
235	准噶尔内流区	马场湖二库	84°37.324'	44°28.778'	250	乌苏市	渔业、农业用水	Ⅲ	渔业用水	渔业用水区	Ⅲ	库心	建议	
236	准噶尔内流区	马场湖一库	84°37.857'	44°28.130'	127	乌苏市	渔业、农业用水	Ⅲ	渔业用水	渔业用水区	Ⅲ	库心	建议	
237	准噶尔内流区	猛进水库	87°32.578'	44°6.738'	6 500	五家渠市	景观、农业用水	Ⅳ	景观娱乐	景观娱乐用水区	Ⅳ	无		
238	准噶尔内流区	蘑菇湖水库	85°55.561'	44°27.617'	18 000	石河子市	农业用水	Ⅲ	农业用水	农业用水区	Ⅳ	无		
239	准噶尔内流区	莫索湾水库	86°14.717'	44°43.008'	345	石河子市	渔业、农业用水	Ⅲ	渔业用水	渔业用水区	Ⅲ	库心	建议	
240	准噶尔内流区	南坝水库	89°13.393'	44°2.426'	123	吉木萨尔县	渔业、农业用水	Ⅲ	渔业用水	渔业用水区	Ⅲ	库心	建议	

序号	水系	水体名称	东经	北纬	库容/万 m^3	控制城镇	现状使用功能	现状水质	规划主导功能	功能区类型	水质目标	断面名称	断面级别	备注
241	准噶尔内流区	南泉水库	88°28.453'	44°6.811'	250	阜康市	农业用水	Ⅳ	景观娱乐	景观娱乐用水区	Ⅳ	无		现状农业用水，不降低现状水质，高标准要求
242	准噶尔内流区	宁家河水库	85°46.466'	44°12.629'	986	沙湾县	饮用、农业用水	Ⅱ	饮用水水源	饮用水水源保护区	Ⅱ	库心	建议	
243	准噶尔内流区	葡萄沟水库	89°15.662'	42°58.608'	1 100	吐鲁番市	农业用水	Ⅲ	景观娱乐	景观娱乐用水区	Ⅲ	无		现状农业用水，不降低现状水质，高标准要求
244	准噶尔内流区	七一水库	82°4.507'	44°52.188'	420	博乐市	渔业、农业用水	Ⅲ	渔业用水	渔业用水区	Ⅲ	库心	建议	
245	准噶尔内流区	奇台县东塘水库	89°52.467'	43°43.232'	1 050	奇台县	饮用、农业用水	Ⅲ	饮用水水源	饮用水水源保护区	Ⅲ	库心	建议	
246	准噶尔内流区	千泉湖水库	85°52.385'	44°23.879'	300	沙湾县	农业用水	Ⅳ	景观娱乐	景观娱乐用水区	Ⅳ	无		现状农业用水，不降低现状水质，高标准要求
247	准噶尔内流区	强罕水库	90°8.604'	46°33.191'	200	青河县	分散饮用、农业用水	Ⅱ	饮用水水源	饮用水水源保护区	Ⅱ	库心	建议	
248	准噶尔内流区	泉沟水库	84°57.229'	44°29.197'	4 000	奎屯市	渔业、农业用水	Ⅱ	渔业用水	渔业用水区	Ⅱ	无		

序号	水系	水体名称	东经	北纬	库容/万 m^3	控制城镇	现状使用功能	现状水质	规划主导功能	功能区类型	水质目标	断面名称	断面级别	备注
249	准噶尔内流区	萨尔铁列克水库	89°1.632'	46°24.987'	686	富蕴县	农业用水	Ⅲ	景观娱乐	景观娱乐用水区	Ⅲ	无		现状农业用水，不降低现状水质，高标准要求
250	准噶尔内流区	三坪水库	84°58.033'	45°39.563'	3 300	克拉玛依市	饮用	Ⅱ	饮用水水源	饮用水水源保护区	Ⅱ	无		集中式地表饮用水水源地
251	准噶尔内流区	三泉水库	84°36.316'	44°38.929'	250	乌苏市	渔业、农业用水	Ⅲ	渔业用水	渔业用水区	Ⅲ	库心	建议	
252	准噶尔内流区	三屯河水库	86°56.582'	43°45.095'	3 049	昌吉市	饮用、农业用水	Ⅱ	饮用水水源	饮用水水源保护区	Ⅱ	库心	建议	
253	准噶尔内流区	三喜水库	84°35.064'	44°33.788'	104	乌苏市	渔业、农业用水	Ⅲ	渔业用水	渔业用水区	Ⅲ	库心	建议	
254	准噶尔内流区	沙山子水库	87°29.622'	44°18.883'	2 252	五家渠市	农业用水	Ⅲ	景观娱乐	景观娱乐用水区	Ⅲ	无		现状农业用水，不降低现状水质，高标准要求
255	准噶尔内流区	上游水库（阜康市）	88°4.382'	44°4.156'	200	阜康市	农业用水	Ⅳ	景观娱乐	景观娱乐用水区	Ⅳ	无		现状农业用水，不降低现状水质，高标准要求
256	准噶尔内流区	胜金口水库	89°36.021'	42°57.227'	182	吐鲁番市	农业用水	Ⅲ	景观娱乐	景观娱乐用水区	Ⅲ	无		现状农业用水，不降低现状水质，高标准要求

序号	水系	水体名称	东经	北纬	库容/万 m^3	控制城镇	现状使用功能	现状水质	规划主导功能	功能区类型	水质目标	断面名称	断面级别	备注
257	准噶尔内流区	胜金台水库	89°37.357'	42°56.414'	118.7	吐鲁番市	渔业、农业用水	III	渔业用水	渔业用水区	III	库心	建议	
258	准噶尔内流区	十三户水库	87°25.083'	44°6.850'	154	昌吉市	渔业、农业用水	III	渔业用水	渔业用水区	III	库心	建议	
259	准噶尔内流区	石城子水库	93°46.739'	43°6.803'	1 945.5	哈密市	饮用、农业用水	I	饮用水水源	饮用水水源保护区	II	出水口、全库	国控	
260	准噶尔内流区	石门子水库	86°13.581'	43°51.253'	5 010	玛纳斯县	饮用、工农业用水	II	饮用水水源	饮用水水源保护区	II	进水口、出水口	建议	集中式地表饮用水水源地
261	准噶尔内流区	塔桥湾水库	87°38.058'	44°1.666'	1 000	乌鲁木齐市	渔业、农业用水	III	渔业用水	渔业用水区	III	库心	建议	
262	准噶尔内流区	塔西河水库	86°21.106'	44°17.868'	520	玛纳斯县	饮用、农业用水	III	饮用水水源	饮用水水源保护区	III	库心	建议	
263	准噶尔内流区	调节水库	85°12.421'	45°43.535'	1 950	克拉玛依市	饮用	II	饮用水水源	饮用水水源保护区	II	无		集中式地表饮用水水源地
264	准噶尔内流区	铁厂沟水库	84°22.363'	46°9.155'	855	托里县	饮用、农业用水	II	饮用水水源	饮用水水源保护区	II	库心	建议	
265	准噶尔内流区	头屯河水库	87°14.442'	43°45.636'	1 837	乌鲁木齐市、昌吉市	饮用，工农业用水	III	饮用水水源	饮用水水源保护区	III	库心	建议	

序号	水系	水体名称	东经	北纬	库容/万 m^3	控制城镇	现状使用功能	现状水质	规划主导功能	功能区类型	水质目标	断面名称	断面级别	备注
266	准噶尔内流区	团结水库	87°51.405'	47°8.526'	1 109	福海县	饮用、工农业用水	II	饮用水水源	饮用水水源保护区	II	进水口、出水口	建议	集中式地表饮用水水源地
267	准噶尔内流区	托台水库	88°40.729'	42°47.533'	139	托克逊县	渔业、农业用水	III	渔业用水	渔业用水区	III	库心	建议	
268	准噶尔内流区	卧龙岗水库	87°37.867'	44°11.565'	469	乌鲁木齐市	景观娱乐、农业用水	IV	景观娱乐	景观娱乐用水区	IV	无		
269	准噶尔内流区	乌拉泊水库	87°36.380'	43°39.147'	5 784	乌鲁木齐市	饮用	II	饮用水水源	饮用水水源保护区	II	全库	国控	
270	准噶尔内流区	乌图布拉格水库	86°23.028'	46°53.676'	140	和布克赛尔蒙古自治县	工农业用水	IV	工业用水	工业用水区	IV	无		
271	准噶尔内流区	五一水库（博乐市）	82°2.094'	44°53.012'	1 830	博乐市	渔业、农业用水	III	渔业用水	渔业用水区	III	库心	建议	
272	准噶尔内流区	西大龙口水库	88°52.919'	43°58.610'	1 200	吉木萨尔县	饮用、农业用水	II	饮用水水源	饮用水水源保护区	II	库心	建议	
273	准噶尔内流区	西海子二库	84°43.800'	44°35.443'	221	乌苏市	渔业、农业用水	III	渔业用水	渔业用水区	III	库心	建议	
274	准噶尔内流区	西海子水库	84°44.517'	44°34.305'	248.12	乌苏市	渔业、农业用水	III	渔业用水	渔业用水区	III	库心	建议	
275	准噶尔内流区	西吉尔水库	90°2.970'	43°45.477'	359	木垒县	饮用、农业用水	III	饮用水水源	饮用水水源保护区	III	库心	建议	

序号	水系	水体名称	东经	北纬	库容/万 m^3	控制城镇	现状使用功能	现状水质	规划主导功能	功能区类型	水质目标	断面名称	断面级别	备注
276	准噶尔内流区	西郊水库	84°50.605'	45°33.548'	3 800	克拉玛依市	农业用水、景观娱乐	II	景观娱乐	景观娱乐用水区	II	无		
277	准噶尔内流区	西泉水库	88°24.057'	44°14.749'	150	阜康市	景观娱乐、农业用水	IV	景观娱乐	景观娱乐用水区	IV	无		
278	准噶尔内流区	西沙河水库	87°9.838'	44°20.291'	1 500	昌吉市	渔业、农业用水	III	渔业用水	渔业用水区	III	库心	建议	
279	准噶尔内流区	峡口水库	88°54.567'	46°22.477'	4 700	富蕴县	饮用、农业、渔业用水	II	饮用水水源	饮用水水源保护区	II	库心	建议	
280	准噶尔内流区	下新湖水库	89°9.046'	44°8.144'	3 000	吉木萨尔县	分散饮用，农业用水	III	饮用水水源	饮用水水源保护区	III	库心	建议	
281	准噶尔内流区	小海子水库（呼图壁县）	86°49.845'	44°21.043'	2 200	呼图壁县	农业用水	III	饮用水水源	饮用水水源保护区	III	库心	建议	现状农业用水，不降低现状水质，高标准要求
282	准噶尔内流区	新户河水库（奇台县）	89°44.196'	43°39.256'	107.53	奇台县	分散饮用、农业用水	II	饮用水水源	饮用水水源保护区	II	库心	建议	现状农业用水，不降低现状水质，高标准要求
283	准噶尔内流区	牙尔乃孜水库	89°4.697'	42°56.175'	463	吐鲁番市	分散饮用、农业用水	III	饮用水水源	饮用水水源保护区	III	库心	建议	

序号	水系	水体名称	东经	北纬	库容/万 m^3	控制城镇	现状使用功能	现状水质	规划主导功能	功能区类型	水质目标	断面名称	断面级别	备注
284	准噶尔内流区	洋沙水库	89°12.537'	42°54.099'	110.4	吐鲁番市	渔业、农业用水	III	渔业用水	渔业用水区	III	库心	建议	
285	准噶尔内流区	英格堡水库	89°56.615'	43°39.176'	288	木垒县	饮用、农业用水	II	饮用水水源	饮用水水源保护区	II	库心	建议	
286	准噶尔内流区	榆树沟水库	93°52.701'	43°4.453'	1 100	哈密市	饮用、农业用水、工业用水、生态用水	I	饮用水水源	饮用水水源保护区	II	出口、全库	省控	集中式地表饮用水水源地
287	准噶尔内流区	元山子水库（奇台县）	89°43.353'	43°43.432'	132.72	奇台县	渔业、农业用水	III	渔业用水	渔业用水区	III	库心	建议	
288	准噶尔内流区	跃进水库（玛纳斯县）	86°14.198'	44°25.781'	10 330	玛纳斯县	饮用、农业用水	III	饮用水水源	饮用水水源保护区	III	库心	建议	

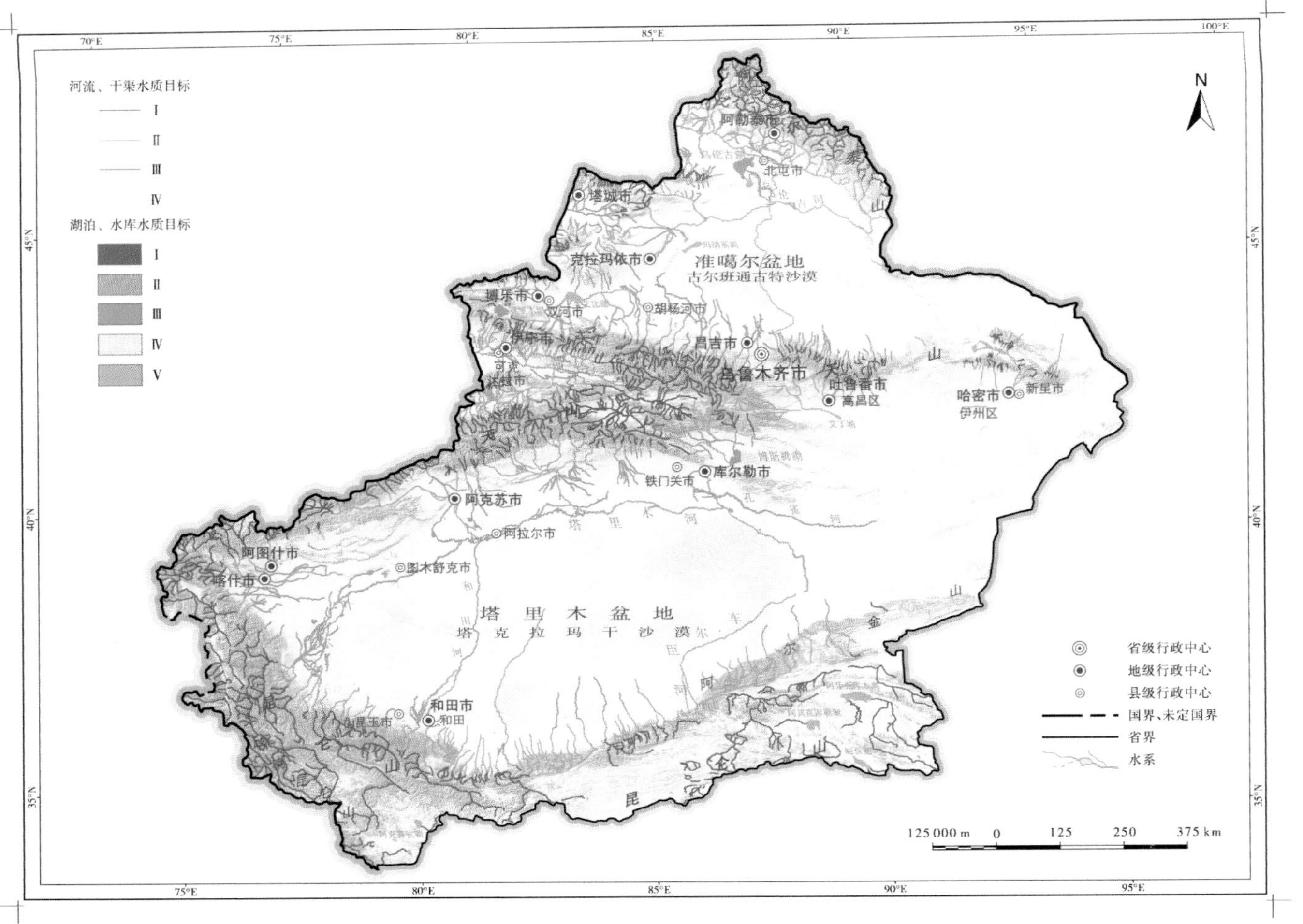

附图　新疆水环境功能区划图